中国
鞋履
文化史

Chinese Shoes Culture History

钱金波
叶大兵　编　著

中国
鞋履
文化史

Chinese
Shoes
Culture History

序　言

序　一
足尖上的文化

当我手捧这本还散发着淡淡墨香的《中国鞋履文化史》时，我的激动无法用言语来形容。从2001年的《中国鞋履文化辞典》，到2011年的《中国历代鞋饰》，再到这本《中国鞋履文化史》的出版，我们尝试着从不同角度，用不同方法来拉近鞋子与文化的距离。透过字里行间细细品味，我们读出的不仅仅是源远流长、博大精深的中华鞋文化，更能感受到多年来中国鞋企孜孜不倦追求“文化兴业”的点点滴滴。

如果说产品是企业的形象，那么文化就是企业的灵魂，是企业品牌塑造的原动力。它通过产品深深植入消费者的内心，从而凝聚了一批又一批忠实的顾客。我们身边常有这样熟悉的例子：一双国产皮鞋和一双国际知名品牌的鞋子同时摆在消费者面前，有些消费者宁愿选择价格贵几倍、甚至几十倍的“舶来品”，也不愿青睐价廉物美的国产品。同样的材质、相似的做工，为何在消费者心中的价值却如此天壤之别呢？这就是文化的力量。因此，当我怀揣着儿时的梦想在家乡永嘉创建“红蜻蜓”伊始，我就将“文化就是生产力”作为不变的创业理念。在我看来，那时还在襁褓之中的“红蜻蜓”可以没有宽敞的厂房、充足的资金、众多的员工，但是一定要有自己不可复制的文化特色,那才是我们在越来越激烈的市场竞争中历经大浪淘沙后，依旧焕发勃勃生机的关键所在。

用利润来办企业，企业可以撑三年；用业绩来办企业，企业可以挺十年；用战略来办企业，企业可以过二十年；用文化来办企业，企业至少可以活一百年。文化是企业最宝贵的财富和附加值，是品牌得以延续的重要砝码，在中国鞋业走进文化时代的过程中，我们要做的就是坚持坚持再坚持！

2005年，中国第一座鞋文化博物馆在“红蜻蜓”诞生，运用图片、实物、文字，详细反映了我国几千年的鞋履历史和制鞋工艺的演变过程。博物馆的建立，不但为素有“中国鞋都”之美誉的温州寻找到一个文化载体，更为继承和发扬中华鞋文化创造了平台。也许有一天，企业将不复存在，但是烙上“红蜻蜓”印记的博物馆将犹如磐石，永久地流传下去。在我们心中，这座“中国鞋文化博物馆”是属于国家、属于全社会的，它讲述着中华鞋文化的故事,留下了中国鞋履美丽的身影，为全世界了解、认识我们的鞋文化开启了一扇窗。

除了鞋文化博物馆，十几年来，我们通过邮票、丛书等等形式告诉大众中国博大精深的鞋文化。这本《中国鞋履文化史》是我们向世人展现中华鞋文化的另一扇重要之窗。本书按照中国历史发展的轨迹，详细叙述了新石器时期、春秋战国、秦汉、魏晋南北朝、隋唐五代、宋元明清、民国各个时期和朝代的鞋文化故事。这绝不是一本简单的历史书，更似一幅汇聚无数优雅鞋履的画，相信读者看后会对中国鞋业有更深的感触。

身为本书的亲历者和参与者之一，我深感荣幸。十几年来，我带领团队，系统梳理和深入研究中国鞋文化，基本明晰了从中国最古老的鞋到现代鞋的嬗变轨迹，并在鞋与文学、鞋与语言、鞋与民俗、鞋与戏曲等方面开辟了崭新的研究领域，旨在还原中国鞋文化的历史。《中国鞋履文化史》只是我们漫漫征途中的某个驿站，今后必定会有更多更精彩的作品问世。就像中国鞋业不断突破、走向世界，中国鞋文化也将继续书写着新的历史，而我们会将足尖上的文化永远传承下去。

钱金波

序　二
鞋子与人类共存

从文化史的角度考察，鞋履是人类服饰文化的重要组成部分，在古代被泛称为“足衣”。鞋履不仅是人类最需要的寸步不离的日用物，也是人类最亲密的朋友，它帮助人们克服困难，战胜自然；同时对推动服饰改革、发展，也发挥了重要作用，立下了汗马功劳。“凭谁踏破天险，助尔攀登高峰。走向务求克己，事成不成为功。”这是我国思想家、文学家郭沫若对鞋履为人类立下千古功绩的咏叹。

中国鞋履不仅注重实用，同时有着审美装饰的功能；有些鞋履还成为了等级的标志，礼仪的规范，有的深刻反映了历代人们的良好祝愿，体现出深厚的文化内涵。从制作工艺本身来说，鞋履还是一种艺术品，具有较高的文化价值、历史价值和艺术价值，并与民俗学、民艺学、美学、考古学等学科密切相关。它是一个国家、民族的物质文明和精神文明的表现。因此，被人们称为“鞋文化”。鞋，是生活的必需品，乃至几万年以后，人们仍需要穿鞋。因此，制鞋业被人誉为“太阳工业”，它像太阳一样，是永恒持久的。毫无疑问，鞋子将与人类共存。

中国鞋履的发展，经历了从无到有，从简到繁，从粗到精的过程，历史十分悠久。同时，我国从古到今，在鞋履制作上，不仅样式丰富，而且绚丽多彩，无论在造型、色彩、技巧上，都有丰硕的成果。从新疆楼兰出土的羊皮女靴、长沙楚墓出土的皮屦、汉代的青丝岐头履、东晋的彩丝织成履、唐代的变体宝相花云头锦鞋、辽代陈国公主的鸾凤祥云鎏金银靴、还有东汉末年新疆尼雅遗址出土的钩花鞋和红地晕繝绰花靴、良渚文化出土的原始木屐等，都是我国鞋履文化史上最著名的成就，在世界上也都是首屈一指的。它们是中国人民的智慧结晶，值得我们后人去学习，继承，并发扬光大。为了更好弘扬民族传统文化，对我国鞋文化进行探索，就成了一件十分有意义的事。

当前，在激烈的国内外市场的竞争中，鞋履在服饰上的地位越来越重要。它对美化人类生活，提高服饰的完整性，起着重要的作用。我国又是一个多民族的国家，各民族的鞋履，各具特色，并且包含丰富的文化内涵，很需要深入研究，为今所用。我们要以多学科的视角，从古到今，比较系统地，深入地从理论到实践对鞋履文化进行剖析，做到：一、如实反映中国鞋履文化史面貌，并对中国鞋履在人类生活中的地位和意义，作出应有的评价；二、研究鞋履的功能及其生产技术和经验，以推动制鞋行业继承传统、锐意创新，使其更好地为两个文明建设服务；三、总结前人成果，弘扬民族文化，为对外交流，进行国际性鞋履文化研究，进一步积累科学资料。

随着社会的发展，中国鞋业已进入崭新的更加高级的时代了。时代在前进，人类生活在提高，消费者审美情趣也在不断变化。我们殷切期望，对鞋文化的研究能引起有识之士和制鞋界专家、企业家以及广大群众的兴趣，大家来共同开发这一领域的研究，使更多具有美的造型、艳的色彩、牢的质地的鞋问世，使它在美化人们的生活中发挥更大的作用，并为推动当前的改革开放，促进我国鞋业的发展和繁荣，加速温州的中国鞋都建设，为中国向世界鞋大国迈进，作出我们应有的贡献。

叶大兵

目　录

中国
鞋履
文化史

Chinese
Shoes
Culture History

历史篇

第一章
远古时期鞋文化之谜

第一节 食其肉而用其皮

在我国旧石器时代，原始人类以各种简单的石制工具捕获动物，这就是历史上“茹毛饮血”，“食草木之实，衣禽兽之皮”的猿人时期。为了保护身体不受外界气候条件以及地面条件的影响和威胁，他们用石棱的锐角或磨制成锐利的兽角进行分割兽皮，用它披之于身以抵御寒风，此即兽皮衣。同时也用兽皮来保护脚，就是用兽皮简单地将脚裹住，达到御寒防冻，护脚防刺，以及避蛇防咬等目的。

第二节 原始的兽皮鞋“裹脚皮”

远古居民用兽皮裹脚，是人类鞋靴的原始形态。人们以天然兽皮为原料，用锋利的石器切割而成，然后沿着不规则的兽皮边沿，挖了许多小孔，用狭小皮条或绳索穿过小孔。穿用时将脚踩在兽皮上，拉紧皮条或绳索，收拢皮子裹住脚，不致脱落，起到保护双脚不受冻伤和刺伤的目的。这就是人类最原始的鞋，故韩非子《五蠹》一文载：“妇人不织，禽兽之皮足衣也”。

今流行于我国新疆维吾尔、哈萨克、蒙古、柯尔克孜等少数民族地区的“裘茹克”，被称为原始“裹脚皮”的活化石（图1）。这种具体原始的裹脚皮，取之自然，加工简单，拿刀割

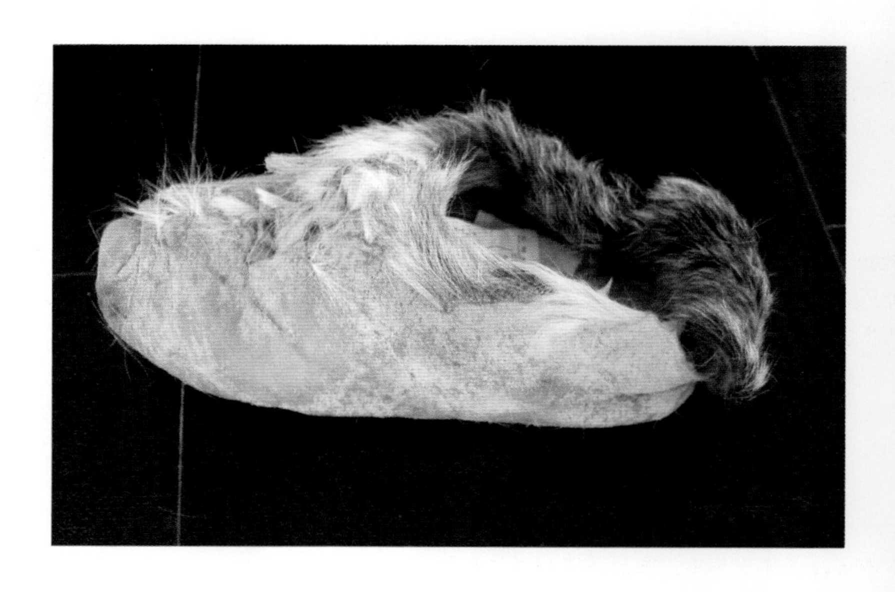

一块不规则的动物生皮（早期用鹿皮，后一般都用驴皮、牛皮，尤其是驴或牛头部的皮最佳，也有用羊皮），边沿扎小孔，用于穿绳。整个制作既无剪裁的痕迹，也无针线介入，完全保存原生态。穿时用旧布或毡片先包住脚，再踩在此兽皮上，然后拉紧绳索，把皮子收拢，系于脚背上即成。为保暖起见，往往用绒毛较厚的羊皮做里层，同时在小腿上绑块兽毛皮或细毛线裹腿，使鞋履的功能从护脚向护腿发展。由于制作简单，材料易取易用，流行甚广，如在塔吉克，称“皮依禾”，在土著汉族牧民中，称“皮窝子”。在达斡尔族中，当寒冷的冬天降临时，人们也喜欢穿这种类似裹脚皮的兽皮靴。

“裹脚皮”的进一步演化，就是原始型的皮制鞋，即“摺脸鞋”和“靰鞡”（乌拉）。前者鞋材也是一块生兽皮（牛皮、马皮、鹿皮和狍皮等），其帮底不分，在鞋前面缝一块脸或盖，缝制简单，穿着方便，能适应不同的气候和环境，因此，至今还在东北少数民族地区和山区百姓中流行（图2）。后者是满语“粗制皮鞋”的意思。其鞋底和鞋帮也是一块生兽皮子，上加一块皮脸缝合即成，帮前做成几十道棱子，增加了美观。其质地硬挺，圆头似船形，俗称“走荆棘扎不漏，过泥沼湿不透”。再在鞋内垫捶熟的靰鞡（乌拉）草，绵软暖和，特别适用天寒地冻时打猎。由于取材广泛（用牛皮、猪皮、狍皮、鹿皮、鱼皮等），制作简单，故流行广泛，是东北满族、赫哲族、达斡尔族等少数民族喜穿的防寒鞋。胡朴安在《中华全国风俗志》下编卷一中写道：“吉省各地产乌拉草……入冬不枯，性温暖避湿，北人常取以铺卧榻。农工等人均以荐履。履用方尺牛皮屈曲成之，不加缘缀，覆及足背，冬胥着以操作。因用此草荐履，故以乌拉名履 。”在这一针一线缝制的靰鞡鞋上，使人们清楚地看到了过去“裹脚皮”的发展痕迹，也看到了皮制鞋的雏形。

图1

裘茹克

被称为原始“裹脚皮”的活化石，早期用鹿皮，后一般都用驴皮、牛皮，尤其是驴或牛头部的皮最佳，也有用羊皮。[①]

图2

摺脸鞋

原始型的皮制鞋，取材广泛（用牛皮、猪皮、狍皮、鹿皮、鱼皮等），缝制简单，穿着方便。是裹脚皮的进一步演化。

① 本书图注以先左后右，先上后下的顺序标注。

图3

原始木屐（正、反面）
五千多年前，我国江南先民创造发明的鞋具，已有了凉鞋的雏形。

第三节 原始社会的木屐

1988年，在浙江宁波市慈湖新石器时代晚期遗址中，出土了两副残存的木屐，均为左脚所穿，属无齿（跟）的平板屐。其中一件，平面近似委角（前左侧）状的长方形，屐面坦平，略呈足形，前宽后窄，前端中间和屐板中部与后端两侧各凿一小圆孔，共有五个小孔，头部一孔，中间和后跟处各有二孔。着地的底面，则在中部与后端的圆孔间，分别挖凿一道横向的浅凹槽（宽1厘米），以便把穿入作系带的绳索嵌入槽中，不致行走时磨断。屐长21.2厘米，前端掌部宽8.4厘米，后跟宽7.4厘米，圆孔径1厘米。此屐结构合理，制作巧妙，并且已初步有了凉鞋的雏形（图3）。从与木屐同层采集的标本进行14C测定结果，距今年代为5365±125年（树轮校正），大致相当于我国崧泽文化向良渚文化过渡之时。它是中国乃至世界最早的木屐实物，是原始先民为适应江南气候炎热、潮湿等自然环境而创造发明的一种鞋具。这是一份宝贵财富，值得我们珍爱和认真研究。

第四节 裸女残像的启示

20世纪初，在辽宁凌源牛河梁红山文化遗址中，出土了一座裸形少女的陶塑像。据科学测定，为公元前3500年的遗物。这是一座残像，高不到10厘米（图4）。其像无头，又缺失右足，但在左足上却赫然穿着平底的短统靴，其特征十分明显。令人惊奇的是这双圆头靴竟和现代人穿的胶鞋几乎一模一样。据考证，这可能是当时先民祭祖的偶像。看着那双外形清晰的圆头的统靴，不能不引起我们的思考：在5000多年前的新石器时代，人们已经不是赤足或者裹着一块皮走路，而是穿上有形的、完整的类似皮制的靴鞋了。这鞋的形状，决不是当时的制陶工匠们自己另行构思创作起来的，而是根据当时人们生活中所穿的靴鞋真实样子塑造而成的。如果这一判断成立，那么在我国5000多年时的原始居民，已经会制造靴鞋了。这是一次惊人的发现，虽然不见真鞋，但它为研究我国靴鞋制造史提供了珍贵材料。

图4

陶塑人物

穿着圆头统靴的陶塑人物，出自辽宁红山文化遗址，证明五千多年前我国已经会制造靴鞋了。

第五节　彩陶人形壶的发现

无独有偶，我国在甘肃玉门市火烧沟四坝文化遗址中，又出土了一座彩陶人形壶。它的上身为一裸形少女，双臂下垂为壶耳，下穿一双大靴，其靴头上翘，深且锐，平底形制。据科学测定，这是公元前2000年的遗物。壶为祭祀器，用裸女可能是当时的一种宗教民俗，但她足下这双平底大靴，不仅鞋形清晰，而且是长统高靴，与上述红山裸女残像相似。这也是当时人们穿着靴鞋的真实写照，虽然时间稍迟于红山文化，但也有4000年的历史了。

第六节　考古出土的种种皮靴

1985年，在新疆扎洪鲁克村附近的五座墓葬内，共发现了婴儿和男女干尸五具，其中两具男尸，身穿咖啡色（泛红）长外套，下身穿同色同质长裤，足穿长筒软皮靴（牛皮），内穿与靴等长的彩色毡袜。左脚的靴前端缺损，靿部完整，右脚的靴无存。另有女尸两具，足着皮靴，下部已不存，左脚到膝部包裹本色绒毛（内）和红色绒毛，右脚则为浅色绒毛（内）、黄色（中层）和天蓝色绒毛，应为毡袜的代用品。

1989年，我国又在扎洪鲁克村古墓葬区进行了抢救性清理发掘，在墓室中发现一老年妇女干尸，她上身着较为粗糙的紫色羊毛袷袢，下身裸覆盖赭色粗羊毛毯，有白色羊毛缝缀线。脚穿鹿皮翻毛高靿靴，露出裹脚的白色粗毛毯，靴靿高约28厘米，底长约23厘米。

在吐鲁番盆地北缘的火焰山北麓和沟内，有一处鄯善苏贝希古墓地。1980年至1992年，我国先后多次在这里进行考古调查，经过发掘，取得了一些重要的考古资料。保存下的古尸，均穿着按时令区分的服饰，大多着毛皮大衣，其中有两具干尸，着单革装，上衣无束腰，袒胸，下着连腿高靿皮靴，不穿毛裤。这种长靿皮毡靴，穿在男尸左脚上，靴靿高至腿根部，以皮绳拴系在靿带上，防止皮靴脱落。女性则穿短靿皮靴，或穿短靿翻毛野羊皮靴。

在新疆塔克拉玛干沙漠腹地的尼雅遗址，1993年至1995年的考古中，在沙丘中发现男性干尸一具，戴尖顶绢帽，覆丝绸面衣，脚着短靿毡靴。后在一号墓发现男性干尸，上身外罩长袍，下身穿白布裤，着锦袜，绣花面皮底短靿靴。又在三号墓发现男女干尸除覆锦质面衣，着右衽锦袍、绢绮上衣、锦裤，穿锦袜外，脚着锦鞋或钩花鞋，手戴棉质手套。四号墓一具女尸，也脚著绢袜，外套皮底晕綳革短靴，色彩鲜丽。八号墓发现一女尸身穿绢质长袍，腰扎宽带，长裤，着钩花皮鞋。另外，在一处还发现毛质毡靴一双（部分使用了毛绣）等。

同时，在哈密艾斯克霞尔墓地，曾出土十二双皮靴，有实用和明器两种。其短靿或高靿靴，面、底都分别制作，采用皮线缝合。靿直筒形，靴头圆形，底椭圆形。如羊皮高靿，由四块羊皮拼合缝制，脚脖及靴底前后掌缝有补丁。靿口饰有两排装饰孔。高36.2厘米，底长22.6厘米。牛皮底短靿，靴面、靿底分别裁剪缝合，靿为一块羊皮，底为一块牛皮，再由前后两块牛皮拼缝。靿下系有一条羊皮带，两侧系结，靿高30厘米，底长29.9厘米。又如作为明器的高靿皮鞋上多缝缀铜扣饰和铜片饰。靿、面、底三块也用羊皮拼合，以皮线缝合。靿开口在靴身前，缘边对称穿孔，孔内穿皮系带，靴头、靿前两侧缝缀铜饰，靿高8.8厘米，底长6.8厘米。

上述靴鞋考古实物，均出土于西域地区，基本上为史前时期。可以看出当时以动物皮毛作为制作靴鞋的主要原料，且皮革的鞣制技术不高，染色技术也很朴素。皮质品的大量存在，清晰地显示出史前时期先民们以畜牧为主要生产方式，以及以皮为靴鞋的生活方式。

第七节　世界第一靴——新疆楼兰女靴

在新疆，20世纪初，A斯坦因在罗布淖尔荒原曾发现早期墓葬，古尸保存完好，据作者描述，死者“头戴棕色毡帽，帽有护耳翼作尖角状……露体不着裳，足穿红色鹿皮靴。”（引自黄文弼《罗布淖尔考古记》）这是我国公布较早的一段出现古代居民已经穿靴的真实记载。

后来，在新疆又陆续发现新石器时代居民穿靴的考古纪实多处，如1997年冬，在孔雀河下游一片青铜墓地（俗称“古墓沟”），据14C测年，绝对年代在距今3800年前后。其中一具年轻女性干尸，“发直而面色黄，头戴毡帽，裸体而外裹毛毡，足著皮毛鞋”。

1980年4月，新疆考古所楼兰考古队为配合《丝绸之路》电视片的拍摄，在孔雀河最后进入罗布淖尔湖（当地人称此湖为铁板河）一处严重风蚀的高台地上，发现一座墓葬，中有一具保存十分完好的中年女性干尸，女尸“取自然的仰卧姿势，情绪安详，其清秀脸面，尖高鼻梁，眼睛深凹，长长睫毛，其体毛、指甲、皮纹均清晰可见。淡褐色的直发，散披于肩。皮肤呈古铜色。”在日本学术界习惯称此为“楼兰美女”。此女尸全身用粗糙的毛布包覆，毛布上

盖羊皮，头戴毡帽，足着底部多次补缀的毛皮女靴（图5）。该尸经14C测定，其确切年代为3880±95年，这证明我国在4000年前的原始居民，确实已经会制作和穿着靴鞋了。

楼兰女靴长25厘米，靴残高16厘米，底宽（最宽处）10厘米，靴面（靴帮距靴底）高9厘米，靴头（有头）宽9.8厘米。靴的结构不同于现代帮底分件的构成，由靴前、后帮和鞋跟三部分组成，靴前帮用整块皮毛按脚掌（弓）部形状折合，缝合靴头，靴的内侧与靴鞠（后部）在腰窝部位缝合。然后绱缝鞋跟。皮靴用棕色毛皮单层缝制，靴底及经常磨损部位已成光皮（现藏新疆考古研究所）。可见，在4000年前，人们就已能用不同兽皮，分别制作前帮、后帮和鞋跟，加以组合而成，这为今天现代鞋的帮底分件开创了道路，这是世界上迄今为止，保存最为完善，年代最为久远的靴子，故人们称它为“世界第一靴”。后来，我国又在新疆罗布泊湖出土了猞猁皮短靴（图6）和牛皮短靴，都是新石器时期的遗留。不容置疑，我国是世界上制作皮靴最早的国家之一。这些靴鞋的出土，为上一节叙述的考古彩陶像着靴找到了真实凭据，也为我们破解了我国新石器时期鞋文化之谜。

图5

毛皮靴子

四千多年前的毛皮靴子，已采用帮底分件的结构，曾经穿在这位新疆“楼兰美女”的脚上。

新中国成立后，在新疆哈密五堡古墓又出土了一具男尸，足上还穿着一双带羊毛皮的高筒靴，筒高18厘米，底长26厘米，内有毡，为御寒之用。靴帮和底用牛皮，靴统用羊皮，其中一只靴底使用三层牛皮，靴帮靴面使用两块牛皮，在靴面正中，又缝接一小块羊皮。据科学测定，为3200年前男用皮靴，此靴反映了当时的鞣革、脱脂工艺和制毡技术已经有了很大的提高。

第八节　草鞋的起源

草鞋，泛指以草类为原料，并以手工编制的鞋。它的起源可以上溯到几千年前，人类从上古时期的赤脚进化到兽皮裹脚，再从“裹脚皮”进化到皮鞋、草鞋、木屐等，历时千万年。草鞋的原料在广大农村、山区，来源广泛采集方便，用手工即可编织。草鞋编织工具简单，易学易会，人人都可以动手，自力更生，自给自足。同时，在各类鞋履中，惟有草鞋最廉价、最普及，也最易于制作和发展。因此，称草鞋为我国鞋履中历史最悠久的鞋子之一，应该当之无愧。

李时珍在《本草纲目》里说：“世本言皇帝之臣（于则）始作履，即今草鞋也。”《世本》为战国时史官所撰之书。记皇帝迄战国时诸侯大夫的姓氏、世家、居（都邑）、作（制作）等。虽然履的产生，不会是于则一人所为，乃是一种托古履的产生。它是人类集体智慧的创造。但总的说明，在4000多年前的五帝时代或更早前就有草鞋了。

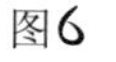

图6

猞猁皮短靴

这双弥足珍贵的猞猁皮短靴，出土自新疆罗布泊沙漠，距今约四千年。

第二章
夏商时期的鞋履

第一节　夏商舄履皆以皮为之

《实录》一书载："夏商舄履皆以皮为之"，这说明当时在贵族中已较多的穿着皮制鞋履，但不是所有鞋履皆以皮为之，其他材料制作的鞋履也同时流行。"生皮曰革，熟皮曰韦"，夏商时皮革制造业的发展，不仅鞣革，脱脂工艺有所提高，在制皮技术上也达到了较高水平。如在我国新疆哈密五堡古墓中，出土了一双男用皮靴。靴用羊皮制成，低筒，中间开一豁口，并用小皮带连接。虽然制作比较简陋，但在制鞋时，已帮底分开。经考查，此墓的被葬者为古代原始氏族成员，距今已有3000多年历史。这双传世皮靴属于商代的产物。

商代在沿袭跣足的同时，又创造了不少带有时代进步形态的鞋履，逐渐形成一套与等级服饰制度相联系的履制。商代高级权贵，以皮革或布帛裹腿，足着翘尖鞋。这种形象可以见诸于西北冈大理石圆雕人像。翘尖鞋的款式厚而不肥，平底高帮，圆口，不用系带。从外观看，这种鞋挺括坚实，十分合脚，似属一种单层革履，可能属《说文》中提到的"鞮"。古代的鞮，是一种薄皮之履，单底，帮达于踝。以熟皮为之者，称"韦鞮"，以生革为之者称"革鞮"。始于商周，战国后为男子常用，多用于庶民。也有作翘头者。《说文》云："鞠，鞠角,鞮属。"鞠，就是指鞮的上翘的履头。《广韵》："鞠，履头。"《广雅》则称"鞠，角履。"在山西柳林高红商代贵族武士墓的陪葬物中，发现铜靴一只，脚尖上翘，平底无跟，靴底横纹11道，帮为高长统，脚面两边各有直纹6道，高统近脚弯处有4道弦纹，靴统口缘下边有一圆穿，另一边有半月形穿，靴为窄瘦型，制作精致。此铜靴高6.3厘米，靴筒口径1.3厘米，脚长4.1厘米，宽1.1厘米，重50克。虽然不是实用品，乃是仿自实际生活中的鞮或鞠角履仿制而成。鞮有高帮、高统之分，均为平底无跟，履头上翘，穿之有练达英爽气概，为商代高级权贵或贵族武士所穿的革制之鞮。但商代高级贵妇好穿平头高帮履。履形鼓满，鞋帮面上饰有圆环纹祥，疑为丝履，亦可能以麻类织物衬里，外罩丝帛，宜于暖足而增雍容富态。妇好墓出土圆雕跪坐玉人像穿的就是这种履。

根据历史记载，早在夏代，我国人民已在着屝、屦或履了。

当时男女鞋没有明显的差别。到殷商时，初步建立了礼制，各种鞋履的流行，可说是皮、丝、布、麻、草俱全。由于生产力的发展，那时人们已较熟练地掌握了织丝技术，丝织物和纺织物已普遍流行。商代中下层贵族或亲信近侍包括一般臣属，有穿素面鞋者，鞋作高帮，平底无跟，圆鞋口，比较合脚，鞋面鼓形，素面无华，当时在贵族阶层中，除穿皮屦外，并且普遍地穿着麻屦和丝屦（图7）。

商代一般贵族或上层平民的孩童，有穿一种宽松软鞋。平底宽头、薄型，较适合儿童皮肤细嫩不易擦伤的特点。从安阳文化馆所藏一立式孩童人像所穿鞋履看，其丝翘的形态看，似为布帛制品，可能为后世所称的“软履”。

商代还有一种粗屦，见于中下层社会。主要指用麻类、树皮类、草类制成的，古人又称其为“扉”。古代平民百姓多穿草鞋、绳鞋、也有麻织的鞋。

第二节 揭开陶靴之谜

在我国青海乐都县柳湾的辛店文化遗址中，曾出土了一双陶靴。其靴高11.6厘米，底径长14.3厘米。其靴内空，靴筒为圆形，靴底前圆后方，帮底衔接处向内凹曲。帮面饰有双线带纹、回纹和三角纹。辛店文化是我国原始社会晚期的一种青铜文化，分布在青海、甘肃等地。时间为公元前1400年，相当于我们中原夏商之际。当时，社会生产力有一定的发展，皮革制造业也已初具规模。奴隶社会的服饰制度也初步建立。各种配合服饰的鞋履均已流行。从前期文物考古资料来看，我国新石器时代的新疆楼兰、哈密等地均有皮靴实物出土，因而在辛店

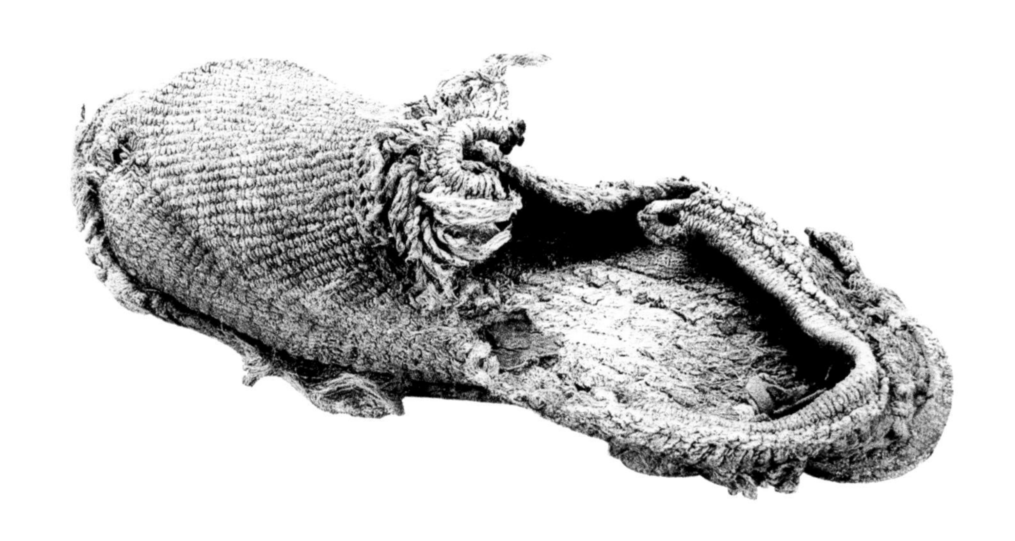

图7

麻草鞋

编制精细的麻草鞋。

文化遗址中，出现这双陶靴也就不奇怪了。

从民俗学的视角考察，这双陶靴是原始时期的陪葬物。原始居民在“有灵论”的影响下，普遍认为，人有阴阳两世，活着在阳间（地上），死了去阴间（地下）。同时认为，阴间是人们死后灵魂安息和居住的地方，同样享有各种物质生活。因此，为了送别死者，使死者在阴间得到温暖，过着人间同样的生活，除了用武器、农具等陪葬外，仿照死者生前所穿的靴履，或者根据当时人们所穿的靴履样式，用陶作成靴鞋（用陶器不会腐烂），和尸体一起埋入土中，以表悼念。因此，这双靴子的造型，不是当时制陶匠的即兴创作，显然是他们依照当时人们所穿的靴履实物仿制的。综上所述，我们认为，从陪葬物发展到现代创造的形式多样的陶瓷鞋，其始祖可能就是这双陶鞋了。

第三节　丝屦与翘尖鞋

在殷商这个时期，社会生产力有了进一步提高。甲骨文中已出现桑、蚕、帛等字，可见当时农业的发展已到成熟时期。从商代安阳墓中出土的铜钺上存有雷纹的绢痕和丝织物残片等，也反映了当时人们已熟练地掌握了丝织技术，并运用到制造鞋履上。这是中华鞋史上鞋材的一次大变革。人们除了穿远古时期的皮革材料、草类材料外，还用丝织品作成色彩斑斓的缎面鞋履，为制鞋开辟了材料、工艺的新天地。

从商代出土的众多石遗像、石刻像来看，在商代贵族中，已普遍穿着多种鞋履（包含丝鞋），如河南安阳四磨村出土的商代男石造像，两手着地，身子后倾，呈酗酒寻乐姿势。头顶为帽箍边饰，腰围前垂有蔽膝，身着对襟服，纹饰同样精美，足下着鞋。又如在河南安阳殷墟出土的商代玉人，头戴高巾帽，穿右衽高领窄袖衣，腰间束带，前系韦毕，裳裙曳地，足下穿圆头靴鞋。同时，当时已见翘尖鞋式。如四川广汉商代三星

图8

线刻妇女像

四川广汉商代三星堆遗址石边璋上的线刻妇女像，足上穿着厚底的翘头鞋子。

堆遗址一处石边璋上，刻划着两个女性的线刻人物像，其足上都很明显的穿着厚底的翘头式样的翘头鞋等（图8）。据史载，商代贵族，腹下佩韨，脚穿翘头船式样的翘尖鞋。因此，上述贵族所穿鞋履中，虽然材质不明，但其中穿丝屦者可能性最大。

第四节　最早的布鞋葛屦

到我国原始社会的母系氏族公社繁荣期，原始的农业和手工业相继出现，人们除用细草绳打成草履穿用外，开始将采集来的葛、麻等野生纤维加工成线，制成麻布，然后再织成麻布衣服。1929年，在我国殷墟第三次发掘中，曾出土戈形兵器，可能随葬时曾以织物包裹，因此上面存留有“极显著的布纹”；后又发现在殷代大墓里出土的铜器上也存有“内面绿锈上的布纹”，有一铜戈“一面及刀刃上满布细布纹饰”。在台西还发现有大麻纤维织成的平纹麻布等实物。这是人类服饰史上的大进步，在制鞋史上也揭开用布做鞋的序幕。

中国布鞋的发展，大体上分两个阶段：第一阶段用葛、麻的茎皮纤维制成葛布或麻布，然后用葛布、麻布做成鞋履，名曰葛屦或麻屦，这是中国最早的布鞋，也是人类继编织鞋后又一进步。到第二阶段才发展到，采用天然纤维（如棉花）纺织成布帛，再用布帛做成布鞋。因此，至迟在殷商时期，当时的贵族，除穿着皮履外，也穿葛屦和麻屦。在贫苦的劳动人民中，大都长年赤脚，或者穿着自己编织的草鞋，极少数人才能穿上葛屦和麻屦。

第五节　草鞋的延续

草鞋发展到夏商时，其品种、款式已有粗制和细制之分，粗制草鞋用于庶民，细制草鞋用于贵族，并且争相穿用。

草鞋的称谓，因历史时期和朝代的不同而不同，因地区习俗和草鞋的类别不同而有所区别。

在夏殷时草鞋称“扉”“非”或“屩”。《左传·僖公四年》：“共其资粮扉屦。”注曰：“扉，草履。”共、通供，资粮指军粮。扉为草编的鞋子，屦为麻编的鞋子，均为粗制鞋子。据《礼记》载：一次，曾子问孔子曰：“女未庙见而死，则如之何？”孔子曰：“不迁于祖（灵车不能去祖庙），不祔皇姑（神主不能附在新郎祖母的后侧），婿（穿齐衰），不仗（不手执丧杖）、不扉（不穿草编丧鞋），不次(不能居住守丧陋室)……示未成妇也”唐孔颖达疏：“非，草履也。”杜注《左传》：“扉，草履也。”非者，扉之假借字。故唐王睿《炙毂子录》曰：“扉，草履，夏殷皆以草为之屩，左氏谓之为菲履也。”这里的屩，是以细草绳编成的鞋子，其状如今草鞋，以数股细绳为系，穿系之绊亦以细绳为之，正中一道名“鼻”，或谓“屩鼻”，左右两道名“耳”，制作屩的材料，一般多以“芒草”，俗谓“芒屩”“草屩”。

我国考古者，曾在河南柘城孟庄商代遗址的一座烧陶遗址紧挨的灰坑中，出土一只鞋底的中段，形状与现代草鞋相似，束腰，系用四经一纬绳子编成。经线粗0.5厘米，纬线剖面为椭圆形，直径0.5～0.7厘米，鞋底的编法是以经绳一上一下压纬绳，周而复始，层层抵紧，与近世民间的打草绳相似。据专家研究，此鞋属树皮的可能性较大，这是目前所见唯一的商代鞋的实物。

古时草鞋的名称很多：如屣、蹝、屩、扉、菲、蹻等。《孟子·尽心上》：“舜视天下，犹弃敝蹝也。”敝蹝，指草鞋。《释名·释衣服》：“屩，草履也。……出行着之，屩轻便，因以为名也。”《史记·孟尝君列传》：“冯驩闻孟尝君好客，蹑蹻而见之。”

第六节　梮、橇、木屐

我们祖国有源远流长的木屐文化史。笔者认为，木屐的前身，最早可上溯到夏代的“梮”和“橇”。《夏书》载：“禹堙洪水十三年，过家不入门。陆行载车，水行乘橇，山行则“梮”。唐颜师古注引如淳之语：“梮谓以铁如锥头，长半寸，施之屐下，以上山，不蹉跌也。”梮，实际上是一种有锥的屐。又《史记·夏本纪》：“泥行乘橇。”橇是木板制成的鞋子。鞋头高翘，两侧翻转如箕，中缀毛绳，前后系足，底板甚阔，则举步不陷，着之便于行走泥地。可见夏时的橇，是一种泥地行具，已初具木屐雏形（图9）。明王三聘《古今事物考》卷六：“《正义》曰：橇形如船而短小，两头微起，人曲一脚，泥上擿进，用拾泥上之物，今海边有也。”自禹始之。从文字学考证，那时的橇，又有“𣙙”“摓”“擿”“撬”等别称。

特别值得一提的是在我国浙江余杭镇南湖沙坑中曾出土一批文物，其共存物大多为良渚文化，下限不晚于商代。其中一双木鞋，系以整块轻质木材制作修削，通高8.2厘米，横长25厘米，宽8.5厘米，加工成前端弧收，上有菇形凸饰；两侧边及后端有“帮”（右侧帮稍残）；底部带前后跟（齿）。1988年在宁波慈城镇慈湖西北的一处新石器时期遗址，发现两只5000年前的木拖鞋（木屐），长约21厘米，头部宽约8.4厘米，跟部宽7.4厘米，一件为五孔，孔与孔之间有凹槽，用双带式和人字带系鞋。这些久远的实用鞋具，今得以幸存下来，实属全国罕见。

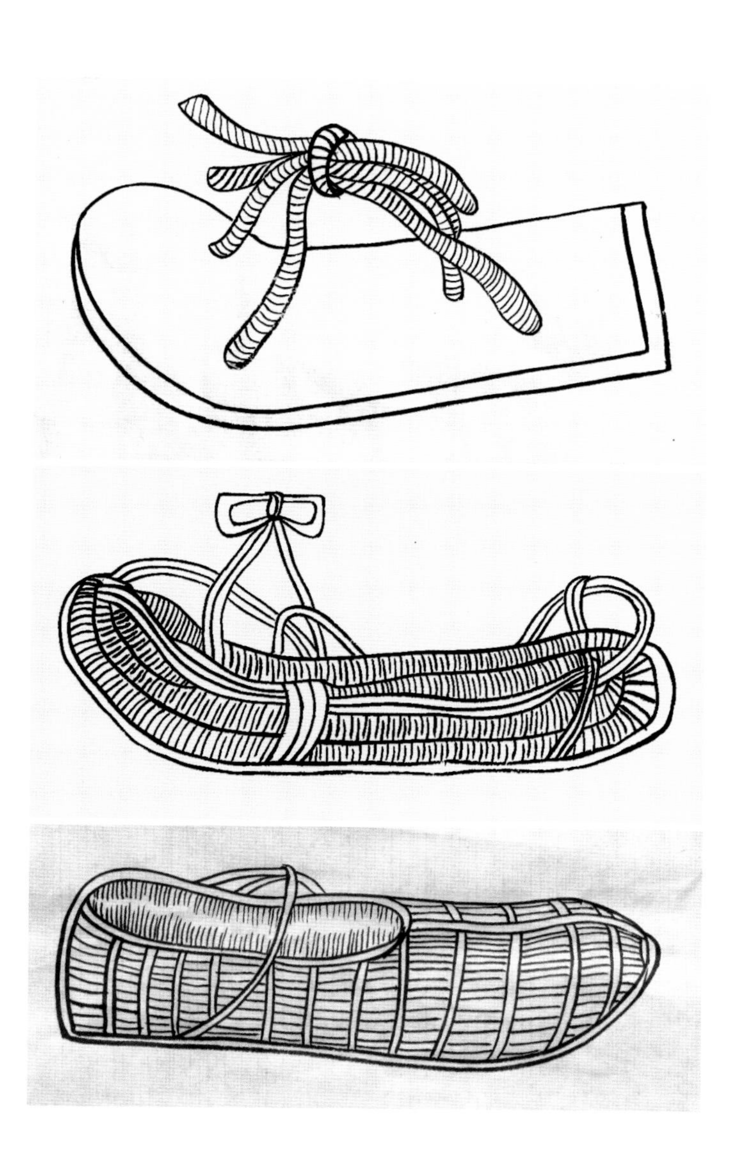

图9

橇、扉、屦

橇的底板为木料，鞋头高翘，毛绳系足背，已很接近现代的木屐样式。橇、扉、屦是周代民间流行的编制鞋。

第三章
春秋战国时期的鞋履

第一节　周代的鞋饰制度

周代，在继承夏商礼制的基础上，进一步全面完善礼制，表现在服饰制度也更加完善。当时从天子到卿、士，服饰各有等差；还在朝中专门设“司服”一职，掌管服制的实施。鞋饰是服饰的一个组成部分，同样被纳入“礼治”的范围，成了礼制中不可缺少的内容，并设专门部门和官员负责管理。

在周王朝中，设有专门管理鞋履的职官，名叫“屦人”。属天官冢宰所管。其机构设下士二人，府一人，史一人，工八人，徒四人。此官负责掌管天子和王后的服屦，其种类有两种，一为舄，一为屦。《周礼·天官》载：“屦人，掌王及后之服屦。为赤舄、黑舄、赤繶、黄繶、青絇、素屦、葛屦。辨别外内命夫命妇之命屦、功屦、散屦。凡四时之祭祀，以宜服之。”也就是说，此官负责掌理王和后各种服色所应穿的鞋子。同时负责制作各种舄履和舄屦上的装饰。辨别内外命夫命妇所穿的屦，凡四时的祭祀，各按照尊卑等级穿着应该穿的鞋子。

第二节　古有舄履而无靴

《释名》载：“古有舄履而无靴。靴字不见于经，至赵武灵王始服。”这说明在当时处于中原地带的周王朝，在足衣上除有舄、履和其他屦、屩之类，没有着靴之习。

舄是中国最古老的鞋子之一。始于商周。它是古代贵族男女参加祭祀朝会所穿的礼鞋。舄是礼制的产物，它是一种复底的鞋子，鞋底通用双层，上层用皮、葛为面，下层用木。其目的是为了实用。古代朝祭礼仪繁缛，尤其是祭祀，常常需要站立很久时间，特别是在郊区出席仪式，参加者若在清晨或雨日站于泥地，时间长了，会将鞋底弄湿，在舄下加一层木就可避免这种情况。舄一般以彩色皮革为面，做成浅帮，上有繶、纯等装饰，并系以綦。在宋徽宗重和元年，礼制局奏，舄上的繶、纯、及綦，应有不同，只是文武官大夫以上才具四饰。

关于穿舄，还有这么一个故事，齐国晏公特制了一双舄，用黄金做鞋带，再饰以银串珍珠，又用上等玉做鞋头的装饰。这双鞋又长又重，晏公上朝时，仅能抬脚。

还有一种适合身材矮小的女性穿的薄底木舄，称“晚下”。《释名·释衣服》：“晚下”如舄，其下晚晚而危，如人短者着之，可以拜也。“晚下”或作“鞔下”。《方言》卷四曰：“其庳低矮者谓之鞔下。”

舄，男女均可穿着，所用颜色略有差别，大抵与冠服相配。天子诸侯吉事皆用舄。在隆重的祭祀中，天子穿赤舄，王后则穿黑舄（图10）。根据鞋制，舄色以赤、白、黑诸色为上，分别在不同场合穿着。赤舄为冕服之舄，白舄为皮弁之舄，黑舄为玄端之舄。所服裳色的不同，舄亦异色。卿大夫服冕服时也穿赤舄，穿其他服式皆着屦。战国时，因礼崩乐坏，各国各自为政，礼舄制度曾经失传。直到汉魏时期重新恢复。南北朝曾将舄改用双层皮底，至隋恢复其旧。唐宋元明历代因袭。至清，祭祀用靴，其制逐废。

屦是一种便鞋，《仪礼·士冠礼》曰：“屦，夏用葛……，冬，皮屦可也。”仕官平常家居穿着为多，士都穿屦。出外行走，通常穿屦。屦为草鞋（图9），《史记》中所说的虞卿“蹑屩檐簦”，和《战国策》中的苏秦“嬴滕履蹻”均指穿的草鞋。周时，古代帝王赐予命夫，命妇的单底鞋，则称“命屦”或“功屦”，命屦在鞋类中最尊，做工最精细。后者做工略粗于命屦作为成年男女礼鞋之用。其色有贵贱之别，有白屦、黑屦、纁屦之别。如“绚屦”，亦称“句屦”“绚屦”是一种前端饰有鼻纽的鞋子，专用于祭祀。是鞋头上的装饰，形如刀鼻，犹后世鞋梁，有孔，可以穿鞋带。如没有装饰的鞋子，称“散屦”，在礼服中等级最低，以皮葛为之，专用于祭祀，臣下所用。还有屦中的“疏屦”“苞屦”“蒲屦”这些以席草、麻绳等编织之鞋，先秦用于丧屦。在我国湖北江陵墓中曾出土过一双细茅编成的屦，精巧轻便，堪称上品。

履，是当时鞋子的总称。鞋底用单层，是一种装有高帮的便屦，多以革制成，后渐渐出现用丝麻制作。如句履，是一种尖头略向上弯似钩的鞋子。从河南光山春秋战国墓出土的句履底，为线绳盘曲穿缀而成，前端显著突出，与鞋帮结

图10

礼鞋

舄是中国最尊贵、最古老的礼鞋。始于商周，是古代贵族男女参加祭祀朝会所穿的鞋子。

合时，以便翻上作钩状。又如“歧头履”，这种履的头部通常制成两个尖角，中间凹陷，因此也称“分梢履”。男女均可穿之。根据《汉书·王莽传》记载：“受绿韨衮冕衣裳，玚琫玚珌，句履，鸾路乘马。”文后有唐颜师古注：“孟康曰：今齐祀履舄头饰也。出履二寸，其形歧头。”这说明歧头履在春秋战国时已有了。郑振铎编的《中国古代版画丛刊》上，有一张“新定礼图”上有一周代王公大臣像，头戴冕冠，身穿冕服，脚上穿的就是一双分梢履，其歧头形十分清晰，可作旁证。另外，在宋人马远绘的“孔子像册”中的孔子，也是穿着这种分梢履。

商周时，已出现用丝绸或绫缎做的鞋，为追求华丽堂皇，多为显贵人穿的，名“丝履”。最初这是属于华贵的鞋。《礼记·少仪·第十七》曰：“国家靡敝……君子不履丝履，马不常秣。”大意是国家财政拮据，人民生活困难的时期，君子不穿丝绸（丝带）织造的鞋，马不常用粮食喂养。当时贵族中还有一种缀着各种珠宝的履，名“珠履”。有这样一个“珠履三千”的故事，赵国有大使见春申君，“赵使欲夸楚，为玳瑁簪，刀剑室以珠玉饰之。春申君客三千余人，其上客均蹑珠履以见赵使，赵使大惭。”（《史记·春申君列传》）显然，珠履是当时十分名贵的鞋了。

夏商至春秋时期，草鞋品种增多，其名称因时代和地区不同而不同，有“草履”“芒履”“葛屦”“蒲鞋”“芒鞋”等，如《诗经》:“纠纠葛屦，可以履霜”。当时还有“以麻为鞋，皮底曰屝，木底曰舄”的记载，民间则有“草履”的叫法。

第三节　赵武灵王胡服骑射

赵武灵王，名雍，是战国时赵国君王。公元前325至前299年在位，执政27年。24年时（前302）进行军事改革。他采取西北方游牧和半游牧人的服饰，学习骑射，用以装备军队，史称“胡服骑射”。其服上褶下襟，有貂、蝉为饰的武冠和金冠为饰的具带，足上穿靴，便于骑射。为适应战争需要，赵国军队采用了胡人短衣、长裤，马靴的服制（图11），逐渐把传统车战改为骑兵作战，驰骋沙场，活动便捷，大大提高了部队的战斗力。后攻灭中山国，攻破林胡、楼烦，国力大盛，终于使赵国成为战国七雄之一。

靴，本作“鞾”。一种高至踝骨以上的高筒鞋，通常以皮革为之，著时紧束其胫。《释名·释衣服》：“鞾，跨也，两足各以一跨骑也。本胡服，赵武灵王服之。”《说文解字》：“鞮，革履也，胡人屐在胫，谓之‘络鞮’”。皮靴原

为善于骑射和跋涉于水草之间的西域游牧民族所服，我们中原人民过去只穿舄履屦屩，没有皮靴。战国时，经由赵武灵王首先引进中原后，开始在军队中流行穿靴。其制开始为短靿、黄皮，渐行长靴。后来靴传到民间为百姓所穿，作为常服，遍布中原，逐渐成为我国民族服饰的一部分，并一直沿用至今。故《释名》中曰："古有履而无靴，靴字不见于经，至赵武灵王始服"，这仅指中原地区而言。在国内更广泛的范围来说，特别在游牧民族地区很早就已出现靴子了。

第四节 毡靴、连腿皮靴和高靿女靴

图*11*

穿马靴的赵武灵王

两千多年前，为适应战争需要，赵武灵王采用胡人短衣马靴的服制，建立骑兵队伍，大大提高了军队的战斗力。

在周代民间，已有"毡靴"之制。毡靴，一般是在北方寒冷地区穿着的一种用羊毛毡制成的长筒靴子，其保温性强，踏在地上既轻便又暖和。由于制作简单，牢固耐穿，是当时西域地区流行的一种鞋履。《周礼·天官·掌皮》中载："共其毳毛为粘，以待即事。"指的就是这种毡靴。

为了防寒及涉水，当时还有一种形式独特的"连腿皮靴"。在吐鲁番火焰山腹地苏贝希村城近的古墓群中出土。经测定，距今约2400年前，相当于战国时期。此靴紧紧套住毛织布裤，与膝裤、裤装、鞋履构连成一体，其形式独特。呈高筒形，全靴为皮质，结实耐用而且可涉水草，是善于骑射的游牧民族最爱穿的鞋履。

高靿皮靴，一种高筒皮靴，距今3000年前的哈密五堡古墓出土。死者头戴尖顶毡帽，穿毛皮大衣或皮革大衣，著长筒皮裤，足穿高靿皮靴（图12），也有穿短靿皮靴的。这两种皮靴与古籍记载基本相符，也反映了青铜时代早期，该地居民所穿的衣冠服饰及当时的鞣革、脱脂工艺和制皮技术达到的水平。

铜泡钉靴。古代武士的战靴。1974年在沈阳郑家窪子战国墓内，发现一死者的胫足骨上，排列有大小铜泡180枚，骨上有黑色有机腐殖物附着。据考证，死者生前为武士，死后葬时穿着一双钉满铜泡的长统皮靴。

图12

高勒皮靴

来自塔里木盆地三千多年前的高勒皮靴。初春冰雪融化人们要经常趟水过河，穿这种连腿皮靴非常实用。

第五节　楚墓出土皮屦

皮屦，指的单皮制成的鞋履，男女均可穿用，多着于秋冬之季。在周代，皮制鞋履已经流行。在我国湖南长沙楚墓出土了一双西周时用皮缝制的鞋（图13），距今已有2000多年，它的帮底采用经过简单鞣制的皮革，以皮线手工缝制而成，鞋底是挑选比帮料坚硬多的皮革。由前盖、前尖、后尾三块皮革部件组成鞋面。鞋头呈方型，套式为无带。另一双由新疆塔里木盆地扎洪鲁克古墓出土的西周革靴，全系革制成，鞋形清晰美观，鞋头有皱纹，全鞋帮底相连，前面打褶与鞋面缝合成型。鞣革柔软，缝制平整，显然是经过仔细搭配缝制而成，这说明当时制鞋设计工艺已具较高的水平。

第六节　木屐已经流行

春秋战国时期，木屐在民间已经流行。除劳动阶层用以作雨鞋之用外，在贵族中也穿用。《庄子·天下》中说墨子之徒，“以跂蹻为服”，孔子当年也穿过木屐。《太平御览》卷六九八曾引《论语隐义注》中“孔子至蔡，解于客舍，入夜，有取孔子一只屐去，盗者置屐于受盗家。孔子屐长一尺四寸，与凡人异。”此屐一直踪迹不明，直至晋时，人们才发现他的下落。《晋书·五行志》载：“惠帝元康五年闰月庚寅，武库火。张华疑有乱，先命固守，然后救火。是以累代异宝，王莽头、孔子屐、汉高祖断白蛇剑及二百万人器械，一时荡尽”。这说明，孔子屐在这次大火前，一直被视为“异宝” 典藏于库。那时还有玉屐，以玉为屐，据史料记载：“时襄阳有盗发古琢者，相传云是楚王螺，大获宝物玉屐，玉屏风，竹筒书，青丝编。”

春秋时，有关于晋文公想逼重臣介之推出仕，火烧绵山之举。介之推追随晋公子重耳流亡19年，重耳归国执政后，对随其流亡者一一封赏，惟独忘记了介之推从亡之功。等想到时，子推“不言禄”，隐居绵山，晋文公令其出山，但介之推坚决不出山，晋文公无奈下令烧山，想引他出来。结果子推抱树而死。文公念其恩德，抚树哀叹，并将这棵树砍回，用它来做履（鞋子），每想介之推的从亡之功，总是看着鞋子叹道：“悲乎足下”，（晋·嵇含《南方草木状》）后敬称人为“足下”。清钱谦益《次韵酬德水见赠》诗曰：“晋为头上巾，今为足下履。”又有西施“响屧廊”之说。当时木屐又称“屧”。据载，吴王夫差为使西施欢喜，在苏州灵山寺旁建筑离舍。舍内特建了一座长廊，在廊内有条铺砖石的路，路上埋有空瓮。因西施足大，喜穿木屐。当她走在上面时，那木屐轻敲地面就会发出悦耳的叮咚声，后人称“响屧廊”，以上三例说明，在春秋战国时期已流行穿木屐了。

图13

皮革履

两千多年前楚人穿用的皮革履，与现在的“盖板式”皮鞋很相似。

第四章
秦汉时期的鞋履

第一节　舄、望仙鞋和凤首蒲鞋

秦汉时，大部分地区着履（穿鞋）已普遍流行。根据文献记载，有“舄”“望仙鞋”“丝鞋”“靸鞋”“蒲鞋”等。秦始皇身穿冕服时也穿舄。舄是古代贵族用于祭祀、朝会的礼鞋，始于商周。秦代传承此制。又据《中华古今注》载：“秦始皇常靸望仙鞋”。从一些画图来看，这种鞋和汉代的钩履相近，前端较长，而微作上曲。这“望仙”二字，可能是根据秦始皇盼望长生不老，祈求成仙取的名称。又云：鞋履“至秦以丝为之，令宫人侍从着之，庶人不可”。蒲鞋，也称“蒲履”，是用蒲草编织而成。蒲草本是香蒲的茎叶，属多年草本植物，叶子窄长，还可编蒲包、蒲席、蒲扇等。又据《炙毂子杂录》引《实录》云：“始皇二年，遂以蒲为之，名曰靸鞵。二世加凤首，仍用蒲”。“靸”，是平底无跟，拖曳而走的一种便鞋，以蒲草制作，即蒲鞋。还有一种是薄履即“丝鞋”，是秦始皇命宫人和侍从穿着，但禁止庶民穿用。另据明代胡应麟《少室山房笔丛》：“秦始皇令宫人靸金泥飞头鞋，徐陵诗所谓步步生香薄履也。”

汉初，赤舄原先限定仅为天子、王后及诸侯所穿，到后汉孝明帝永平二年时才有所改革，批准三公、诸侯到九品以下，在服冕时必穿赤舄、履。同时，舄又作为鞋子的统称，《史记·淳于髡传》中有“日暮酒阑，合尊促坐，男女同席，舄履交错，杯盘狼藉”的记载。这里的“舄”字泛指鞋子，是形容古代脱鞋入席，形容男女同席，不拘礼节的状态。另外，汉高祖还曾下令，贾人不得服锦绣罗绮等。这中间当然也包括鞋饰，如有犯者，则杀头弃市。同时规定：祭服穿舄，朝服穿履，燕服穿屦，出门行路则穿屐。

第二节　秦国军戎的鞋饰

秦汉时，靴称“鞾”。《释名·释衣服》：“鞾，跨也，两足各以一跨骑也。本胡服，赵武灵王服之。”鞸，是靴的一种。是指“鞾之缺前雍者，胡中之名也。鞸犹速独足直前之言也。”文物中也有靴的形象，密县打虎亭汉墓壁画所绘乐人着红色长

图14

将军俑

在秦始皇兵马俑中，高级别的将军俑鞋头翘的最高。

图15

骑兵俑

骑兵俑穿的是圆头单梁高筒靴。

靴，居延（今内蒙古额济纳旗）查科尔帖出土的东汉木简画，一官吏着长袍黑靴，可见靴在当时仍是贵重之物，普及程度有限。

在秦代，靴只有将军和骑士能穿，一般士兵及弓手不准穿靴，都一律着方口履。1974年，陕西临潼秦始皇陵兵马俑的出土，为我们揭开秦代军人穿的鞋履样式。兵马俑穿的虽然不是真鞋，但制作兵马俑的工匠，是根据当时真人穿鞋的样式制作的，这是无疑的。

这些真人一般大小的秦俑将士，脚上所穿的主要是履和靴两种，履有方口翘头履、方口齐头履等，靴有高靴、短靴等。和他们所穿服饰、冠饰一样，也都有严格的等级区分。

大部分秦俑足上都穿履，这些履整体似舟形，前呈方形盖瓦状，浅帮薄底，其履头上翘。鞋上翘的幅度越高，他的身份等级也越高。如：将军俑穿的是方口翘头履，它的履头翘得最高（图14）。军吏俑，也是足穿方口翘头履，鞋头呈方形，略翘，上有系带。骑兵俑或武士俑穿的是靴，也有翘头，都比将军履低。如骑兵俑穿的是圆头单梁高筒靴，筒上缚带（图15）。武士俑穿的是圆头单梁短靴，形似胡人的短鞠皮靴，薄底深雍，前低后高，靴后部有两个纽鼻，便于系带，结于足胫。因为都有系带，系于脚背或足踝，行军时穿着牢固，故当时亦称之为“秦綦履”。

另外，还发现有些军鞋是纳底鞋。如：一位跪射俑履底上，有多行整齐的线纳针脚，其足前和后掌等用力部位针脚细密，中间部位针脚就比较稀疏。纳底鞋

图16

岐头青丝履

出土于长沙马王堆西汉墓，采用不同纹样的丝织的面料制成，质地细软，是双精美的鞋品。

无论在行军打仗，都牢固耐磨、干燥、防滑，这说明我国纳底鞋至少已有2000多年历史，并一直传承至今。

第三节　青丝履和鸳鸯履

汉代鞋履继承周制，并有发展。其名目繁多，制作精巧。据有关资料记载，有舄、履、鞋、屦、屐、靴等。这些鞋履的穿着，有严格的制度。如舄重新恢复，亦用于祭祀和朝会，在朝鲜的乐浪汉墓中曾有实物发现，其制为圆头、大口、浅帮、高底，只是没有絇、綦等装饰。从山东嘉祥汉画像石上还可以看到穿着高底舄拱手行礼的人，其舄下的厚底十分显著。履，在当时，即是人们“足衣”的通称，也指以帛制作的鞋子，如丝履一类，杨雄《方言》云：“丝作之者谓之履”。汉刘桢《鲁都赋》：“纤纤丝履，灿烂鲜新，表以文綦，缀以珠蚍。”这种丝履，多为达官富人所穿，穷人不准穿。秦汉时期的履，除了制作原料不同，导致差别外，还存在着履头的差异。当时的履有圆头、方头、齐头和笏头（鞋尖上勾）等样式。因为丝履是奢侈品，贫者也穿不起。讲究的丝履还要在鞋缘边绣花，汉文帝时贾谊描述当时服制的混乱状况说：“今民卖僮者，为之绣衣丝履偏诸缘”，“庶人孽妾以缘其履”。《后汉书·刘盆子列传》载刘盆子称帝时着“直綦履”，李贤注：“綦，履文也。盖直接刺其文以饰也。”江陵凤凰山西汉前期墓出土有锦缘素麻履，锦缘青丝履实物。新中国成立后，出土大部分丝履，形制不一，有圆头、尖头的，其中还有伏虎头履，始以布輓繶，后又以锦为饰。那时，女式锦鞋面上有绣鸳鸯的，则名“鸳鸯履”。有名叫“歧头履”的，其头部分歧，呈双尖翘头，中间凹陷，故又称“分梢履”，男女可着，是古代鞋翘的进一步发展。

在汉代丝履中，最有代表性的是在长沙西汉马王堆墓出土的一双歧头青丝女履，其头部呈弧形凹陷，两端昂然分叉小尖角，质地细软，是西汉长沙国一位丞相夫人的陪葬鞋。此鞋采用不同纹样的青丝织的面料制成。前部为纬线较粗的平纹，鞋帮是绛紫色的八字纹，底部又用浅绛色麻线编织而成，制作讲究，保存完整，反映了当时精湛的丝绸纺织技艺，是我国秦汉时期鞋履的精品实物（图16）。在马王堆一号西汉墓出土实物中，还有四双青丝便鞋，鞋前端昂起二小尖角，实即后来双歧履的前身。

第四节　多姿的革履

在汉代，又有革履，亦称“皮屦”。《汉书·东方朔传》“每见曳革履”。师古曰“熟（皮）曰韦，生（皮）曰革。”韦履，即熟皮制作的革履。用生皮制作的革履，又叫“鞜”。西汉史游《急就篇》载“履舄鞜裒（绒）緞紃，靸鞮昂角褐袜巾。”颜注：“鞜，生革之履也。緞，履跟之贴也。紃，缘履之圆条也。”因此也叫“牛皮靴”，当时称“鞾”，也是靴中的一种。《释名·释衣服》曰：“鞾 、鞸之缺前壅者，胡中之名也。足直前之也。”靸，则指一种头深而锐的平底革履，民间叫“跣子”，亦名“靸鞋”。鞮，则指用薄革制作的小皮履，鞋底比较薄，汉代许慎《说文解字》：“鞮，革履也。胡人履连胫，谓之络鞮。”西汉杨雄《方言》：“自关西东，鞮履，其复者谓之靴，下单者谓之鞮。”可见当时皮制履已很流行。许多动物的皮革，均可做成履，其中以獐、鹿等珍稀动物制成的鞋履档次最高。《潜夫论·奢侈》认为普通百姓“履必獐

图17
钩尖皮靴
汉代西羌游牧民族的钩尖皮靴，出土于青海省都兰县。

鹿”十分奢侈。新中国成立后，在新疆罗布泊曾出土了一双汉代的牛皮靴，在制作上，这双靴已采用反绱工艺，帮底分开，靴口开在一边，为系带式鞋帮，由两片合成。帮面上用红色羊毛线挑出“Y”型花纹。它代表了汉代靴鞋制作的高超水平。同时，在青海省都兰县还出土了汉代西羌游牧民族的钩头皮靴，靴头细长上翘，弯曲度较大，类似大象的鼻子（图17）。

在军中所穿靴履其形式和秦略有变化，如两汉出土的兵马俑中，宫廷仪卫俑是穿月牙形的圆头履；将军俑则穿的是圆头，略翘，靴筒上彩绘或绣织花纹的长筒靴。有种鞋叫“伏虎头”，鞋首以虎头为饰，以辟不祥。始于汉代，男女均可著之，尤多用于武士。五代后唐五缟《中华古今注》卷中：“（鞋子）至汉有伏虎头。始以布鞔繶，上脱下加，以锦为饰。”明胡应麟《少室山房笔丛》卷十二：“汉有伏虎头鞋。”清王誉昌辑《崇祯宫词》：“白凤装成鼠见愁，缃钩碧繶锦绸缪。假将名字除灾祲，何不呼为伏虎头？”

第五节　玉履、利屣和草履

在汉履中，有种特殊的玉履，是皇帝的特殊殓服。汉代人深信玉能使尸体不朽。汉代皇帝死后，是穿玉衣、玉履作为殓服的。玉衣形似甲胄，用各种形状的玉片编织而成。鞋也全部用玉片制成。有资料记载：南越王的丝镂玉履，鞋长29.5厘米，宽10.5厘米，高12厘米，两鞋共用长方形和梯形等玉片217块制成。

汉代，男履为方形，妇女之履已出现锐形，《史记·货殖列传》“今夫赵女郑姬，揄长袂，蹑利屣，目挑心招，出不远千里者，为富厚也。”有人说，利屣是妇人缠足之始，这不很确切。因为古代妇女体质弱于男，而女子服饰贵轻纤，忌重拙，着鞋也是一样。利屣，不过是指方形男履稍狭，以期妍媚，与后来缠足时的雏形不同。当时也已有女子穿方形翘头履，作为鞋饰。一种乐舞女伎用于舞蹈表演的鞋称“躧 ”，《说文》曰：“躧，舞履也。”

屦，在汉以前是履的总称。汉以后则专指草鞋，又称“草履”。《世本》言，草曰屦。《诗经·魏风·葛屦》云：“纠纠葛屦，可以履霜。”这说明屦是先秦时期的一种样式，为单底鞋。所谓“古者以葛为屦”。屦用葛草、芒草或蒲草等制成，古时常称“芒屦”“麻屦”“蒲屦”。晋崔豹《古今注》卷上说：“汉文帝履不借以视朝是也。”这“不借”，即指草屦。在当时，草鞋又称屩或屣，是下层人们所服，人人自穿，不能借人，故称“不借”。有时草鞋也为一些贵族闲居之服。如牧羊出身的卜式，在担任即官后为武帝牧羊上林苑中，“布衣草屦而牧羊”。当时和草鞋性质类似的还有绳履。史载献帝朝太傅刘虞，天性简朴，“敝衣绳履”。

直到东汉，才有了鞋子的名称。刘熙《释名》：“鞋，解也。着时缩起上，如履，然解其上则舒鞋也。”以上说明有缩有解，则鞋亦有系也，为系带之鞋。从文义来看，好像当时鞋有系带，解开就有松舒之感。

第六节 木屐种类丰富

东汉以后，着木屐者渐多，不拘男女，均可着之。汉史游《急就篇》注：“屐屩麤羸窭贫”。这里指的屐，是木屐；屩，也是鞋名，指以麻或草制成，轻便，坚韧耐磨，可远行。麤，一种圆头麻履。麤，粗也，亦指以麻苴杂草等编成的粗屦；羸，窭贫，指以上这些鞋皆贫寒者穿也。当时制作屐的材料，主要是木，故有木屐之称。木下施两根木跟，称“齿”。为了可以践泥，故又称齿屐。汉时，男穿方头屐，女穿圆头屐，《晋书·王行志》（上）解释说：“圆者顺其义，所以别男女也。”这种性别差异，取决于当时人的审美观念。作战时将屐齿去掉，成为无齿屐。《后汉·戴良传》：“初良五女并贤，有求姻者便许嫁。疏裳布被，竹筒木屐以遣之”。又《高光传》：“袁宏身无单衣，足著木屐。”可见当时穿木屐较多的是贫穷下士。妇女穿木屐，根据史料记载，大抵从东汉末年开始。《后汉书·五行志》：“延熹中，京都长者皆着木屐；妇女始嫁，制作漆画五彩为系”。这种漆画木屐又叫“画屐”，在安徽马鞍山东吴名将朱然及其妻合葬墓中曾有出土，屐身巧小精致，底板上凿有三个较小的孔眼，周身施以漆绘，屐底则装有两个木齿，当为朱然妻的随葬物品。还有一种叫帛屐的。汉刘熙《释名·释衣服》：“帛屐以帛作之如屩者，木屐可以践泥，屩者不可践泥者也。此亦可以步泥而浣之故谓之屐也。”又有皮屐，以皮革为之，或削木而成，外裹皮革。

第五章
魏晋南北朝时期的鞋履

第一节　舄的传承

魏晋南北朝时期，汉族与周边各民族多元文化的交汇，逐步形成了鞋履的多样化。魏至西晋约一百多年，因历史短促，在鞋饰上变化不大。在服饰上循汉制，朝祭之时依旧用舄，如天子穿冕服、着赤舄；皇太子五时朝服，穿元舄；诸王五时朝服，穿黑舄等。北朝时舄的形制发生了一些变化，主要是废弃木底，改用双层皮底。余基本相同。（见《晋书·舆服志》）晋代，官民着鞋有规定，甚至对鞋履的色彩，也有严格的等级限制。《太平御览》六九七引晋令："士卒百工履色无过绿、青、白；奴婢侍从履色无过红、青。"

南北朝以来，由于北方各族入主中原（黄河以南，长江以北大部分地区），也将北方服饰带到这一地区，另一方面，北方人民也接受了北方少数民族服饰的影响，如北魏孝文帝的易胡服，从汉制。据《宋书·舆服志》载，天子仍穿"绛裤赤舄"。尚秉和《历代社会风俗事物考》中说："着舄之制，到六朝和隋尚存，唐以后就无此制了。"此说法不确切，因舄到明代，仍循此制。

第二节　以着履为敬

魏晋时履也比较流行，履式日益丰富，有杂丝履、金薄履等。《渊鉴类函》三百七十五引魏武内式令曰："前于江陵得杂丝履，以与家人约，当著尽此履，不得效作也。"履的形制，一般均为高头大履，走起路来虽甚不方便，但却颇有逍遥之致。

南朝在鞋饰上以着履为尊敬，以着屐为安便。凡在主要场合，如访友、宴会等，均不得穿屐，否则被认为"仪容轻慢"。男女鞋履，样式不一，有些与前代大体相同。因南朝的衣式，大抵趋向于博大，故《颜氏家训》载：梁世的士大夫，都好尚褒衣博带，大冠高履。妇女也爱穿履，质料更加讲究，有丝履、锦履、皮履等。宫女们或着皮履，《南齐书·高帝纪》载："宫人著紫皮履，或着丝履。"《中华古今注》云："至东晋，公主及宫贵皆丝为之。"一般的或用丝、或用麻。唐王睿《炙毂子杂

图18

画像砖《贵妇出游图》

河南邓县出土的南北朝画像砖《贵妇出游图》，刻下了这四位贵妇和侍女出游时的着装，她们脚穿的高翘笏头履正是当年流行的时尚鞋子。

录》曰："靸……梁天监中，武帝易以丝，名曰解脱履。"所谓"解脱履"是指拖鞋不受鞋帮拘束。可见连靸也易蒲为丝，穿起来更为自由自在。鞋子的形式较多，有的以其形式定名，有的是以色饰定名。在南北民族交融中不少鞋履都在鞋头上做文章，南朝妇女喜穿"五朵履"。当时晋国的"五朵履"堪称一奇葩，此形制从鞋面上看似五道梁与道梁帽呼应，从前面看五个幔瓣。其鞋图案是魏晋最流行的蔓藤纹。晋有凤头履、聚云履、五朵履；宋有重台履；梁有分梢履、立凤履、笏头履、五色云霞履；陈有玉华飞头履；西晋永嘉间有鸠头履。这些履既有男性穿着的，也有供女性穿用的。后唐马缟《中华古今注》："披浅黄聚衫，把云母小扇子，靸凤头履"。曹植《洛神赋》中有"践远游之文履"的句子；文履，即花文履，妇女出远门所穿的履。其履头向上，类似船头，俗称"船头流履"，用丝帛制作，并在鞋面上绣花草虫鸟，当时十分流行。北魏高允《罗敷行》中吟道："脚穿花文履，耳穿明月珠"。 此形流传久远，至今北方朝鲜族和南方白族中仍存在。晋代张华《轻薄》诗云："足下金薄履"，是用金色薄如蝉翼的面料制成的女履；晋代左思《吴都赋》有"出蹑珠履，动以千百"之句，指用珠宝饰成的履。后唐马缟《中华古今注》："春申君客三千，皆珠履也。"这些贵族所着之履，还有一种加以绣纹的履，又如《织女怨》有"足蹑刺绣之履"；梁时沈约有"锦履并花纹"之句。张华《轻薄篇》中曰："足下黄金履，手中双莫邪。"这是指用金线编织而成的鞋。当时还有一种贵妇所穿的"尘香履"。《烟花记》中称："陈宫人卧履，皆以薄玉花为饰，内纳以龙脑诸香屑，谓之尘香。"晋太康中，扶南国进抱香履，以抱香木为之。木轻而坚韧，风至则随飘而动。其中有些履不一定都是妇女所穿，如笏头履，也是一种高头鞋履。履头高翘，呈笏板状，顶部为圆弧形。南朝齐梁间流行。男女原有区别。男的头方，女的头圆，《宋书·五行志》："昔初作履者，妇人圆头，男子方头，圆者顺从之意，所以别男女也。晋泰康初，妇人皆履方头，去其圆头，与男无别也。"我国邓县出土南北朝画像砖，画有官吏，都是穿笏头履。这种鞋式，鞋头有一片翘起的长方形装饰物，比较高，上端形圆，犹如笏，也像一面墙，故南北朝时被叫作"笏头履"（图18），唐代则称为"高墙履"，一般为贵族男女穿用。又如当时南朝宋流行的"重台履"，履底较厚，履头高耸，顶端为花朵形，还饰以织纹，穿起来使人更显得修长。由于当时男鞋和女鞋没有什么区别，并且也无左右之分，因此也是男女都有。

图19

织成履

这双保存完好的织成履，出自我国新疆阿斯塔那东晋墓。采用红、白、黑、蓝、黄等九种色丝编织成，并织有汉体铭文，色彩绚丽，纹样精美，堪称为我国织成履的代表作。

第三节 丝履的代表作织成履

晋代最有代表性的是一种叫“织成履”的鞋子。织成履，亦称“组履”，丝履的一种。它是以彩丝、棕麻等材料，按事先定好的式样，直接编成，考究者往往在鞋面上织以繁复的图纹。这种组履，秦汉时已有其制，并有专事其业的工匠艺人。魏晋南北朝时，其制大兴。1964年在我国新疆吐鲁番阿斯塔那北区九号东晋墓出土了一双织成履。那绚丽多姿的色彩，匠心独具的构思和丰厚含蓄的内涵，使我们大开眼界，为之惊叹不已。这双织成履，长22.5厘米，宽8厘米，高4.5厘米，底用麻线编制，其他部分用褐、红、白、黑、蓝、黄、土黄、金黄、绿等九种色丝，按履成型，以“通经断纬”的方法编织花边，同时巧妙地把汉体铭文“富且昌宜侯王天延命长”这十个字也编织在整个鞋帮上，其字由中心向两边对称排列，并各织两遍。在鞋尖部分还织有对称的夔纹。此履不仅完整，而且色艳如新（图19）。这是我国汉魏时代“丝履”的新发现，其工艺之精巧，技术之高超，是迄今为止中国制鞋史上最杰出的成就之一。

同时，位于丝绸之路的新疆尼雅遗址，多次发现精美鞋靴，如男用钩花短靿皮鞋，靴面为红色毛罽，罽面丝线钩结三角形，T形等几何图案，后跟皮帮外缝贴一块，“承福受右（佑）”汉字织锦，鞋口还缝有绿绢滚边（图20）。另有一双红地晕繝花锦靿靴，同样精美绝伦（图21）。

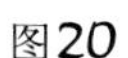

图20

男用钩花短靿皮鞋

遗留在丝绸之路上的男用钩花短靿皮鞋，出土于新疆尼雅遗址。

图21

红地晕繝花锦靿靴

精美绝伦的红地晕繝花锦靿靴，出土于新疆尼雅遗址。

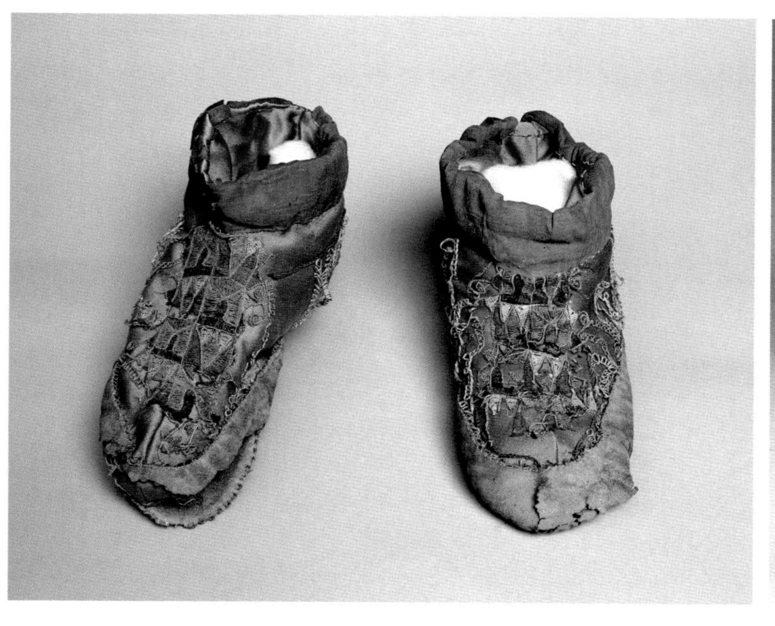

第四节 晋时木屐大行

晋时穿木屐之俗，曾盛行一时。从秦汉到魏晋南北朝，木屐已普遍在民间特别在江南各地流行。《后汉书·五行志》：“延熹中，京都长者，皆着木屐；妇女始嫁，至作漆面，五彩为系。”（即漆画屐）南北朝时沿袭此习。在南朝，上至天子，下至文人，士庶都如此。《宋书·武帝本纪》载：武帝刘裕，“性尤简易，常着连齿木屐，好出神武门逍遥。”《颜氏家训》称：“梁朝全盛之时，贵族子弟……无不重衣剃面，傅粉施牛，驾长檐车（著）高齿屐。”在妇女中也穿木屐。《晋书·五行志》：“初作屐者，妇人头圆，男人头方，圆者顺之意，所以别男女也。至太康初，妇人屐乃与男无别。”《世说》：“王子敬兄弟见郄公，蹑履问讯，甚修外生礼。及嘉宾死，皆着高屐，仪宇轻慢，每命坐，皆云：“有事不暇坐”。所说的高屐，也即高齿屐，不仅在日常生活中南朝士人着屐出游，即在朝会正式场合，也有人蹑屐到场。《南齐书》卷三四《虞玩之肚》载：“太祖（萧道成）镇东府，朝野致敬，玩之犹蹑屐造席。”但萧道成不以为怪，反而取屐视之，“黑斜锐蒵（鞋带）断，以芒接之。”那玩之并得意地称：“着已二十年。”因晋时风俗轻佻，人物高旷，一些有学问的士大夫或隐居之士都喜穿木屐，而穿高屐者就显得更尤为轻慢，但屐毕竟不如履正规，故民间亦有穿屐为不庄。当时还有一种涂腊的“阮家屐”，《晋书·阮孚传》记载：晋阮孚，性好屐，尝自蜡屐，并慨叹说：“未知一生当著几量屐！”“阮家屐”亦省称“阮屐”，后泛指木屐。唐王维有《谒璿上人》诗：“牀下阮家屐，窗前筇竹杖。”也有穿平底屐的。这种木屐，采用平底，不设双齿，在晋时曾用于军旅。如《晋书·宣帝记》：“关中多蒺藜，帝使军士二千人，著软材平底木屐前行。蒺藜尽著屐，然后马步俱进。”这是一种巧妙的办法，先用平底屐，把蒺藜全部踏在屐底，扫平障碍，然后大军如履平地，快速前进。

我国古代木屐，通常由楄、系、齿三部分组成。楄，即底板。底板上施以绳，名“系”。齿，即装在屐底下的木条或铁条。其结构大体分“有齿木屐”和“无齿木屐”以及“连齿木屐”等三种，都为木制。前者在屐板下装上木或铁的齿。中者高头平底，上用绳系，形似后代拖鞋。后者以整块的木料削成木屐，屐齿和屐底相连，无需另附着。主要是屐底装法不尽相同，或以铁钉固定，或用木榫连接。后者分为两种。一种为明榫，制作时先在底板（即“楄”）上凿以穿透的孔眼，装的时使屐齿上端的木榫穿过底板，再用竹钉或铁钉从侧面固定，因从屐板表面能看到榫头，故称“露卯”。与此相反，有在开孔时，不将底板凿穿，称为暗榫。由于表面上看不到榫头，故称“阴卯”。后来发生了袁悦之之乱，人们将暗榫之屐附会为乱世之征（因“阴卯”与“阴谋”谐音），故废弃之。这种木屐实物，在考古中也有发现，如湖北鄂城吴墓曾出土一双木屐，以漆木为之，作深酱色；屐齿横向，呈扁平形，全长26.7厘米，宽9.4厘米，连齿高10.4厘米。江西南昌东吴墓出土的两双木屐，也与此相近，惟屐齿略小，呈倒梯形。为了减轻屐齿的磨损程度，其中一双屐齿下部还钉有铁钉。前齿用钉4枚，后齿用钉3枚。整双木屐高6厘米，全屐25厘米。

根据文献的记载，“谢公屐”为南朝宋谢灵运所创。《南史·谢灵运传》载：“（谢灵运）寻山陟岭，必造幽峻，岩障数十重，莫不备尽。登蹑常著木屐，上山则去其前齿，下山则去其后齿。”后人美其名为“谢公屐”。但其木屐具体形态，至今没有发现。历代所引用的仅是“上山去其前齿，下山去其后齿”而已。因此，“谢公屐”留给人们只是一个朦胧的木屐印象。

根据有关资料，笔者认为，谢公屐是一种活络双齿屐，即《南史》中所载的，“上山则去其前齿，下山则去其后齿”的木屐。其形成用块木削成屐状，船形，屐底装有铁齿，前后各二，长寸余，横向呈扁平竖直形。为了利于上下山防滑、防跌，把原来两根固定的木或铁齿改为活动屐齿。制作时，用“露卯法”，即先在㮰（屐底），凿以榫眼，其孔穿透，然后将屐齿之榫从下自上穿于屐底，并用铁钉销住，因齿榫（即卯）外露于㮰，亦称“露卯”。这种制作法，在魏晋南北朝时比较流行，称为“露卯”。《晋书·五行志》（上）：“旧为屐者，齿皆达㮰上，名曰露卯。”这样，如要拆下屐齿，只需拔掉铁销子即可。如要装上，仍用铁钉销住，也很方便（图22）。

由于“谢公屐”出于这位大文豪之足下，又有独创性。风流倜傥，文雅高洁，实属韵事。故历代文人多有歌颂，此后又多了四个别称，即“寻山屐”“登山屐”“谢屐”“山屐”。由于它的实用功能，先被称作“寻山屐”。唐杜甫《寄张十二山人彪三十韵》诗之一云：“谢氏寻山屐，陶公漉酒巾”。李白《梦游天姥吟留别》诗中曰：脚著谢公屐，身登青云梯。宋元《送陈行之之信州推官》：“自补寻山屐，唯亲垫雨巾”。后又被称为“登山屐”，唐朱放《经故贺宾客镜湖道士观》一诗云：“雪

图22

谢灵运创造活齿木屐

南朝有谢灵运创造活齿木屐的故事，才有唐代李白“脚著谢公屐，身登青云梯，”的诗篇。

里登山屐，林间漉酒巾”。宋陆游《杂兴》诗：“尚弃登山屐，宁顺下泽车”。明顾炎武《子德李子闻余在难特走燕中告诸友人诗》曰：“每并登山屐，常随泛月舫”。还有被简称为“谢屐”或“山屐”。明冯梦龙《警世通言·崔衙内白鹞招妖》：“暗想云峰尚在，宜陪谢屐重游”。刘长卿《送严维赵河南》诗：“山屐留何处，江帆去独翻”。这就是“谢公屐”的由来。

从屐的质材来看，也多种多样。当时有以桑木制成的桑屐。《南齐书·祥瑞志》：“（世祖）在襄阳，梦着桑屐行，度太极殿阶。”有以枹木制成的枹木屐。如晋稽含《南方草木状》：“抱（枹）木生于水松之旁，若寄生然，极柔弱，不胜刀锯。乘湿时刳面为履，易如削瓜。……夏月纳之可御蒸湿之气。”又有铁屐，以铜铁为“楄（底板），下施铁钉。”《太平御览》卷六九八引《晋书》：“石勒击刘曜，使人着铁屐施钉登城。”吉林洞沟第十二号墓壁画所绘披甲武士，足部穿铁屐。这种铁屐与一般木屐不同，其屐底不用屐齿，而施以钉。在吉林吉安高句丽墓出土一件，以铜楹为楄，表面鎏金，周缘折起，上有可供穿绳系带的小孔若干，底部铆方柱形鎏金铜钉。后世称之为钉鞋。

第五节　短靴和长靿靴

魏晋时亦行穿靴，《渊鉴类函》三百八十一引魏武帝与杨彪书曰：“今遣足下织成花靴一緉。”在魏晋两朝的军队中均穿靴，晋傅咸表曰：“京州民先办靴，从军之物，然后作衣。”富人中也行穿靴。《晋书·石勒载记》：“季龙常以女骑一千人为卤簿，皆着紫纶巾、熟锦袴、金银镂带，五文织成靴。”这是用各色麻线编织而成的靴。民间在嫁娶时：“凡娶妇之家，先下纺麻鞋一緉为礼（一緉即一双）。”当时有高又惠者，其妻寄奉织成履一緉（双），并愿着之寿与福并。

靴在南北朝时有了变化。自周秦以来，赵武灵王引进胡服后才行穿靴。魏晋时期随着北方少数民族入主中原，靴也在中原流行起来。男女皆穿，但不能作为正式服饰之用。除短靴外，又有了一种长靿（统）靴。北齐之祖高欢，亦胡人，喜穿长统靴，因统高更加暖和，不系带更不会脱落。《梦溪笔谈》云：“中国衣冠，自北齐以来，全国着绯绿短衣长靿靴。”北周时皇帝穿六合靴，亦称“合鞾”“乌皮六缝”，这是一种用六块面料制成的长靿靴。“六合”取天地四方之意。北朝以后用以朝见，若非祭祀大典，一切通用。又如北方民族的左衽裤褶服（即上身穿褶，下身穿裤），适合从事畜牧生活，便于骑马，涉水草，其鞋饰均用靴。当时已有和刺绣相结合的刺绣纹样靴。后于新疆库鲁克山南麓的尉犁县盘古遗址（相当魏晋南北朝）发现。此靴式样别致，纹饰富有装饰风格，色彩古朴典雅，在古代靴鞋中也不多见。靴底为皮革，靴面以麻布为质地，绣织云彩纹样与“C”形纹样穿插，好似云朵自由飞腾，又如行云流水般富于节奏感，色彩为赤、青、蓝，整体效果泛着深沉的光泽。为保暖御寒，靴内裹着柔软轻薄的毛织物，它产生一种厚度，特别是靴筒，显得厚实温暖。

1995年，我国又在位于巴音郭楞蒙古自治区尉犁县境的营盘，抢救发掘了多座汉晋时期墓葬，内有靴鞋实物多件。在15号墓发现男性干尸，下身穿一条绛紫色毛布长裤，足蹬一双专为死者特制的绢面、毡里长靿靴，靴面、底均贴有金饰。19号墓男性干尸，下身则穿浅黄色毛布大裆裤，足蹬长筒靴，皮靴上交叉捆绑着毛织带。22号墓发现的女性干尸，身穿绢袍，下身穿长筒裙，内套长裤，脚上穿一双绞编动物纹丝履。26号墓有一女性干尸，其实体用棕色毛毯包裹，身穿毛布服，脚穿毡袜、皮鞋。

在南朝，也有着靴，但不作为正式服饰之用，因靴为北方民族常着。《南史·陈喧传》中记载：“袍拂踝，靴至膝”。南齐时，豫文献王“不乐闻人过失，左右有投书相告，置靴中竟不顾，取火焚之。”这说明当时已流行有筒的靴，如无筒，就不可能把书信放于靴中。亦有着虎皮靴者。梁时萧琛即着虎皮靴，持桃枝杖。虎皮靴，又叫“红虎皮靴”。后是辽代的朝服靴，并被视为最尊贵的等级。红虎皮，实指回纥獐皮，揉以硇制成的靴，越水不透。在妇女中也有着靴。在军戎中，则着军装，穿皮靴，腰束皮带。

第六节　蒲履和芒鞋

在南方，着芒蹻蒲习以为常。蒲履，是南北朝时对草鞋的称谓。草鞋也为当时尤其是南方一般士人或贫者所常穿。例如《南史·褚裕之传》：“使其子弟并着芒鞵（芒草鞋）；范之琰不好浮华，常冠縠皮巾，蹑蒲履。”此由南方多产蒲草植物的原因。《晋书 刘惔传》：“惔少清远,有标奇,与母任氏居京口，家贫,织芒屩以为养,虽荜门陋巷，晏，如也。”在《宋书·张畅传》中亦提及军队中穿草鞋的事。西晋永嘉之年，蒲鞋改为以黄草为之，官内妃御皆着之。草鞋还称之为麄。

第六章
隋唐时期的鞋履

第一节　隋代的舄、履、靴

隋代的鞋，复底者称“舄”、单底者称“履”，夏天为葛履，冬天为皮履。有种舄，南北朝时曾以皮作复底，到隋时，取干腊之义，全部仍用木作为复底。帝穿冕服，着赤舄，如穿冕衣，着舄履。皇太后、皇后、贵妃，均穿青袜和舄，舄以金饰，太子妃穿朱袜、青舄，舄加金饰。隋代对官员穿鞋规定甚严，《隋书・礼仪志》：“凡舄，唯冕服及具服着之，履则诸服皆用。唯褶服以靴。”“诸非侍臣，皆脱履而升殿”。这说明百官入朝晋见皇帝，除侍臣外，都得脱履升殿。对军队穿鞋也有规定，《隋书・礼仪志》：“靴，胡履也，取便于韦，施于戎服。”当时，武官一律穿乌皮六合履，连隋文帝上朝都穿乌皮六合靴。长靿靴，在隋时，仅用于围猎。《隋书・舆服志》：“长靿靴田猎豫游则服之”。可见平时非田猎，不穿长筒靴。主要原因，因为这种长靴，违背古代履制而不庄雅。但到了唐代，又大行矣。靴与幞头，圆领缺胯袍相配，成为这一时期男服的最常见形式，发展到最后，成为“贵贱通用”的服装。另外，还流行一种翘头鞋，或称“勾头鞋”，即勾履，鞋头呈尖头状，并向上翘，侧看如钩，故名。这是当时民族交流，社会开放，少数民族的鞋饰不断传入中原而流行的一类鞋饰。

有一种履式，叫“仙飞履”，前端有鸠形装饰之鞋。寓仙飞之意，故名。后唐马缟《古今中华注》：“至隋帝于江都宫水精殿，令宫人……靸瑞鸠头履。”也称“伏鸠头”，一种以蒲草编织的拖鞋，薄底无跟，鞋首饰一伏鸠（瑞鸟）。多用于宫娥嫔妃。相传始于西晋。唐王睿《炙毂子录》：“西晋永嘉元年，始用黄草为之，宫内妃御皆着之，谓之伏鸠头履子。”

第二节　鞋履的重要发展时期

唐代，国力强盛，政治、经济较为稳定，文化发达。在服饰上承前启后，是研究中国冠履衣裳的重要历史时期。唐代《通典》中记载：“大唐依周制，制天子之六冕。有大裘冕、衮冕、鷩冕、毳冕、絺冕、元冕。但隋帝则只服衮冕，后四冕不服。”

又《通典》中载："隋制皇后有祎衣、鞠衣、青衣、朱衣四等。"但唐皇后衣只有祎衣、鞠衣和青衣三等。平民百姓以穿白袍、襕衫和褐衣为色。唐对帝王将相着履规定更严格。如天子着黑帻，拜陵时要穿乌皮履，着通天冠穿黑舄，着平巾帻穿靴，着冕服时穿赤舄。皇后着祎衣时穿金饰青舄，着鞠衣时穿舄（随衣服颜色）（图23），着细钗袒衣时脱舄穿履。皇太子妃穿翟衣时要着舄，着细钗礼衣时穿履，着礼服时去舄加履。对群臣冠服也有规制：着武弁穿乌皮靴，乌皮履。朝服时穿乌皮履。八、九品以履代舄，七品官以上穿舄。着常服时穿靴。六品以下妻，九品以上女嫁服饰所著履色与服同。唐代军队服饰也有规定。唐代武官，将校之服饰中最大特点为大口裤，"束吊腿"，着战靴，而出征作战时将帅典型服为铠甲制服式，下穿战靴。

唐代服饰有常服、公服、朝服、祭服，配穿鞋履也有不同规定，官吏在参加祭礼时，仍穿舄。其他公卿百官及后妃、命妇参加祭祀也都穿舄。女舄的颜色以青为贵，舄上也加以金饰。唐代贵族男女去世之后，按规矩必须穿舄入葬。在日本奈良正仓院，收藏着一双唐代赤舄，以朱红色罗为面，岐头高耸，舄头则加有金饰，只是不见下衬的木底。当时常服着靴，公服朝服则穿履。《旧唐书·舆服志》："朱衣、裳素、革带、乌皮履，是为公服。"在宴居时则穿毡履。白居易

图23

武则天穿赤舄出巡

穿金缀珠丹赤舄的武则天，前呼后拥的是足登乌靴的女官们。

《三适华制履赠杨达诗》：“金刀剪紫绒，与郎作轻履”。

唐代鞋履是我国鞋履发展的重要阶段，尤其在妇女的鞋饰上有许多丰富的创造，如云头锦履、锦靿靴，重台履、百合履、高墙履，凤头鞋，小头鞋，平头小花履、珠履、线鞋，岐头履、绢制刺绣鞋等。当时布鞋开始流行。杜甫有诗云：“青鞋布袜从此始”。布鞋都以有带为固也。唐代的绣花鞋，尤具特色（图24、25）。

图24

吹笛女子

着笏头履的吹笛女子。

图25

绣花鞋

红花绿面唐式绣花鞋。

高头履是唐代妇女中最常见的一种鞋式。履头稍稍翘起，顶端微微后卷，履头样式很多，或尖、或方、或圆、或分为数瓣，或迭作数层。一般来说，这种履的材料多用丝织品。

云头锦履，这是一种高头鞋履。以布帛为之，鞋首蓄以棕草。因其高翘翻卷，形似卷云而得名（图26），使用材料非常考究，男女均可穿着。此履曾于新疆阿斯塔那唐墓出土，现藏新疆维吾尔自治区博物馆。其以变体宝相花纹锦组成，锦为浅棕色澄面斜纹，由棕、朱红、宝蓝色线起斜纹花，宝相花处于鞋面中心位置，鞋首以同色锦扎成翻卷的云头，极为美观。鞋长29.7厘米，宽8.8厘米。唐·王涯《宫词》云：“春来新插翠云钗，尚看云头踏殿鞋。欲得君王回一顾，争扶玉辇下金阶。”唐代还有牡丹鞋，鞋以丝绸为之，并缀有牡丹花作为装饰。凤头鞋是一种用丝织成的鞋，鞋头上翘，并成凤头形，故称，又称“凤翘”。

重台履，是一种在鞋底垫有木块的高头鞋履。履头高翘，又在上部加重迭山状，顶部为圆弧型，故名。一说为笏头履。男女均可穿着，隋唐时多用于妇女，

图26

变体宝相花纹云头锦履

这是一种鞋头高翘翻卷的锦履。男女均可穿着。出自新疆阿斯塔那唐墓。

在吐鲁番阿斯那塔出土的唐仕女图（图27）和永泰公主墓壁画上的宫女都穿重台履。唐元稹有《梦游春》诗："丛梳百叶髻，金蹙重台履。"

高墙履，鞋前头高昂一片，呈长方形，是由南北朝"笏头履"演变而来，男女均穿。在唐代宫中，女官大都穿这种鞋。

百合履，锦制，翘头鞋履，履头被制成数瓣，交相重叠，呈扇面耸立，似盛开的百合花，故名。唐代妇女所穿。唐王睿《炙毂子录》："至建中元年进百合草履子。"唐代妇女的鞋帮上，常用联珠纹饰。

汉代的岐头履，在唐皇宫中仍有遗存。明姚士粦引《见只编》："唐文德皇后遗履，以丹羽织成，前后金叶裁云为饰，长尺，底向上三寸许，中有两系，首缀二珠，盖古之岐头履也。"

珠履是一种非常华贵，饰有珠饰的鞋履。李华《咏史》："适来鸣佩者，复是谁家女。泥沾珠缀履，雨湿翠毛簪。"据称唐玄宗宠爱梅妃，曾连连催促进见，梅妃报言"适珠履脱缀，缀竟当来。"这些记载都直接或间接地反映唐代富室妇女穿珠履的情况。甚至在韦顼墓石椁线雕中所见妇女所穿线鞋上，也缀有估计是玛瑙、琉璃之类的圆形饰物。可见唐代妇女在鞋上缀珠并不是非常罕见。

图27

仕女图

新疆阿斯那塔出土的唐仕女图，高耸的重台履稳稳托着红色长裙。

线鞋就是用线绳编织的鞋履。鞋面组织疏朗，中间透气。这种轻巧便捷，在唐代大受欢迎。据记载，唐玄宗开元（713—741）以后，妇女照例都穿线鞋，"取轻妙便于事"。在唐代传奇《游仙窟》中，在男主人初

图28

麻线鞋

做工精巧细致的麻线鞋，出土于新疆阿斯塔那唐墓。

见崔五嫂时形容称，“旁人一一丹罗袜，侍婢三三绿线鞋。”在新疆吐鲁蕃阿斯塔那唐墓出土的线鞋，大都以麻绳昇底，丝绳为帮，做工精巧细致（图28）。

据文献记载，在唐代，钉鞵已经流行。《旧唐书》：“德宋入骆谷，值霖雨道滑。卫士多亡归朱泚，惟东川节度使李叔明之子昇，及郭子仪之子曙、令狐建之子彰等六人，恐有奸人危乘舆，相与啮岁为盟，著钉鞋行縢，更控上马，以至梁州。

第三节　靴的流行

隋唐时期，靴被定为群臣天子宴服（常服）的配套足服，并被历代沿用。在唐代，由于与西北各民族交往频繁，而北方民族也杂居内地，受其影响，一般人也喜欢胡服装束。唐《五行书》云：“天宝末，贵族及士民好为胡服胡帽。武士中也流行穿黑长靴。”特别是妇女，在家、出行、亦好穿靴。一般来说，北方的靴可能由于鞠较长，所以朝廷不许穿靴入殿省。唐太宗时（629—649），马周建议缩短靴鞠，并加靴毡，于是作为胡服的靴子，就堂皇地进入了庙堂之上。著名诗人李白笑傲王侯，在皇宫大殿上“引足令高力士脱靴”的故事，提供了“着靴入殿省”的生动史例。锦靴，亦名锦鞠靴。靴以彩锦制成，其质较厚，外表美观，穿着轻便，多用于妇女。北朝以后较为常见，于唐尤为盛行，明皇曾令宫人侍左右者，皆着红锦靴，歌舞者也都着锦靴。唐李白有《对酒》诗：“吴姬十五细马驮，青黛画眉红锦靴。”唐张祜也有歌颂红锦靴的诗：“紫罗衫宛蹲身处，红锦靴柔踏节时。”民间除锦靴外还流行一种毛毡短靴，其鞋底、鞋帮均为羊毛或其它动物毛为线，采用手工织成，一般盖至足踝部位。男女通用。

这一时期又出现一种皱纹吉莫靴。唐开元期间（713—741）同州（今陕西大荔）每年向朝廷进贡“皱纹吉莫皮20张 ”。唐宪宗元和年间（806—820）的土贡有“皱纹靴”。元和诗人元稹赠彩妓刘采春诗曰：“新妆巧样画双蛾，幔裹恒州透额罗。正面偷轮光滑笏， 缓行轻踏皱纹靴。”所谓皱纹靴就是用皱纹吉莫皮制作的一种轻便软靴。又唐朝桂州（今广西桂林）有土贡“麖皮靴”，诗人李群玉《薛侍御处乞靴》：“越客南来夸桂麖，良工用意巧缝成。看时共说茱萸皱，着处嫌无鸲鹆鸣。”诗中所说的“桂麖”，就是桂中土贡“麖皮靴”，也就是皱纹吉莫靴。到武则天时（684—704），穿吉莫靴已很普遍，唐代张鷟《朝野佥载》：“柴绍之弟某有材力，轻矫迅捷……穿着吉莫靴上砖城直至女墙。”吉莫可能就是鲜卑语的译音，于此可见吉莫靴的渊源所在。

第四节　唐代草鞋的发展

在唐代，草鞋亦称“草履”，多用蒲草、芒草制作，亦称“蒲屐”或“芒履”，民间极为普遍。芒草，是一种细长如丝的茅草，最长可达四五尺以上，俗称“龙丝草”，且耐水耐磨，是编制草鞋的极好材料。唐代的草鞋编制技术也很精湛，特别是女式草履，受翘头布鞋的影响，以极细的蒲草编成，且款式多样，《新唐书·车服志》载：“妇人衣青碧缬，平头小花草，彩帛缦成履，而禁高髻、险妆、去眉、开额及吴越高头小履”。尤其是便鞋更为花团锦绣。后行用三彩工艺，如样做成陪葬品，以示有后。据史书记载，唐大历中，进五朵草履子，建中之年进百合草履子。在唐文宗大和六年（832），王涯奏议书中云：“吴越之间织高头草履，纤如绫縠，前代所无。费日害功，颇为奢侈。”主要是妇女穿着。另据新疆吐鲁番阿斯塔那考古发现的唐代蒲履，做工就十分精致，鞋头微粗，尖有双岐。由此可见，早在1100多年前，草鞋，在我国已十分普遍。唐朝名士朱桃椎，隐居不仕，编草鞋置于路旁，易米茗度日。他编的草鞋“草柔细，环结促密”，受到人们的欢迎，被称作“居士屩”。唐末人伊用昌曾作诗说：“茶陵一道好长街，两畔插柳不栽槐，夜后不闻更漏鼓，只听槌芒织草鞋。”这说明当时的茶陵，满街织草鞋，因“贫民多着之”。

在唐代，除了蒲草和芒草外，还利用棕树皮，编制棕鞋，最后也成为草鞋一个新品种。相传，诗圣杜甫晚年在成都期间，因生活困顿得连草鞋也穿不起。有一天，杜甫看到一个离他家不远的老婆婆用葛麻打草鞋、卖草鞋，想请她打一双，可自己又没有芒草和蒲草。于是他想起来他家门前的那棵高大的棕树和满地的树棕，心想用它打棕草鞋岂不方便？他当即拿来精心挑选的树棕，让老婆婆试着打一双，果然效果不错，于是他就率先穿起了棕鞋。后来在一个初春的雨天，杜甫穿着棕鞋外出，没走太远，就弄得满脚是泥，底坏了，脚也很冷。于是他就回家找了块合适的木头片，绑在底上，继续出行，于是又有了木底棕鞋。就这样，杜甫创造的棕鞋和木底棕鞋，很快被传播开来。唐朝诗人戴叔伦的《忆原上人》一诗中，就有对当时棕鞋的描写："一两棕鞋八尺藤，广陵行遍又金陵"，可见棕鞋穿着之广。

第五节 三寸金莲的发端

在中国史学界一般公认，"三寸金莲"始于五代南唐时期（937—975）。当时南唐李后主喜爱音乐和美色，他令宫嫔窅娘用帛缠足，使脚缠小弯曲如新月状及弓形，并在六尺寸高的金制莲花台上跳舞，飘然如仙子凌波（图29），开创了中国历史上妇女裹足的先例，被称"金莲"。以后宫内到民间渐渐仿行，并以缠足为美、为贵、为娇。纤小的弓鞋，就是在这种社会风气的促使下出现了。后蜀毛熙震《浣溪沙》："碧玉冠轻袅燕钗，捧心无语步香阶，缓移弓底绣罗鞋。"描述了当年缠足妇女穿弓鞋的形象。此风俗一直延续到清末民国初。"五四"运动大力提倡放足，建国后基本绝迹。

图29

窅娘

五代李后主令宫嫔窅娘用帛缠足成新月状，在金制莲花台上翩翩起舞，后被宫内外仿之，开创了中国历史上妇女裹足的先例。

第七章 宋元时期的鞋履

第一节 以乌皮靴作朝靴

宋承唐制，祭服用舄，朝会时用靴，至政和年间改用履，至乾道七年又用靴。其靴制是参用履制，穿乌皮靴。其靴用黑革制成，并加高8寸的靴统，里衬毡，头稍翘。在宋代乌皮靴是自王公到文武官员着公服时穿的足服，也是士大夫等爱穿的足服之一。《宋史·舆服志》“公服……其制，曲领大袖，下施横襕，束以革带、幞头、乌皮靴。自王公至一命之士，通服之。”乌皮靴在宋代可以当作与朝服（朱衣）袴褶相配的足服。但靴式不同。文武百官都穿着，其边缝滚条，则依各官职所穿不同的服色进行装饰。在靴上加鞠，其装饰亦同履制，用、繶、纯、綦。并规定大夫以上用四种装饰，朝请、武功以下去繶，从义、宣教郎以下至将校、技术官并去纯。靴底用双层麻，再加一层革，里用素纳毡。诸文武官员通服之。皇后命妇则穿舄，女舄以青为贵，上添金饰。神宗皇后穿深青色袆衣，着青袜青舄。金元时期的舄制，在继承传统的基础上有所创新，主要变化是舄面不用布帛而改用皮，并在皮的表面再裱一层红罗，用白绫衬底；舄首之用如意头式，并镶嵌以玉鼻、珠饰、缘口之纯用销金黄罗。舄底仍双层，且将木底改换成皮底。

民间男子一般鞋饰有鞋和木屐。当时的鞋，同履差不多，鞋比履少而浅。靴，是有统的，鞋均为平面。有草鞋、布鞋、棕鞋，这是以其所用的材料来定义，都是一般劳动者所穿着。一般士大夫在平时闲居和野外行进也常穿用，如宋人诗“竹杖芒鞋（黄鞋）胜骑马”“桐帽棕鞋称老人”“编棕说蒲绳作底”等

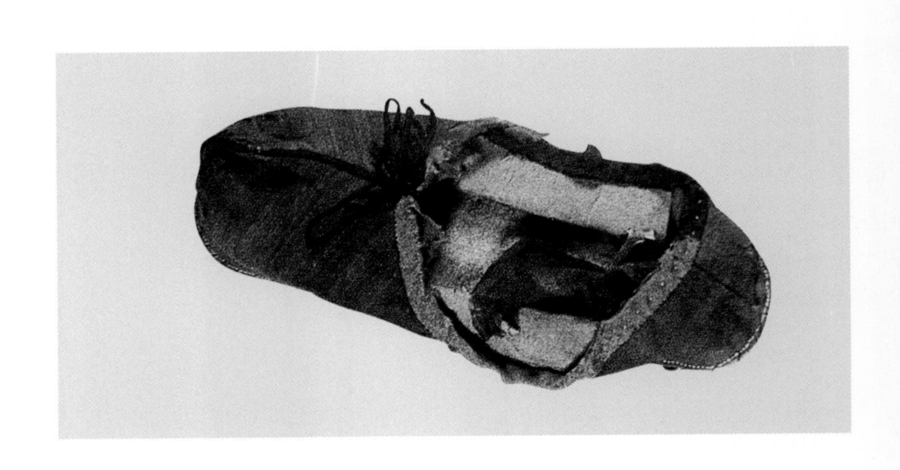

句。由于宋代棉纺织品有所发展，棉布开始较多地用于制鞋，其品类有朝靴、官靴、方官皂、双梁鞋、大云鞋、弓鞋等。1975年江苏金坛南宋太学生周瑀（1222－1261）墓出土一双布鞋，此鞋采用深褐色菱纹绮面，驼黄绢里，长23.5厘米，后跟深5厘米。鞋口沿镶棕色绢边，鞋有深褐色牙边为梁，梁口上饰烟色绢缨结，名叫“菱纹绮履”。此为软底布鞋，一般为室内穿用（图30）。

第二节　青巾玉带红锦靴

宋代中原妇女，尚承袭唐王朝遗风，出门常乘马骑驴。为了乘骑方便，她们脚上常穿靴。故《朱子语录》“靴乃马鞋也”。宋时宫人亦有穿靴的，靴头作凤嘴的式样，靴靿有用织锦为之者。歌舞女子亦有穿靴的，如诗句“锦靴玉带舞回香”就是形容歌舞者的穿着。靴也有红帮的，如“细马远驮双侍女，青巾玉带红锦靴”“旋揎玉指着红靴”等即是。

第三节　三寸金莲红绣鞋

五代缠足之风，开始进入北宋，尚未普及。仅有部分贵妇及宫女、歌妓等仿效。据宋洪巽《旸谷漫录》载：北宋时，在江南偃师地区，民间青年女子自幼习艺，根据各人资质，培养成为身边人、本事人、供过人、针供人、堂前人、杂剧人、拆洗人，琴童、棋童、厨娘等职业，其中大多数为缠足。从仅有偃师河流沟北宋墓出土的厨娘砖刻拓片（以及临摹图）来看，该妇人全身装束为头梳高髻，戴元宝冠，穿右衽衫，束格子布围裙，身穿长裤，翘尖鞋。到南宋时，穿翘尖小鞋的妇女逐渐增多。特别是宋室南渡后，缠脚之风逐渐从宫廷贵族向民间蔓延，社会上形成以小脚为娇美，大脚为耻的封建观念。建国后从福建、江西、浙江等地出土的许多南宋小脚鞋来看，最小仅13.3厘米。如福建福州南宋黄昇墓出土的翘头式的以罗为帮面的小脚绣花鞋，江西德安南宋墓出土的罗制翘头女鞋等，都是金莲中之佳品。尤其是江南妇女，脚小以纤饰为尚，缠足之风最盛，因脚尖纤小，着靴不便，所以多穿鞋。北宋期间，在东京汴梁闺阁中出现了“错到底”小足鞋，鞋底尖锐，用两色粗细布合成。宋陆游《老学庵笔记》：“宣和末，妇人鞋底，以二色合成，名‘错到底’。”（图31）女鞋多以锦缎制成，上绣各种图案，按照材料、制法及装饰，分别定为“绣鞋”“锦鞋”“缎鞋”“凤鞋”“金缕鞋”等名称。古代诗文小说中所称的“三寸金莲”就是指这种鞋子而言。陆游

图30

软底菱纹绮履

南宋太学生的软底菱纹绮履，出土于江苏金坛。

图31

错到底

宋陆游《老学庵笔记》“宣和末，妇人鞋底，以二色合成，名‘错到底’。”

记载的“错到底”，这种绣鞋大都用红帮作鞋面。宋蒋捷的词中有“裙松翠褶，鞋腻红帮”的句子。帮即女鞋的斜面，鞋头是尖尖的并作成凤头样子，又在鞋子上加以刺绣，所以又有红绣鞋之称。宋人所画“搜山图”中的女鞋也是红帮，上翘作凤头样。其次亦有用青色为之者。那些不缠足的妇女大多是劳动者，俗称“粗脚”“大脚”，她们所穿的鞋子，一般制成圆头，平头的。鞋面也同样绣有各种花鸟图纹。在南方的劳动妇女，多数着蒲鞋，以便于劳作。宋代崇道教，其受道之人皆玄冠草履。道家平时穿履，法事时穿舄，用朱色。

第四节　竹杖芒鞋和木屐

在宋代，穿草鞋仍很普遍。只因当时的妇女以缠足为美，弓鞋“三寸金莲”十分兴盛，故妇女穿草鞋者大大少于男子。据文献记载：“今世蒲鞋盛行海内，然皆男子服。”宋代的大文豪苏轼在他屡遭贬谪期间，因生活艰难窘迫，也不得不穿上草鞋。在他被贬到黄州时，曾作词《定风波》，说的是他在三月七日那一天，外出途中遇雨，手持竹杖，脚蹬草鞋，连蓑衣也没穿，在雨中行走的情景。词曰：“莫听穿林打叶声，何妨吟啸且徐行。竹杖芒鞋轻胜马，谁怕？一蓑烟雨任平生……”诗的大意是：不怕雨点穿打竹叶，任我吟诗前行；拄竹杖穿芒鞋，如同骑马一样徐行；在烟雨中自在一生。又有何妨？诗人通过吟诵此诗，表达了虽屡遭挫折，也无所畏惧的倔强性格和自我解脱的心情，并对竹杖芒鞋大加赞颂。他在另一首《次韵奋宝觉》诗中吟道：“芒鞋竹杖布行缠，遮莫千山与万水。”可见苏轼对芒鞋的钟情。这里从另外一个侧面反映了芒鞋在宋代的确很盛行。

木屐，在士大夫和一般人中也颇流行，主要以南方为多。如宋人诗：“山静闻响屐”“日日行山劳屐齿”等句，都反映了在野人们在山行时穿着木屐的情景。陆游在《买屐》诗中曰：“一雨三日泥，泥干雨还作。出门每有碍，使我惨不乐。百钱买木屐，日日绕村行……”

第五节　富有特色的错络缝靴（辽）

在辽代，自太宗入晋之后，由于受到汉族文化的影响，开始建立衣冠服饰制度，分北班制（即辽制）、南班制（即汉制）。官分两服，服饰也分为两种，鞋饰也随之不同。北官仍用契丹本族服饰，络缝衣袍，束有饰的犀玉带，着错络缝靴，是辽代的用服。错络缝靴系长鞠靴，靴式作尖头状。这是一种把靴帮、靴统、靴后跟分作几片缝起来的靴式。由于宋辽时期，北方游牧民族与中原民族交往频繁，中原特有的丝帛尖头鞋履与游牧民族常用的皮革统靴相结合，形成尖头短统帛靴。此种形制，在河北辽代张文藻墓壁画中多次出现。凡举行祭祀，或更大朝会，不分契丹，汉族俱用传统的冠冕衣裳，皇帝服为金文金冠，白绫袍，绛带悬鱼，穿错络缝乌皮靴；举行小祀，皇后也穿络缝乌皮靴。常服则穿红凤花靴。此靴由红皮制作，靴筒上缀有凤凰及花的图案。皇后的常服为紫金百凤衫。杏黄金缕裙，头戴百宝，花髻，脚上穿红凤花靴。宫人亦有穿锦靴的。南官服饰，基本承袭唐晋约制。民间普通男子也常穿络缝乌皮靴。富人妇女也有穿锦靴的。辽代还有用银制成的靴，在内蒙古奈曼镇青龙辽代陈国公王驸马合葬墓曾出土两双陪葬的金花银靴。靴高14厘米，底长32厘米，用薄银片制成。靴筒錾刻四只凤凰。靴面刻有两只凤凰，每只凤凰边有四朵祥云，因錾刻处均用鎏金，故称之为“金花银靴”。由于银的贵重，故银靴只有少数王公贵族才能拥有。这种用银制成的靴，宋代也有。宋代郑文宝《南唐近事》：“元宗幼学之年，冯权常给使左右，上深所亲幸，每曰，我富贵之日……保大初，听政之暇，语及前事，即

图32

鸾凤卷草纹皇靴

辽代鸾凤卷草纹皇靴，制作精细，色彩华丽，品质高贵。

日赐银三十斤以代银靴。权遂命工锻靴穿焉，人皆哂之。”另一双鸾凤卷草纹皇靴，通高47.5厘米，采用黄底鸾凤卷草云纹绊丝面料，制作精细，色彩华丽，现藏美国俄亥俄州克得夫兰美术馆（图32）。

第六节　贵贱均穿尖头靴（金）

12世纪初，以完颜部为核心的女真人，于公元1115年建立金国。金先后灭辽与北宋，入主中原。与南宋划秦、淮而治，统治北部中国的半壁江山长达百余年之久。

金人不论贵贱皆穿尖头靴。周辉《北辕录》载：“金俗无贵贱，皆着尖头靴”。皮革制作，靴头尖并略作上翘式，有长，短靿之分，色彩亦有黑白之分。女真人入居中原之后，男子的常服通常是头裹皂罗巾，身穿盘领衣，腰系吐鹘带，脚穿乌皮尖头靴。因女真人崇尚骑马射猎，尖头皮靴经久耐用，而又适于踏蹬，所以被女真人所喜爱。《金史·舆服志》载：“金人之常服四：带、巾、盘领衣、乌皮靴。”这种靴都是长靿的。在黑龙江阿城金代齐国王及王妃合葬墓中，出土的一双男用的黄地锦描金花高靿棉靴，尖头，靴筒前高后低，可穿至膝下，由精织黄绢作里，内絮以丝棉。靴脸长约10厘米，其脚腕前加垫一块如意头，靴尖长27厘米。此靴手工缝制精细，高贵华丽。还有一双齐国王妃的罗地绣花鞋，以金钱片剪成的串枝萱草纹为主题，绿色的鞋帮上，环绕一条花蝶纹酱色丝带，配以华贵的驼色矮靿，花纹清晰，华丽珍贵，精美完整（图33）。

第七节 多姿多彩的皮靴（元）

元朝，靴定为百官公服，以皂皮为之。据明申志一《建州图录》载："努尔哈赤足登鹿皮靰鞡鞋（靴），或黄色或绿色。"《元史·舆服志》：凡贵族官僚皆穿，其皮靴都用貂鼠或羊皮等为之。靴有云头靴、鹅顶靴，鹄嘴靴，毡靴、皮靴、高丽式靴等。其他的靴还有花靴、旱靴、钉靴等。还有一种云头靴，也是用皮制成，靴帮用高筒，嵌云朵图案，靴头呈云头状。宫人及贵族所着之靴以红靴为多。萨都剌《王孙曲》所云："衣裳光彩照暮春，红靴着地轻无尘"。贞观三年安息国进贡绯韦短靿靴，即由内侍省分给诸司，这是靴由闲居穿着变为正式服饰的开始。

低级官吏和普通劳动人民穿鞋，用麻制成。也有穿鞝鞋，这种鞋用皮制成，把鞋筒加长，缚在行滕之内。还有一种靸鞋，元代陶宗仪《南村辍子杂录·靸鞋记》："西浙之人，以草为履而无跟，名曰靸鞋，妇女非缠足者，通曳也。"

图33

罗地绣花鞋

齐国王妃穿的罗地绣花鞋，以金钱片剪成的串枝萱草纹为鞋面，中绕一条花蝶纹酱色丝带，配以华贵的驼色矮靿，精美而完整。黑龙江阿城金代齐国王及王妃合葬墓出土。

第八章 明代的鞋履

第一节 皂靴和朝鞋

明代服饰循唐制。太祖曾下诏“衣冠（鞋履）悉如唐制”。如规定：天子穿衮冕服，着金舄；穿皮弁服，着黑舄；穿武弁服，着赤舄；戴通天冠，着赤舄；穿燕居服，着六色履；戴忠静冠，着素履等。如用舄，造型上差别不大，但不同场合在色彩上却有不少新的规定：如《明史·舆服志》中对此有详细具体的说明：皇帝在正旦，冬至、圣节，祭社稷、先农、册拜等场合，穿衮冕服，用黄袜、黄舄；郊庙、省牲，皇太子诸王冠婚、醮戒等，穿通天冠服，用白袜赤舄；朔望视朝，降诏、降香、进表、四夷朝贡、外官朝觐、策士传胪、祭太岁、山川诸神等，穿皮弁服，用白袜黑舄。皇后受册、谒庙、朝会等，穿袆衣，翟衣、用青袜，青舄。舄帮描绘金云龙纹样，并加以皂纯；舄首饰珠五颗。其他百官、命妇所穿之舄也还有相应的制度。这个时期的舄制，在《三才图会》、《明会典》中还有描绘，并有少量实物出土和传世。

明代以靴为公服，官员穿靴或穿方头履（俗谓“朝鞋”）。叶梦珠《阅世编》载：“明代职官公服，一律为乌纱帽，圆领袍、腰带，皂靴。举人、监生、贡生、生员，带儒巾，腰束俱蓝丝锦条，脚下亦穿皂靴。”故明代有赐状元朝靴之制。明代把穿皂靴定为与文武百官公服配穿的足服，每日早晚期奏事及待班，谢恩，见辞时服用。明叶子奇《草木子》卷三十载：明代，“其

幞头皂靴，自上而下皆用也。“当时，教坊及御前供奉者均着皂靴（图34）。

明洪武二十五年，又规定文武官父兄、伯叔、弟侄、子婿皆许穿靴。儒士生员等许穿靴；校尉力士在上值时许穿，出外则鞴不许穿；明代规定，庶民、商贾、技艺、步军、余丁等不许穿靴，只能穿皮札出外则，即有统的皮履而扎缚于行缠（绑脚布）之外的一种鞋子。在北方等寒冷地区的人们可穿牛皮直缝靴。《明史·舆服志》：“二十五年，以民间违禁，靴巧裁花样，嵌以金线蓝条，诏礼部严禁庶人不许穿靴，……惟北地苦寒，需用牛皮直缝靴。”在宫中可着薄底的黑皮靴，或着单脸青布鞋，冰雪则着棕鞋，使不致滑跌。官妓之夫只准着带毛猪皮靴。但到明代末年，这些规定就不实行了。

明代尚几种靴式，如绿方头皂靴，靴统为黑色，靴头缀有绿色云头装饰，是明代舞士、舞师表演时所穿的鞋。赤皮靴和皂皮靴。明代跳《抚安四夷之舞》时，舞者16人，分为四组，每组四人，代表东夷，西戎、南蛮、北翟四个不同区域的民族。表演时，两组着赤色皮做的“赤皮靴”，另两组着舄皮做的“皂皮靴”。还有花靴，明代乐工及文武二舞乐工所穿的靴式，靴上有花纹装饰。

第二节 军戎中的鞋饰

明代军戎服饰中的鞋饰，形式多样，从将军到士兵穿着的鞋履有：长鞠靴、短靴、朝靴、云纹头皮靴、覆盖着护甲的甲靴等。这些鞋饰配上全身戎装，显得十分威严、英武。明制校、尉、士卒穿用军鞋，均沿用唐宋之制，等级比较严明，如将校戎服着战靴，卫尉戎服着软靴，卫士戎服束行缠或绷带束腿，足穿武鞋。靴大部分为短鞠（筒）靴，有用皮革做的，也有用缎制的。靴和履一般都是薄底、翘尖、少数也有平、圆头的。明代的下级军人，一般只能穿履，而不能穿靴。穿履时腿上要裹行缠。那时，还有一种用铁网制成的甲靴和一种护甲，后者是以皮或厚毡裹于胫部，或连接在胫甲上，用带在踝甲处束紧，使伸出的部分覆盖住脚的背面。护甲也可用铁网制作，或在皮衬上钉缀甲片制成。

图34

穿皂靴的杂耍艺人

第三节 钉鞋、蒲鞋和草鞋、木屐

明代还有钉靴、油靴，在雨天时所著。关于钉靴还有一个故事，因当时逢雨天，百官入朝，皆穿钉靴，“声彻殿陛，侍仪司请禁之”。后明太祖令文武百官皆作软底皮鞋，套在靴外，出朝则脱之。明代还规定：穿朝服祭服，皆白袜黑履。遇升至殿上时则履鞋，如祀地坛等随帝者则着朱履。年老有学问者，多穿厢边云头履。一般儒士、生员多穿元色双脸鞋。庶民穿腌靸，系一种深口而有些弯曲的鞋子。

江南农村，劳动者不分男女，多穿用蒲草编成的蒲鞋。根据明人文震亨所著的《长物志》记载："陈桥草编凉鞋，质甚轻，但底薄而松，湿气易透……有棕结，棕性不受湿，梅雨天最宜。"陈桥在今日苏州松江一带。《金瓶梅》第二回就写到西门庆穿"细结底陈桥鞋儿"。这时期，草鞋又有了新的品种，一种为冰雪鞋，俗称"棕綦"，这是用棕榈纤维编成的套鞋，较布鞋稍大，穿时套住布鞋，可在冰雪地上行走时所穿用，以防滑跌。另一种是保暖鞋，俗称"暖鞋"或毛窝"粗鞋"。这是用蒲草做成的鞋子，鞋的外部用蒲草编成，鞋帮较高，前部为圆头，其内衬以毡毛、芦花 、鸡毛等，冬季穿之可暖脚御寒。在《老残游记》第八回里有一个车夫说："不要紧的，我有法子，好在我们穿的都是蒲草毛窝，脚下很把滑的。"棕鞋仍受到百姓的青睐。有文记载说：棕鞋，"以棕皮为主，穿之可祛湿，遇雨即以为屐之用，"

明时的草鞋制作不论质材、样式、都逐步日趋成熟。出现了陈桥草鞋，宕口蒲鞋等制作精湛的地方名牌。据文献记载："江南地区流行宕口蒲鞋，选料精良，制作精致，贵者价高于丝履。"明万历前后，陈桥就是以产宕口鞋(蒲鞋)著称。在质材方面有芒草、蒲草、树棕、葛麻、稻草、竹丝等，由于它的材料来源广，价格低廉，而且性能也好，故获得广大劳动群众的喜爱，特别是草鞋的结构简单，制作容易，一学就会。在编制简单粗制的草鞋时，只要在长板凳上钉上铁钉，稻草鞋的经绳挂在钉上，另一端系于腰部拉紧，双手搓草成纬，并穿经编制即可。其结构，有以芒草为经为纬的；有以竹丝为经，麻线为纬的；有以蒲草为经为纬的；有以麻线为经，稻草为纬的；有以蒲草为经，麻线为纬的……

木屐，大多在南方闽、粤等省，不论男女均着，上加彩画或作龙头形。明谢肇制在《五杂俎》一书中有详细的记述："今世吾闽兴化、漳、泉三郡，以屐当靸，洗足竟，即跣而着之。不论贵贱，男女皆然，盖其地妇人多不缠足也，女屐加以彩画，时作龙头，终日行屋中，阁阁然。想似西子响屧廊时也，可发一笑。"以上说的是福建的习俗，其实江南一带也多如此。

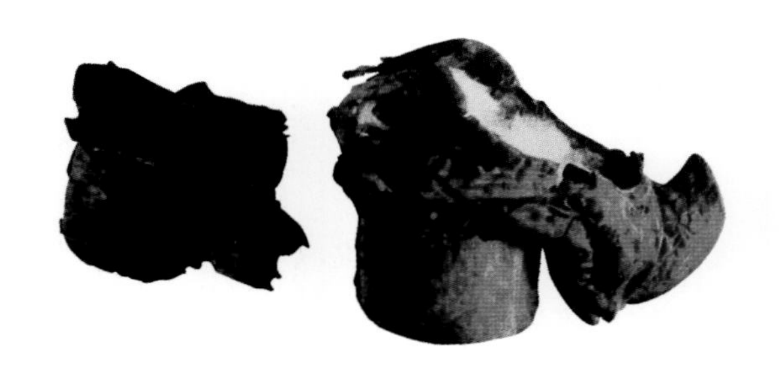

图35

黄锦高底凤头陪葬弓鞋

明代益宣王妃的黄锦高底凤头陪葬弓鞋，传统的凤回头款式，鞋头翘尖部为凤嘴，依次绣有眼珠、翅膀、花草等图案。

第四节 妇女多缠脚穿弓鞋

明承宋制，妇女大多缠足，从宫廷到民间，对“三寸金莲”非常崇尚。世俗认为，女人没有一双金莲脚就找不到好人家，浙东一带还不准丐户之女缠足，特别是富人都是缠足穿弓鞋，其鞋名为“弓鞋”。有的以香樟木为高底，如木底在外边叫“外高底”，有“杏叶”“莲子”“荷花”一类富有吉祥寓意的名称。木底在里边的一般叫“里高底”，又称“道士冠”。老年妇女多穿平底鞋，名谓“底而香”。凤头鞋仍是明代妇女鞋式，其上或加绣，或加缀明珠。北京定陵出土的明万历帝后陪葬的尖足凤头鞋，是双高底弓鞋，其跟高4.5厘米，凤头高7.3厘米。江西出土的明代益宣王妃孙氏的黄锦高底凤头陪葬弓鞋，是双传统的凤回头款式，长13.5厘米，宽4.8厘米，高2.5厘米（图35）。其鞋头翘尖部为凤嘴，并绣有眼珠、翅膀、花草等图案。鞋面采用黄色回纹锦，鞋两侧刺绣莲蓬荷花花纹，后跟还缝着绣有花卉的鞋提拔。明代一般小脚鞋大都是绣花鞋。鞋面分三块，鞋帮上绣制花卉，鞋尖绣红色小花和绿叶，有的还在鞋后木跟上也画上红花绿叶，形制具古朴之美。山西运城明墓出土的高跟金莲（图36），鞋长不足三寸，头部细尖微翘。跟部坚硬素裹，一般的小脚是穿不进的。明代还有用陶瓷制成小脚鞋，挂在身上，作为驱邪物，认为可保人平安，俗称“瓷挂鞋”（图37）。

宫人着云头鞋，鞋上刺上金花，歌童歌女等亦着描金牡丹黑靴。据《野获编》云：凡被选入宫掖中的女子，登籍入内后，即解去足纨。虽放了足，解去缠足之绢帛，而鞋式仍作上翘弓样，也称“弓鞋”。

图36

高跟金莲

山西明墓出土的高跟金莲，鞋长不足三寸，头部细尖微翘。

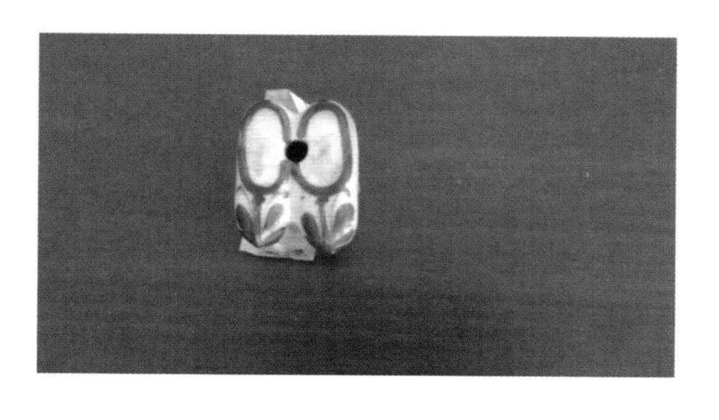

图37

瓷挂鞋

“瓷挂鞋”佩戴身上，可作为驱邪的。长4厘米、宽1厘米、高1.5厘米。

第九章 清代的鞋履

第一节　品官鞋饰

清代废除汉族服饰，朝祭之履根据满族习俗，以穿靴为尚，礼舄制度就此结束。北京故宫博物院里收藏了康熙皇帝的常服朝靴，上有精美华丽的串珠，黑靴面黄色帮筒，靴口呈黑色，用彩色条带做饰边，黑色靴面上绣有金色如意纹，给人以大气高贵的感觉（图38）。而清代皇后穿的也是串珠饰玉的高底鞋，称“串珠锦缎高底旗鞋”（图39）。品官鞋饰，便服以鞋为主，公服才穿靴（图40）。靴子的材料多用黑皮或黑缎，一般夏秋用缎，冬则用建绒，有三年丧者则用布。式样初尚方头，后又变成尖头。《京都竹枝词·时尚门》有：“尖靴武备院称魁”，注谓近时尖靴，必须武备院样式。惟朝服仍袭沿明制用方头靴，另有一种叫牙缝靴，自嘉庆始，凡军机大臣等高级官员皆着绿牙缝靴。所谓绿牙，即在缎靴鞋帮下围，嵌以绿皮做为细线压缝。这道绿縇是代表朝廷官吏官阶，老百姓不能擅用（图41）。武弁、公差则穿一种名叫“爬山虎”的快靴。这种靴底薄而筒短，取其轻巧利步。原来靴之底均厚，以嫌其底重，乃用通草做底，叫“篆底”，后乃改为薄底，叫做军机跑，以取其便于行走之故。一般士兵则在小腿上裹以绑腿带，着尖头鞋，草鞋。职别稍高一点的，则穿底薄统短的快靴。

第二节　民间流行的鞋履

民间流行的鞋子式样也很多，有云头、扁头，镶嵌、双梁、单梁等等，一度尚高底，有底厚及寸者，俗称“厚底鞋”，大抵以缎，绒作面，鞋面浅而窄，鞋帮有刺花或如意方头等装饰，顶面作单梁式或双梁式。后觉高底不便，乃改为薄底。亦有作鹰嘴式尖头鞋者。在早期，一般士民是不能着靴的。到宣统间，绅士、富商及学界人物自十月至正月间也都喜欢着靴子。清代还有用头发编制的靴。《清稗类钞》：“乾隆时，符幼鲁郎中曾之被服鲜奇，嫌缎袀靴有光，乃织发为之，人谓之发靴”。

此外，还有草鞋、棕鞋、芦花鞋等，都为一般劳动者所着。

图38

康熙皇帝常服朝靴

北京故宫博物院收藏的康熙皇帝常服朝靴，华丽高贵，金碧辉煌。

图39

串珠锦缀高底马蹄底鞋

清代皇后穿的“串珠锦缀高底马蹄底鞋”。

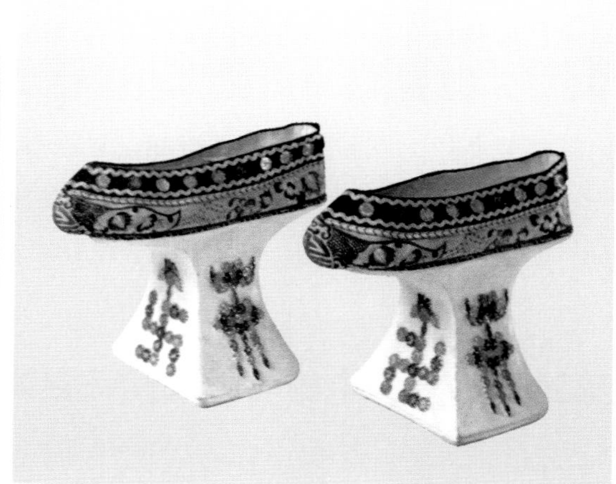

图40

穿黑朝靴的官吏

品官鞋饰，便服以鞋为主，公服才穿黑朝靴。

图41

绿牙缝朝靴

官吏们穿的绿牙缝朝靴。在缎靴鞋帮下围嵌着的这道绿縇，代表了朝廷官吏的官阶。

图42

钉靴

钉靴是用牛皮制成靴面，内衬细帆布。靴底镶有多枚铁钉，用于雨雪天防滑。

其中，草鞋不仅材料来源广，价格低廉，而且性能也好。拖鞋在清末沪地男女都喜穿，冰鞋只有北方人穿著。钉鞋为雨天所用，南北都很流行。清赵翼《陔余丛书》：“古人雨行多用木屐，今俗江浙间多用钉鞋。”钉靴是用牛皮制成靴面，内衬细帆布，牢固耐穿，手工缝制，针眼细密（图42）。靴底有多层牛皮用细麻线纳底，并镶有多枚铁钉，用于雨雪天防滑，男钉靴圆头大方，女钉靴尖头小巧。木屐在当时也十分流行，在南方居家不分男女，多穿木屐。

第三节　旗鞋中的马蹄底和花盆底

清代满族妇女是天足，不缠足，所以穿的鞋也与汉族妇女不同。她们配合旗装，所穿的鞋子，称“旗鞋”。其底较高，以木为之，普通为一寸至二寸间，后来又增高至有四寸以上，甚至有六、七寸者。其底上宽而下圆，形似一花盆，故称“花盆底”（图43）。马蹄底的木台底形状为“两头宽，中间细”，踏地时印痕若马蹄，所以也叫“马蹄底”。着高底者大都是青中年妇女为多，年老者仅以平木制作，曰“厚平底”或“元宝底”。一般少女至十三、四岁时才着此鞋。旗鞋木底极坚，往往鞋面已破而底仍完好。旗鞋的鞋面，多用绸缎制成，上施五彩刺绣，也有在木台底上面镶嵌各种珠宝者，多见于贵族妇女。至清代后期，梳两把头，着长袍、高底鞋，已成为清宫中的礼装。鞋帮饰花草虫鸟等刺绣，富贵者的木台跟上也用珠宝缀有吉祥图案，鞋尖处则有用丝线编成的穗子及地，清代特

图43

花盆底鞋

高高的花盆底鞋，如同满载花卉的花篮。北京故宫博物院收藏。

别盛行。慈禧太后也常着此类鞋宴见或在小礼时用之（图44）。慈禧太后接待外宾时穿的石青缎绣凤头履，现收藏于北京故宫博物院（图45）。

第四节　普遍流行缠足鞋

清代，缠足之风更盛，已成为社会泛滥的普遍现象。妇女穿弓鞋，清刘銮《五石瓠》第六卷中记载：“惟士大夫历官南北者，归而变其内，竞习弓鞋”。可见当时在妇女中普遍流行弓鞋。并且力求把双脚裹成“瘦、小、尖、弯、香、软、正”的七字标准，甚至少数民族地区也流行起缠足之风。据《清稗类钞》记载：清中叶后，直隶宣化，竟出现“小脚会”，专以小脚为荣，每年五月十三日城隍庙会，数里长街上人山人海，有些妇女乘机列坐大门前，少则五六人，多则十余人，各穿新鞋，供游人观赏，有人一天里还要换四五双小鞋，以博得观者夸奖而引为莫大荣耀。与此同时，山西、河北、河南、甘肃、广西、云南、内蒙古等地，也相继出现了晒脚会、亮脚会、晾脚会等（图46）。这种畸形的审美观成了女人贵贱美丑之分的标准。弓鞋又称“缠足脚”，俗称“三寸金莲”，大都由妇女自己精心制作。妇女缠足，受尽痛苦摧残，这是封建制度造成中国妇女历史上的一场大悲剧。但是长长的裹脚布虽然束缚了妇女的行动自由，却锁不住她们的心灵手巧，聪明才智。为了显示自己的手艺，她

图44

慈禧穿高底鞋

此为故宫博物院收藏的《慈禧写真像》。雍容华贵的慈禧太后旗袍下，露出用珠宝缀有吉祥图案的马蹄底鞋。

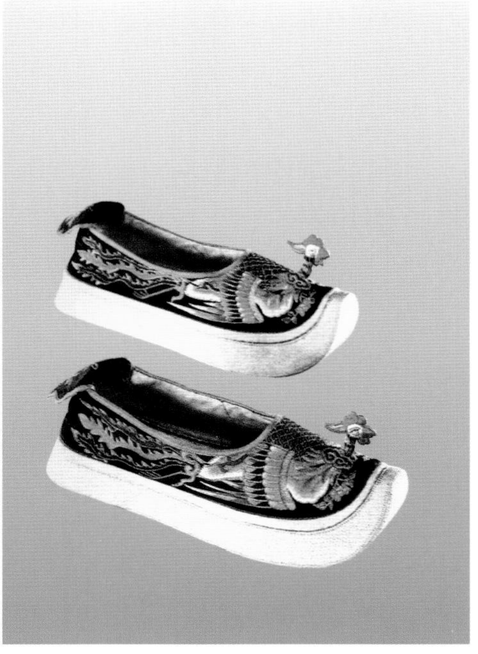

图45

石青缎绣凤头履

慈禧太后穿的石青缎绣凤头履，收藏于北京故宫博物院。

图46

小脚会

清中叶后，各地相继出现专以小脚为荣的小脚会、晒脚会、亮脚会等，以博得观者夸奖。

图48

打籽绣金莲鞋

收集于安徽黟县。采用打籽法制作的花卉、果实、人物等，丰厚饱满，不同一般。

们身居深阁，操作女红，制作出许多精彩绝伦的金莲鞋。向人们展示了我国精美的传统刺绣技艺，留下一笔特殊的宝贵的艺术财富。当时金莲鞋品种甚多，且南北各异，如有弓鞋、莲靴、网子鞋、尖口鞋、喜鞋、套鞋、坤鞋、合脸鞋、睡鞋等；图案纷彩，有喜庆的、吉祥的、植物花卉、动物飞禽、社会人文等，如：三多（寓意多子、多福、多寿）绣鞋，麒麟送子绣鞋，寿字弓鞋，“错到底”鞋，龙凤婚鞋等。其中，台湾金莲收藏家柯基生先生就收集了台式福禄寿喜弓鞋，堪称是一件精美的艺术品（图47）。另一双打籽绣金莲鞋，安徽黟县收集。黄鞋帮上用打籽法制作的花卉、果实、人物等，丰厚饱满，不同一般（图48）。有些妇女在世，还要做一双金莲鞋，作为自己死后的陪葬鞋。为了保护小脚鞋的干净和不受损害，当时还有金莲套靴之制。套靴多中统，统上绣植物花卉，刺工精美。妇女们出门时要连脚上金莲鞋一起穿进去，回来再脱掉（图49）。

汉族妇女除穿弓鞋外，同时还穿拖鞋、木屐、睡鞋等。民间有种红色睡鞋，专供结婚之夜穿着，鞋内藏有描写男女性生活的春画。在洞房花烛夜的婚床上进行性教育，是中国传统生育习俗中的一种特殊方式。粤中妇女家居或出门常穿绣花高底拖鞋，也喜着木屐；沪地更有画屐、睡

图49

金莲套靴

为了保护小脚鞋的干净和不受损害，出门时要穿金莲套靴。

图47

福禄寿喜弓鞋

这双台式福禄寿喜弓鞋，堪称是一件精美的艺术品。

鞋；青楼中人更特制了一种鞋子，镂空其底而中作小抽屉以贮香料，鞋底打洞，每行一步，芳香四溢，印在地上，即成莲花状，故称“步步生香莲”（图50）。或有置以金铃者，行走时发出铃声，在金莲鞋中又是别致的一种。

图50
步步生香莲
在鞋底后跟镂空处作小抽屉以贮香料，鞋底打洞，每行一步，芳香四溢，印在地上，即成莲花状，故称“步步生香莲”。

第五节　百年鞋店的变迁

在清末民初的社会大变革大动荡中，从1858年“天津条约”始，直到20世纪初的近40年时间内，中国的各类精英云集平津两地，逐步发展为中国大工商业城市和北方最大的金融商贸中心。民族手工业的鞋业依靠得天独厚的革新局势和租界经济蓬勃发展起来，在京津两地的商业街上形成了中国近代制鞋产业集群，具有百年历史的鞋业老字号出现，在天津，较出名的有专做皮鞋的“沙船”，制作缎面鞋的“金九霞”，生产胶鞋的“杰利”，经营皮鞋的“德华馨”，制作时令鞋的“同升和”和生产坤尖鞋、杭元鞋、骆驼鞍鞋的“老美华”等。在北京，有专营大内官靴的“内联升”鞋店，有专为人力车夫等下层工人制作鞋的“一品斋”，随后“老美华”“同升和”“老人霞”等鞋业，又都在北京开设了分店，大大促进了京都的鞋业发展。

在众多鞋业中，最有名的有三间鞋店。按年代排列，第一位内联升（1853年），第二位同升和（1904年），第三为老美华（1911年）。难能可贵的是能一直坚持到今，有的还名震全国。它们走过了百年沧桑，经历了创业、萎缩、到再发展等几个历史阶段，度过了艰难，终于闯出了自己的道路，尤其在中华人民共和国建立后，在党和政府的正确领导下，写下了更加辉煌的一页，为中国鞋业的发展，立下了汗马功劳。

内联升

北京的百年鞋店内联升。北京人有句口头禅：“头顶马聚源（帽店），脚踩内联升（鞋店），身穿瑞蚨祥（绸布庄）。”老北京人以穿内联升的鞋为荣，可见，内联升已是当时的制鞋名店，并被人们视为鞋品牌佼佼者。

内联升的创始人赵廷，天津武清人，因家庭贫困，14岁来到京城，在东四牌楼附近的一家鞋铺做学徒，三年时间学到了一手做鞋的手艺，同时也学会了一套待客经营之道。出师后，他开始想开一间鞋铺。这事被京城一位达官丁大将军知道了，便愿意出资三千两白银资助赵廷开店。赵廷根据京城制鞋的状况，决定开间专门为朝廷制作朝靴的店铺，赚皇亲国戚、文武百官的钱，并定店名为“内联升”。其“内”指大内，即宫廷；“联升”，有连升三级之意，示意穿上本店的鞋可以官运亨通，连升三级。他在北京东交民巷选址建店，于清咸丰三年（1853年）正式开张营业。内联升讲究质量，其朝靴底部厚达32层，厚而不重，穿着轻巧舒适，走路无声，色泽黑亮，久穿不起毛。若沾上浮土，用大绒鞋刷轻擦，便乌黑如新。因此，深受文武百官的喜爱。内联升的主顾大多是三品以上官员，官宦们自然不能亲自来店，内联升便派人到府上去，量尺定做。主顾不断地增多，工于心计的赵廷就把原做过朝靴百官的尺寸、式样、特殊爱好等，一一登记在册，整理成《履中备载》。后来，在官宦们需要时，让家人到内联升通招一声，内联升就按册中记录，将鞋做好送进府去。内联升的名气越来越大，生意也越来越红火。

不幸的是，光绪二十六年（1900年），八国联军入侵北京，东交民巷被焚，内联升也未能幸免而毁于一旦。后来，内联升又在奶子府（今乃慈府）重新开业。但好景不长，民国元年（1912年），袁世凯在北京发动壬子兵变，内联升又被乱兵抢劫一空，赵廷不久逝世，由其子赵云书顶门立户，秉承家业，又在前门廊坊头条，重建内联升，这时正是民国时期。当时顺应时代潮流，不再生产朝靴。而改做礼服呢面和缎子面的“千层底”布鞋。这种布鞋，要经过制袼褙、切底、包边、圈底、纳底、锤底等若干道工序。鞋底要求每平方寸要用麻绳纳80-100针，针码要均匀。同时，内联升还同时生产牛皮底礼服呢面的圆口鞋，其鞋底细瘦、轻柔，既有布鞋吸汗透气的特点，又有皮鞋的富于弹性，穿着潇洒轻柔，深受人们推崇。

建国后，内联升经过工商业改造，成为公私合营，并将厂址迁到前门外大栅栏。内联升随着各阶层人们的需求，产品品种开始多样化，但在制作工艺上，仍坚持百年传统，一丝不苟。

同升和

在王府井大街上，有间同升和鞋店。该店1904年始创于天津。最初是一家生产千层底布鞋和帽子的作坊。第一任掌柜莫荫轩是河北宝坻县人。据传，开业时清朝大臣铁良赠给一副对联："同心协力攻成和，升官冠戴财权多。"巧妙地把"同升和"三字融对联中。"同升和"三字，寓意为"同心协力，和气生财"。1912年，在天津最繁荣兴旺的估衣街买下店面，由于"同升和"经营有道，以其商品货真价实，服务热情周到而远近闻名，生产的布鞋用料考究，做工精良，样式新颖，在传统工艺上不断创新，满足各阶层顾客的需求。尤其是生产的礼服呢布鞋曾盛行全国。后又经李溪涛、王质甫、郑跃庭、莫泽林、张健衡等五位经理，同心协力风雨共济，业务得到迅速发展。至30年代，先后在天津、北京等地发展为多间门市店铺，并采取前店后厂，自产自销的经营形式，在同行剧烈竞争中脱颖而出。

1932年，北京同升和在王府井大街开业。那时，中国服饰受外来新式服装的影响，西装革履成为人们追求的时尚。同升和决定生产高档皮鞋，引进生产设备，聘请京津等地制鞋名师。至1935年，同升和上市的时尚漂亮的男女皮鞋，受到群众欢迎。制作皮鞋在制作工艺上仍继承传统优良品质，做皮鞋选用上等皮革，绱鞋的麻绳须用松香、石蜡处理后再使用，皮鞋在雨天穿着，也不漏水、不变形，即使鞋底表面的麻绳磨断，鞋底里面的麻绳依旧牢固如旧。由于从布鞋转变为做皮鞋，质量又好，这是同升和事业走向繁荣鼎盛的时期。

同升和除在工艺上重视外，并在经营上一贯注重质量第一，信誉至上的原则，并实行"货真价实，言无二价，包管退换，童叟无欺"，在鞋盒和包装纸上印有"宁愿三年不赚钱，也要保质争名誉"等文字。

建国后，同升和进行了公私合营，调整经营范围，制作的皮鞋融合了南北工艺的特色。在选料、做工上更是严格把关，精益求精，以质优价廉而赢得广大消费者的信赖。除批量生产外，还一直坚持按脚型订制新鞋的特殊服务。

老美华

坐落于天津市繁荣商业区的老美华鞋店，创办于1911年。当时，开过鞋店的老板庞鹤年，看到因历史原因，许多缠足妇女买不到合适的鞋子。于是，他决定先生产尖足鞋，专门经营缠足鞋，填补了当时鞋业的空白，商标取名"双塔牌"。产品投放市场后，受到各阶层妇女的青睐。以后又根据缠足后放了脚型，设计出各种鞋楦，同时开创了划脚样定做鞋的先例。加之老美华的鞋选料精良，做工讲究，因此，吸引了全国各地的顾客前来选购，一下子名声鹊起。

庞鹤年对商品质量要求很严，如鞋面采用"瑞蚨祥"的好面料，女式皮底鞋厚为3毫米，男士皮底鞋厚度为3.5～5.5毫米，反绱鞋鞋槽要深浅均匀，裁缝一寸三针半，除此之外，老美华还有一套验鞋标准，以反绱鞋为例，成品标准，分别是一正、二要、三不准、四净、五平、六一样、七必须、八一定。以上标准必须要完全做到。如生产“三寸金莲”的坤尖鞋，缝制尖头的前三针是至关重要。要求平整，一定不能出“包柳”，如果不平的话，鞋的后跟就歪，没有鞋型。坤尖鞋有青缎、粉缎、白缎、红缎等颜色。当年新娘出嫁时，多数要选择一双红色缎面坤尖绣花鞋，又尖又窄的鞋面上绣着龙凤呈祥的图案。穿老美华的鞋上花轿，就是一种身份的象征。社会上一些名流商贾的小姐和夫人都争相到“老美华”选购各种坤鞋。一些著名的老艺人上台演出的彩鞋（演出鞋），也都是由老美华的师傅划脚样、修楦并亲手制作，可见当时穿老美华的鞋已成为一种时尚。

老美华为了创造品牌，对千层底布鞋制作更加讲究。首先，原材料要选用新白布，用两层新布做的“夹纸”，要求白布无杂色，更不能用槽布。用丝漏盖在布底，并都上颜色，再以印上的颜色为标志，通过手工搓麻、纳底、纤边。纳底，夏天选用安徽的麻，冬季则用河北、张家口的油麻。因为安徽的麻先天穿着软硬度适中，而冬季用油麻纳底鞋更结实耐穿。鞋底要达到36层布，纳底每平方寸达到81针，纳好的底，放在大缸里用摄氏60度的水浸透，用2寸厚的木盖压好。缸口四周密封24小时，这样，底子和线不脱股，增加牢度。最后起缸后再用木锤矫正鞋底形状，以日光或烤箱烘干。老美华至今仍保持这种布底鞋的传统工艺，这种千层底的布鞋仍受顾客喜爱。

建国后，老美华增添了面向广大中老年妇女的开跟、坡跟、方跟鞋，款式也向时尚的方口、斜口、圆口迈进，帮面突破了传统面料，出现化纤、帆布、牛仔布、皮鞋等，并加入了编花、串条、缀花等工艺，非常受中老年人的欢迎。

第十章
民国时期的鞋履

第一节　袍服布鞋与西装革履并存

辛亥革命后，近代服饰起了很大的变化。男装开始处于长袍马褂和西装并存，布鞋与革履同用的局面。民国中后期，流行一种中西结合的时尚，即把长袍与西服裤、礼帽、皮鞋组合成一套时装服饰，这种穿着大都在城镇，后来西服革履大为流行（图51）。皮鞋也随着风行起来，当时最流行的是黑皮鞋，采用黑牛皮作面料，内衬斜纹布里。更时髦的还有全白色皮鞋（图52）。

第二节　天足运动和半放足鞋

1853年太平天国运动，提出反对和解放缠足运动。后因革命失败而告终。清末，我国一些维新分子，又提出“反对缠足，崇尚天足”的口号。其中康有为，梁启超等尤为出名。他们不但宣传缠足的危害，并且发动组织不缠足会，影响极广。全国各省纷纷响应，不少有识之士　参加崇尚天足运动，反对缠足呼声在全国迅猛高涨。

进入民国时期，天足运动进一步发展。1912年3月，临时大总统孙中山就下令内务部通示各省严禁缠足。后来的国民革命，以打倒封建思想为号召，努力铲除缠足陋习。当时内政部通令全

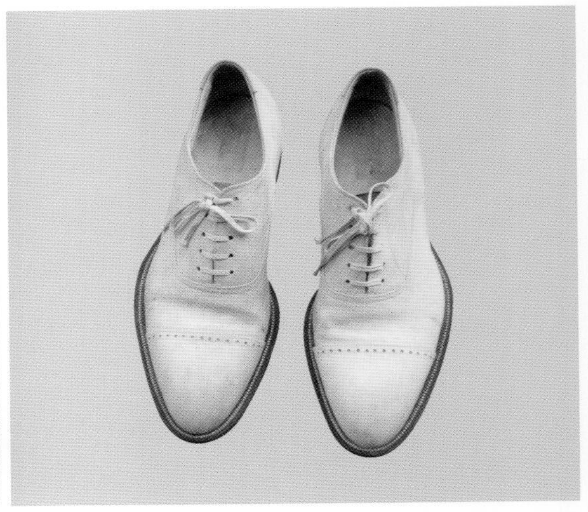

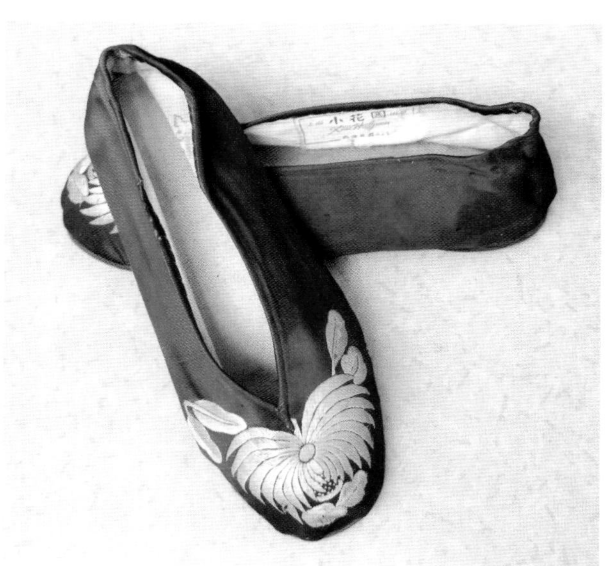

图53

放足鞋

时髦的黑皮面放足鞋。

图54

绣花放足鞋

20世纪30年代，上海小花园制作的绣花放足鞋，做工精细，文雅大方。

国禁止缠足，规定三个月为劝导期，三个月为解放期。各级地方政府也纷纷参加从事宣传天足和查禁缠足工作。这场革命破除了缠足陋习，各地妇女中，未缠足者不准再缠足，已缠足者纷纷解放小脚，于是带动了我国鞋饰的大改革活动。为了适应刚解放缠足女子的需要，生产各种半放足鞋。在今天，我们还可以看到城乡有不少妇女穿半放足鞋。这是一种比缠足的稍大，和天足又有差距的鞋子。半放足鞋中有布鞋、绣鞋、皮鞋等（图53），这是当时历史时期的特殊穿鞋痕迹。

由于我国地域广大和缠足之害根深蒂固。民国初年，一方面，各地有不少妇女摆脱了缠足的陋习，开始放脚；另一方面，在城乡特别是山区，还有许多妇女仍穿弓鞋，这些鞋大部分由自己制作。有种小脚鞋手工布底，黑缎面，红色沿口，鞋头尖锐，两侧绣着红花绿叶，后帮肥大，缝有红布作为鞋拔，为小脚妇女室内常穿。有的还在鞋面上缀以珠玉，夹上龙脑，麝香等香料。弓鞋的颜色，除丧服为白色外，其他颜色都可以用，但最流行大红色的。睡觉时，妇女也要穿睡鞋，形似弓鞋，只是用的软底。另一类缎面绣花鞋，大多薄皮平底，为城市中青年妇女们穿用。鞋型较宽，前部圆尖，后部圆肥，一般由匠人制作。民初，绣鞋业发展较快，花色品种丰富，都市妇女开始改变自制鞋的习俗，常上鞋铺和鞋店定制或购买绣花鞋。特别是上海的“小花园”鞋店，主要采用“苏绣”软缎绣花鞋面，制作绣花鞋、绣花拖鞋等，绣制的图案有双龙戏珠、牡丹富贵、龙凤呈祥、蝶恋花、五蝠捧寿、松鹤长寿等，色彩艳丽，寓意深远，由于做工精良，深受妇女们的欢迎（图54）。

图51

布鞋

民国时期，西装革履与长袍布鞋并行不悖。

图52

皮鞋

时尚的全白色皮鞋。

图55

千层底布鞋

男子圆口布鞋，白色千层底黑色浅圆口鞋帮。民国时风靡一时的“内联升”布鞋。

第三节　民间传统的鞋履

民间多穿布鞋。布鞋是我国最普遍穿用的鞋履，过去特别是农村，每家妇女多会纳鞋底，自织土布做鞋。我国的纳鞋底，已有几千历史，秦代兵马俑就曾留下穿纳鞋底布鞋的习俗。近代以来，布鞋有如下几种样式：男子圆口布鞋，即白色千层底，黑色浅圆口鞋帮（图55）。女子系带布鞋，亦叫“搭绊鞋”。方口，旧时也有圆口的，用一根袢带固定于脚背。鞋面多为黑色斜纹棉布。松紧口布鞋，此鞋为低帮不系带，俗称“一脚蹬”，帮面盖至脚背，为穿脱方面，又在鞋口两侧镶以一种宽尺寸的松紧带，原为实用，后成为此鞋独特造型，人称“松紧鞋”。由于布鞋具有舒适、透气、价廉等特点，因而在中国盛行不衰。

布鞋中的绣鞋，也是我国妇女最普通穿用的鞋履。旧时女子盛装时多着绣花鞋，特别是新娘穿的绣花鞋更为精致。一般都由妇女自制，用绸缎做成两半式鞋帮，上绣人物或花鸟等吉祥图案。颜色一般用大红或粉红、湖蓝、果绿等传统色彩。绣花鞋主要流行于明清时期，民国初期仍有保留。农村更为普遍。

在城乡，夏天民间多穿木鞋、木履、蒲鞋、棕鞋；雨天穿钉鞋，上山走路仍穿麻鞋、草鞋。冬天，穿棉鞋（老年人居多），小孩与姑娘多穿绣花鞋。草鞋，成了农村特别是南方地区农民所穿的简易便鞋，由稻草或棕麻等编制而成，形状类似凉鞋，用几根草带将脚固定在鞋底上。草鞋轻便耐穿，利于行路劳作，晴雨天均宜 ，因而一直受到农民喜爱。另有用两张小板凳做成木屐，可在水中、泥中行走，俗称“泥屐儿”。

第四节 现代鞋履呈多样化发展趋势

民国后期以来，随着社会生产力的提高和大众审美观念的变化，人们在着鞋上有了很大变化。各种现代鞋履日益增多，草鞋、蒲鞋逐渐被淘汰。城镇居民更是喜欢穿力士鞋、解放鞋、运动鞋、皮鞋、休闲鞋等，女性穿漂亮的高跟鞋。随着四季的变化，鞋履更新不断，春天有轻便鞋、单鞋，夏天有塑料鞋、凉鞋，秋天有皮靴、平底鞋，冬天有棉鞋、棉靴；雨天有雨鞋、胶靴。现代鞋履不仅颜色丰富多彩，而且款式形态各异，现代的、传统的，复古的、欧美的层出不穷。各个部位的设计也是灵活多变，就鞋头而言，有圆头、尖头、方头、翘头，开口等；鞋跟有平跟、高跟、中跟、粗跟、细跟、坡跟等。鞋料更是取材广泛，除革、布、丝、皮、木、塑料、人造革、橡胶外，还吸收了水晶、珠宝等各类装饰品，可见，我国现代鞋履的生产已进入了多样化发展时期。

中国
鞋履
文化史

Chinese
Shoes
Culture History

少数民族篇

第十一章 少数民族的鞋履

我国是一个多民族的文明古国，有55个少数民族，按地区可分为东北、内蒙、西北、西南、中南、东南等地区。有蒙古、满、朝鲜、赫哲、鄂伦春、鄂温克、达斡尔、回、东乡、保安、撒拉、土、裕固、维吾尔、哈萨克、柯尔克孜、塔吉克、塔塔尔、乌孜别克、锡伯、俄罗斯、藏、门巴、珞巴、彝、白、哈尼、傣、傈僳、拉祜、纳西、景颇、布朗、阿昌、普米、怒、德昂、独龙、基诺、羌、苗、土家、布依、佤、瑶、壮、侗、水、仡佬、仫佬、毛南、黎、京、畲、高山等民族。他们繁衍生息在我们祖国九百六十万平方公里的土地上，无论在高原、森林、牧区、及平原和山区，到处都有他们勤劳的足迹。在过去的岁月里，他们虽然长期从事渔猎和畜牧业生产，有的还沿用刀耕火种、狩猎采集的原始生活方式，他们以辛勤的劳动、聪明的才智，创造了自己民族的历史和文化，其中也包含了丰富多彩的鞋履文化。

我国少数民族鞋履有皮靴、布靴、钉靴、绣花鞋、草（麻）鞋、木屐等，其款式繁多，色彩丰富，可谓姿态万千。以靴子为例，就靴型来说，可分皮靴、毡靴、缎靴、布靴等；就材料而言，有牛、羊、马、猪、鹿等动物皮毛，也有木、竹、棉、麻、丝，甚至鱼皮、树皮也被用来制作靴鞋。南方的黎族、傣族、京族，及东北的朝鲜族等还善于用草茎、竹木制作草鞋、竹屐、木屐。在我国少数民族各种鞋饰中，用纺织品作材料的布鞋较为流行，特别是绣花鞋可谓流行最广，其集款式、花色、刺绣图案、实用功能于一体，是富有特色的民族工艺品。而那些富有传统色彩的民间鞋履故事，则是展现了少数民族同胞向往与对幸福生活的追求，这些瑰丽多姿的鞋履，能给我们带来美的享受。

第一节　东北、内蒙古地区

东北、内蒙古地区，包括内蒙古自治区和黑龙江、吉林、辽宁三省内的1个自治州、13个自治县。少数民族主要有满族、朝鲜族、赫哲族、蒙古族、鄂伦春、达斡尔、鄂温克等。其中内蒙古自治区建立于1947年5月1日，为我国第一个少数民族区域自治的省级地区，是以蒙古族为主体的多民族地区。东北、内蒙古地区地貌复杂，有广阔的草原，浩翰的林海，神秘的沙漠与湖泊，冬季严寒漫长，夏季温暖短促，其温差大，风沙多。生活在北方高寒地区的蒙古族、满族、鄂伦春、达斡尔、鄂温克等民族，他们以游猎为生，食兽肉、衣兽皮，创造了适合于自己的鞋履文化。鞋靴多采用以牛、马、羊、鹿、狍等兽皮原料，用兽皮制作的靰鞡鞋和靴子不仅经久耐磨，而且防风抗寒性能极好。不同季节的兽皮，可以制作各种不同的鞋靴。如秋冬两季的兽皮毛长而密、皮厚结实、防寒力强，宜做冬靴；夏季的兽皮毛质疏松短小，宜做春夏鞋。

靰鞡是北方寒冷地区少数民族冬天穿的“土皮鞋”（图56）。又称“乌拉”“兀喇”（来自满语对皮靴称谓的音译）。如：居住在我国东北地区的满族，为北方一支古老的骑射民族，过去行军作战，上山狩猎都穿靰鞡。靰鞡用狍子、牛、马、猪等生皮革缝制而成，因鞋里多垫靰鞡草而得名。靰鞡鞋前脸捏着均匀的“包子褶”，再缝接一块椭圆形的皮革作鞋盖。双侧各镶嵌两对皮耳子，以便用皮条或麻绳系在脚脖子上。后鞋跟钉有两颗扁圆形钉。穿靰鞡保暖、轻便、吸汗、干燥。还可在垫入靰鞡草的鞋中放入长筒棉毡袜，以此抵御严寒。鱼皮靰鞡也叫“温塔”，是赫哲族渔猎文化的产物（图57）。他们捕鱼时都穿这种鞋子，此鱼皮鞋大都采用个大、皮厚的怀头、哲罗、细鳞、狗鱼等鱼皮制成，还放进靰鞡草，既轻便又暖和。制作鱼皮鞋的关键是鱼皮的加工技术，如剥皮、揉皮、切线等。以切线为例，工艺极为复杂。首先要选取大胖鱼，刮净鳞、肉，撑开晾干，将四角不整齐的皮切去，然后在干鱼皮上涂狗鱼肝，使鱼皮柔软、湿润，最后折起来用快刀如切面条一样，切成细丝，作为鱼皮线，但这项技术早已失传，通常用兽筋或鬃毛替代鱼皮线。制作鱼皮鞋，常选用一块约长35厘米，宽21厘米的鱼皮，从中间、左右两边剪缝、搭叠、抽褶，再用一块鱼皮作鞋盖缝合于鞋头之上。复杂的还要加上鞋靿，做成带靿的靴子。鱼皮靰鞡不怕硬，但不能踩过热过潮的东西，特别是踩了刚拉的牛尿、马粪，容易烫坏。

图56

靰鞡鞋

用狍子、牛、马等生皮革缝制，是北方寒冷地区少数民族冬天穿的“土皮鞋”。因鞋里多垫靰鞡草而得名。

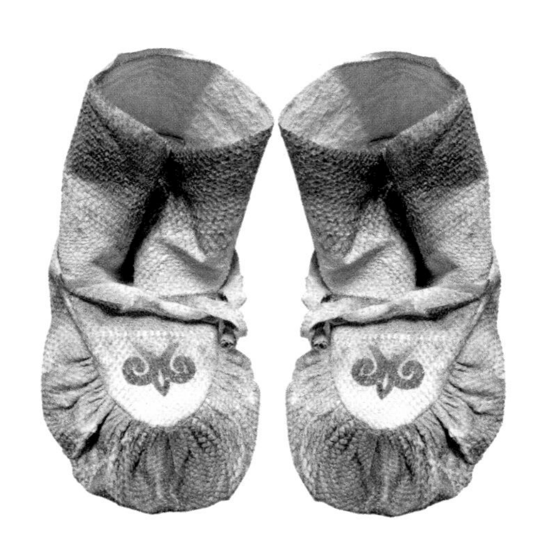

图57

鱼皮靰鞡

也叫“温塔”，是赫哲族渔猎文化的产物。

靴子是游牧民族的专用鞋，穿靴舒适保暖，骑乘时护腿、护踝，能踏沙、踏雪，便于行走。蒙古族的靴子历史悠久、用料广泛，做工精美。靴筒有长筒、半长筒、短筒款式。靴鼻式样可分往上翘的、平头的、突形的。由于靴鼻外形的差异又可分为上卷形、上翘形、平圆头、平尖头、平方头、微突出、较突出等款式。根据鞋材的不同可分布靴、皮靴和毡靴三种，布靴多用缎、绸、绒、帆布等做靴面，有黑色、古铜色或棕黄色。许多靴子的靴梁或靴帮上镶有彩色嵌条，漂亮的男女布靴上还刺绣着许多金银或五彩图纹，散发着浓厚的民族特色。靴底多用布纳成，也可在布底外面加一层皮革，或单纯采用千层底。长筒靴不分左右脚，两只靴可以任意换穿。其结实耐穿，轻便软巧。较有名的传统布靴是马海靴。皮靴也称“革靴”，通常用熟牛皮或生牛皮制作，有旧式和新式两种，旧式皮靴用涩面香牛皮制作，也有用鹿腿皮、野猪皮、熊皮、狼皮等制作。靴头粗笨，筒口宽大，靴底较厚；新式皮靴用光面牛皮、狍子皮等制作，俗称马靴。蒙古靴传统香牛皮靴，其靴头尖而上翘，靴体高而宽大，以便在靴内套裹腿毡、棉袜、毡袜、包脚布等。裹腿毡露出靴筒外约两寸。在靴面、靴筒的不同部位，采用贴花、缝缀、刺绣等工艺手法装饰成盘肠、回纹、交叉等蒙古族特有的图案。蒙古族巴尔虎系的索海靴（图58），又名呼木靴，源于13世纪。上部分叫靴体，多用柔软的羊皮或山羊皮制作，下部分叫靴底，用质地较硬的牛皮制作。帮底结合部分用牛筋制作的线手工缝合。靴体表面边缘等处，用皮、丝绸、布等材料手工缝合蒙古族特有的花纹，起到装饰的作用。喜庆节日里香牛皮制作的吉祥纹高

图58

索海靴

蒙古族的索海靴，源于13世纪。靴体多用柔软的羊皮或山羊皮制作，靴底用质地较硬的牛皮制作。靴帮上有漂亮的蒙古族花纹图案。

筒靴非常抢手，较著名的有“不里阿耳靴”“苏尼特大翘头香牛皮靴”“乌珠穆沁圆头香牛皮靴”。毡靴用羊毛或牛毛等模压而成，俗称毡圪垯。成人的毡靴与布靴等相同，由帮、底、筒、布底组成，儿童的毡靴往往将靴底、帮、筒缝成一体，使儿童穿上较柔软合适。毡靴有黑、白、棕色，也有用黑白两种毡片缝制的靴子，在缝合处包以软皮。多在严寒的冬季抵抗风寒，也适于在雪地里行走。

鄂温克族的长靿靴“温特靴子”，靴靿一般用羊皮、牛犊皮、马皮，也有用帆布制作，靴底用牛皮。靴靿刺绣图案，男式一般为驯鹿、狍子等野兽；女式一般为蝴蝶、花草等。夏天用单层皮，冬天为带毛皮制作。能防寒防潮及耐磨，特别适合骑马者。达斡尔族的男靴“斡落奇”，用狍、鹿、驼鹿、牛皮等材料。高靴靿部分多用毛朝外的驼鹿腿皮缝合。靴底采用熟软的狍脖子皮或鹿、驼鹿、牛皮等。其耐冻耐用，轻便防滑，最受猎人喜爱。鄂伦春族传统矮皮靴“其哈密”。靴靿一般高19厘米，用16条狍腿毛皮缝制，靴底以柔软的狍脖子皮制成，轻便耐用，适合男女。赫哲族猎人穿鹿腿皮长（短）靴，长靴高约60厘米，靴面用鹿腿皮，衬里用短毛狍皮，靴底用野猪皮，靴口以鹿筋线缀成。短靴一般高28厘米。

生活在茫茫林区的满族人还创造了木制高底鞋，后来已发展成独特的旗鞋。旗鞋是满族妇女穿用最具特色的高底鞋。相传一千多年前，有个满族小部落受到大部落攻打，被围困在三尺深的泥塘前。聪明的公主多罗甘珠，看到白鹤很轻松地立着，深受启发，她让部下削树枝充鞋扎在脚上，连夜杀出泥塘，夺回被敌人占领的城池。从此，在难以行走的原始林区里，满族人都会在脚上套双木底鞋，以后逐渐发展为有名的旗鞋花盆底鞋和马蹄底鞋。旗鞋传承着女真人祖先削木为履的习俗，其木台底均位于鞋底正中，一般高1寸至2寸左右，后来增至4至5寸，年青者甚至6至7寸，故俗称“寸子”。木制高底外裹白细布，根据木底的样式，旗鞋可分为：厚平底、元宝底、马蹄底、花盆底等。厚平底鞋为清初期的鞋型。满族入关前生活在寒冷的东北地区，早期以游牧狩猎为生。女子出门时常把鞋裤打湿，为了生活便利，防止脚部受寒和蛇虫伤害，便把鞋底加厚半寸至一寸，是早期年青女性的时尚鞋履；元宝底鞋的木底，早期多做成倒置的台形，这种上宽下窄的形状很似元宝，故称（图59）。元宝底鞋一般不高，由厚平底鞋发

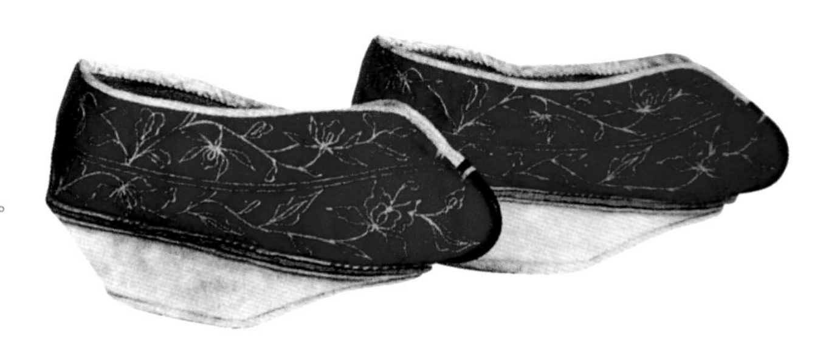

图59

元宝底鞋

满族的元宝底鞋，底部上宽下窄的形状很似元宝，故称。

展而来；花盆底鞋的木台底上沿向下渐收，成为上敞下敛状，形似花盆，故称花盆底鞋。这种底一般较高，走起路来不能太快，否则难以平衡，容易摔倒；马蹄底鞋的木台底形状为“两头宽，中间细”，即上细下宽，中间凹型，底部前平后圆（亦有四方形），因其外形及落地印痕皆似马蹄子踏出的印迹，故称马蹄底鞋。富贵者还在木跟部用珠宝等镶嵌吉祥图纹。马蹄底鞋是较为美观的高底鞋，深受宫廷贵妇和青年女子的喜爱。以上旗鞋的鞋前部有“单脊脸”和“双脊脸”两种样式，即缝缀用皮条包出凸起的“梁”，亦称“单梁”“双梁”；旗鞋的色彩较丰富，有大红、朱红、黄色、湖蓝、宝蓝、月白、雪灰、粉绿、黑色等；鞋帮上会刺绣着许多花卉、凤蝶、动物等图纹和装饰片，大都寓意吉祥、富贵、长寿；鞋头还饰着用丝线编成的长穗，穿上高底旗鞋能令人身材修长，走起路来更是婀娜多姿。

图60

勾背鞋

“勾背鞋”是朝鲜族妇女的传统鞋饰。其浅口翘头，勾状鞋尖形似小船，便于穿脱。

“勾背鞋”是朝鲜族妇女的传统鞋式（图60）。其浅口翘头，鞋尖呈钩状，形似小船，便于穿脱。朝鲜族的先民从朝鲜半岛迁入而来，自古生活在东北的白山黑水之间，他们崇尚素白色，衣服、鞋袜多用白色，代表朝鲜民族白衣同胞的圣洁纯朴、艰苦朴素及实而不华的民族传统。从前勾背鞋以绸、布为面，上绣云纹，称为“云鞋”，后多用橡胶制成。有晴雨两用的白色橡胶勾背鞋，也有新嫁娘喜欢穿的红绸缎绣花勾背鞋。朝鲜族的传统木制鞋，称“那木欣”，亦称“木屐”或“木履”。初期是在平板上拴两根绳，下雨天穿用。后来，用轻而结实的赤杨或棕木凿制船形、钩鼻。还在上部雕成鞋帮，鞋底中部和后部雕出两道横棱，晴雨两用。男式比较粗糙，女式侧面有花纹，鼻儿尖且光滑，形似勾背鞋。19世纪曾经很普及。“米吐里”朝鲜族民间麻鞋。采用麻、苎麻、或以麻皮、布等搓制的细绳编织而成。轻便耐磨，可染成彩色穿用。达斡尔族传统“绣花木屐”也很有特色，其采用绣花缎面及厚约1寸的木制底，是旧时该族姑娘出嫁时穿的。

第二节 西北地区

西北民族地区位于祖国的西北边疆，主要包括新疆维吾尔自治区、宁夏回族自治区、青海，甘肃、陕西等省的少数民族自治州和自治县，总面积达177万平方公里，占全国总面积的18.4%。西北民族地区地广人稀，是我国人口最稀少的地区之一。西北地区少数民族众多，主要有维吾尔、回、哈萨克、东乡、俄罗斯、撒拉、柯尔克孜、塔吉克、塔塔尔、锡伯、土、乌孜别克、裕固、保安等少数民族，人口约占西北区总人口的55.5%。

西北民族以游牧民族居多，在那些条件艰苦，交通落后，经济发展滞后的偏远牧区中，保持着一些原生态的生活习俗，我们还可以寻觅到以兽皮裹脚的“裘茹克”“皮窝子”“巧考依”等人类早期的原生态鞋子。“裘茹克”亦称“皮窝子”，维吾尔族的原始皮鞋。用细毛线专门织成的裹腿和简单切割而成的整块生牛皮做成。穿时先将裹腿缠于小腿上，再用旧布和毡片包脚，然后裹以牛头皮，拉紧穿过牛皮边沿小孔的皮线绳并系于脚背，使牛皮正好缩于脚面。这种鞋潮湿时松软，干燥时依脚形自然定型，非常轻便。塔吉克族的保暖鞋也叫“皮窝子”。用涂成红、蓝、黑色的鞣制鹿皮作鞋鞠，帮底用牦牛皮或牛皮制成。其前部向外弯曲，平底，穿时配毛、毡袜子，并用鞋带拴住脚腕处，适用于山地行走。“巧考依”是柯尔克孜族的粗制便鞋。多用马、牛、牦牛皮制作。根据脚的大小，在备好的皮边上扎几个小口，然后用细皮条裹在脚上即可。有的巧考依用熟皮或熏皮制作并扎织其边，有的其鞋底为皮，鞋面为编织细皮条。根据材料的款式的不同，分别称为皮编便鞋、熟皮便鞋、绒扎便鞋、包头平底便鞋、熏皮便鞋和折叠便鞋等。最为原始、简便的是柯尔克孜族的传统羊倌鞋“塔依吐亚克”。其采用小马的皮和四只马掌制作。鞋底用马的前后掌钉成，帮面用带毛的马皮，再系皮革鞋带。甚至也不要鞋帮面，仅用皮革鞋带连扎穿用。

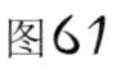

图61
摸靴
鞋底与后跟部用丝线绣着回族喜爱的牡丹、梅花等图案，做礼拜时不用脱下。

西北民族大多信奉伊斯兰教、喇嘛教、萨满教等，

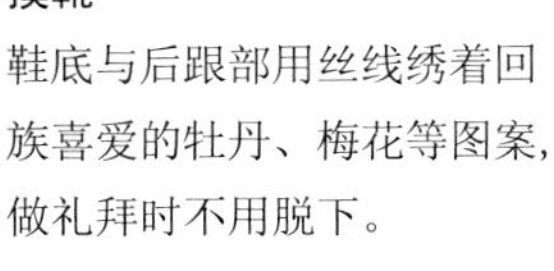

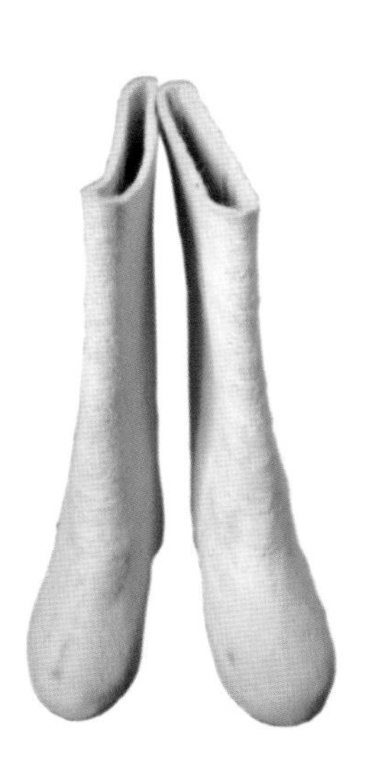

图62

套鞋

维吾尔族穿的套鞋称“喀拉西”套在软底皮靴外面，多为老年人和宗教人士做礼拜时用。

图63

长筒白毡靴

俄罗斯族穿的长筒毡靴“皮美”，用擀得硬密而细腻的白毡加工而成，其靴靿、靴帮、靴底是完整的一体，没有接缝，靴靿高至膝下。

生活习俗诸方面均受到宗教的影响。“礼拜鞋”是西北地区最常见的鞋式。礼拜鞋又称“鞋袜”，一般穿在套鞋里面，到清真寺时再脱下来。礼拜鞋多为黑色或蓝色，采用布、软皮等制作成中筒或高筒袜样。最有特色的是布鞋袜底，厚约两毫米，常以丝线绣满或补绣着漂亮的花纹，并延伸至鞋跟部。回族的“摸靴”，亦称“鞋袜”。以黑布为面，内衬花布，鞋靿较高。鞋底与后跟部用丝线绣着回族喜爱的牡丹、梅花等图案（图61）。穆斯林在每天五次礼拜前必须净身，过程比较复杂，特别是在寒冷的冬季，人们多次洗脚皮肤易开裂，穿礼拜鞋可减少净身的次数，还方便出入时穿脱，做礼拜下跪时还可看见那些精美的花纹。维吾尔族穿用套鞋称“喀拉西”，用橡胶做成，里面衬有紫红色的绒面。套鞋分为两种，一种圆头的叫“玉德克喀拉西”(靴套鞋)，主要套在马靴外面或皮鞋外面；另一种尖头的叫 “买赛喀拉西”(软底皮靴套鞋)，多为老年人和宗教人士居家或做礼拜时所用（图62）。俄罗斯族的套鞋叫“尕罗什”，也用黑色橡胶为材料。矮帮圆口，鞋底宽大且厚，有凹凸分明的防滑纹，类似汉族的矮帮雨鞋，是套在鞋外面的胶皮卫生鞋。特别用于做礼拜或出门时穿脱方便。“买斯”和“开布斯”是哈萨克族的软皮靴和外套，为中老年男女所穿。买斯都用软皮革或带纹皮革缝制，靴筒衬一层软皮，形如无后跟或低后跟的靴子；外穿的套鞋用皮或橡胶制作，鞋靴配套穿用，一是卫生，能保护靴、鞋，二是穿、脱方便。

寒冷的季节里，毛毡也是西北民族首选的鞋材。俄罗斯族穿的长筒毡靴“皮美”，用擀得硬密而细腻的白毡加工而成，其靴靿、靴帮、靴底是完整的一体，没有接缝，靴靿高至膝下（图63）。为了穿脱方便，比较肥大，穿用时要打裹脚或穿毛织袜子，连裤腿一起穿进毡靴里，厚实、保暖、干燥。“榔头窝子”是东乡族的冬用毡鞋。因其形状像榔头而得名。鞋底厚3厘米以上，鞋面用毛毡制成，鞋口饰有黑布边幅或锦缎花边。

“恰绕”土族妇女绣花布鞋总称。鞋面刺绣着植物、花卉等纹样，鞋尖上翘饰有彩线短穗，鞋口缝接长及膝盖的软布鞧。根据花纹及款式的异同可分别称作鞧鞋、过加鞋、花云子花鞋、其几格花鞋、仄子花鞋等等（图64）。如鞧鞋，在鞋面上按彩虹状用彩线四周密密索缝，与土族姑娘穿着的“彩虹花袖衫”两袖由红、黄、橙、蓝、白、绿、黑七色彩布圈做成，俗称“七彩袖”， 第一道为黑色，象征土地；第二道绿色，象征青苗青草；第三道黄色，象征麦垛；第四道白色，象征甘露；第五道蓝色，象征蓝天；第六道橙色，象征金色的光芒；第七道红色，象征太阳。花云子鞋，是在鞋帮上用彩线绕云纹图案，轻飘灵巧。其几格花鞋，是在鞋帮上绣着各种花卉蜂蝶。仄子花鞋，是在鞋帮上用彩线绣棱形格子。“福盖地鞋”是土族的传统男鞋。鞋面上有剪贴的蘑菇云纹图案，子母相配，白线锁边，覆盖整个鞋头。制作时按底样做好的4片布坯。蒙以面料，鞋帮除头部以外都绣盘线云纹。另做一对子母相配的蘑菇状云朵图案，称“福盖地”。看其面料，用蓝、白、黑线锁边，鞋帮缝合后，将“福盖地”贴到鞋头部固定，盖住整个鞋尖，再纳底即成。受汉族影响，旧时土族妇女也缠足，土族妇女绣花小脚鞋称“穆拉海”，亦称“木拉鞋”（图65）。面料一般选用质地较好的深色棉布或彩色绸缎。鞋尖上翘，鞋头突出鞋底，形如船头昂首；帮面由两片缝制而成，并绣以多种花卉动物图案，青枝绿叶，鲜艳夺目；帮内缝有两条白系带，后跟开衩，内缝鞋提；鞋底如桃形，由袼褙摞起来，再用细麻绳密密纳成，有的鞋底上还有简单的绣花。鞋底一般长8至14厘米，通长15至20厘米，

图64

七彩鞧鞋

土族的七彩鞧鞋，鞋面上按彩虹状用红、黄、橙、蓝、白、绿、黑七彩线密缝，与土族姑娘穿着的“七彩袖”相呼应。分别象征蓝天、土地、太阳、麦垛、甘露等。

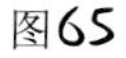

图65

木拉鞋

木拉鞋是土族妇女的绣花小脚鞋。面料一般选用质地较好的深色棉布或彩色绸缎。鞋头突出鞋底，形如船头昂首，帮面多绣以鲜艳的花卉动物图案。

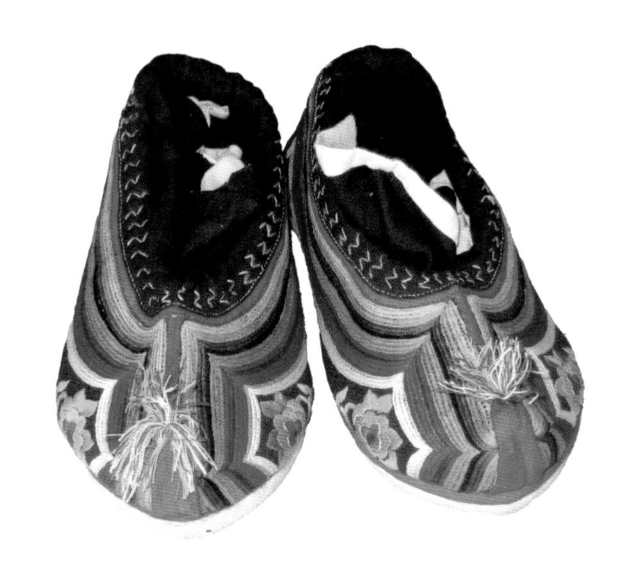

帮高约5.5厘米，跟高1.7厘米。

“亢沉”是裕固族传统布靴子（图66）。黑色面，前尖翘，白布底，蓝软鞠，靴面绣有七色花卉图案。裕固族是一个游牧民族，黑色的鞋面象征帐篷。康熙年间，曾将“黄番划分为七族”，并分封大头目“七族黄番总管”，七色绣花就代表七族黄番紧密团结、和谐共进。白色的布底象征洁白的羊群，蓝腰象征着草原上蓝色的天空。每逢年节或庆典，妇女都会穿上盛典服装。回族同胞喜爱用蓝绿色做婚鞋面，并绣以“猫扑海棠”等鞋花（图67），一般新婚时穿两天即入箱柜，俗信可辟邪，象征平安顺利。

西北妇女喜欢穿漂亮的绣花鞋，如：撒拉族妇女的传统绣花鞋叫“古古日鞋”，主要是青年妇女穿用（图68）。鞋面和鞋帮都绣有花卉图案，鞋尖高翘，有的还缀有丝穗，鞋底较厚，用麻线密缝，制作工艺非常精细。锡伯族妇女穿双梁绣花鞋。鞋帮由两片合成，鞋梁部分缝成两条楞。鞋面多用黑布料，并刺绣花卉图案。鞋头突出鞋底部分。一些民族还在皮靴上绣以精美的图案，如：维吾尔族妇女穿的高筒皮靴和皮鞋“乌图克”和“开西”，其帮面绣或嵌有漂亮的图案，制作工艺精致，穿时同精美的绣花衣服搭配。乌孜别克族的绣花皮靴“艾特克”，多用牛皮制作，高鞠上用彩线绣有桃花、苹果花等。该族的女式拖鞋“开为其”的鞋面上也要绣花。

图66

亢沉

“亢沉”是裕固族传统布靴子。黑靴面上绣有七色花卉图案，代表民族团结。白布底象征洁白的羊群，蓝腰象征着蓝色的天空。

图67

婚鞋

回族喜爱用蓝绿色做婚鞋面，并绣以漂亮的鞋花。一般新婚时穿两天即入箱，俗信可辟邪，象征平安顺利。

图68

古古日鞋

撒拉族妇女的传统绣花鞋叫古古日鞋，帮面都绣有花卉，鞋尖高翘，鞋底较厚，用麻线密缝，制作精细。

第三节 西南地区

西南地区有云南省、贵州省及四川省的三个自治州，也包括西藏自治区等。云南是我国少数民族众多的省份，有26个少数民族，人口最多的是彝族，最少的是独龙族。青藏区地处祖国的西南边疆。是我国面积最大和少数民族人口比重最高的民族地区。除世居的藏族外，还有回、蒙古、土、撒拉、门巴、珞巴等40多个民族。其中，藏族人口最多，占总人口的45.2%。西南地区地貌复杂，民族人口呈交错分布、立体分布状态，如：傣、壮两族主要居住在河谷地区；回、满、白、纳西、布依、水等民族主要聚居在坝区；哈尼、拉枯、佤、景颇、基诺等民族居住在半山区；苗、傈僳、怒、独龙、藏、普米等民族主要聚居在高山区。在这块广袤的土地上，各族人民共同创造了绚丽多彩的鞋履文化。

西南各族劳动妇女心灵手巧，大多从小学习女红，擅长纺织、刺绣、蜡染等，工艺十分精湛，绣花鞋（靴）便是最有特色的鞋履，甚至男性也穿绣花鞋。我们可以在羌族、彝族、白族、苗族、水族、侗族、布依族、藏族的鞋履中，看到许多精美独特的刺绣艺术。彝族的钩尖绣花鞋，亦称“钩钩鞋”“嫁妆鞋”（图69）。多在赶集、节庆、婚嫁时穿用。一般采用棉布、绸缎、绒料、金银线、五彩线等为材料。鞋面皆绣花，鞋尖呈钩状，钩端系有各色绒线，非常美观。鞋帮跟有块叶巴，上饰花朵。相传从前，一位按习俗回娘家拜亲的彝族新娘，穿着钩尖绣花鞋从娘家回婆家来。突然被路边的大蟒蛇吞了进去。但绣花鞋头钩在蟒蛇嘴角，新郎和伙伴们赶来，用长刀剖开蛇腹救出了新娘。从此，每逢出嫁时，新娘都要有一双漂亮的钩尖绣花鞋，穿着到婆家去，以示祝福。“马尾绣鞋”是水族的传统鞋子，姑娘出嫁时均以马尾绣鞋为嫁妆（图70）。马尾绣被称作“中国刺绣的活化石”，先用洁白的丝线缠裹3-5根马尾，再将缠好的马尾线按设计的图案，配以彩线绣在鞋面布上。相传水族居住的地方，毒蛇为患，为了

预防被蛇咬，就在穿的鞋子上绣满花朵，俗信可避蛇咬。苗族妇女参加长衫龙苗族芦笙舞时要穿土布花鞋（图71）。其采用传统的土布材料，鞋面刺绣着许多花纹，鞋沿处为稻穗与白色波浪纹图案，是对丰足生活的向往，及对苗族历史的追忆。色彩鲜艳，结实耐用，此鞋还可在其它重大节日时穿。

农历三月三是白族的“赶月街”，白族妇女要穿凤头绣花鞋来赶月。凤头鞋是白族传统的绣花鞋，清代《月街词》中“乌绫帕子凤头鞋，结队相携赶月街”。其鞋形如凤身，鞋头尖细而微翘，鞋帮上绣着龙凤、鸳鸯，玫瑰等各种漂亮的纹样，配色考究，针线细密（图72）。白族的“毛边底鞋”是传统的新郎鞋，姑娘出嫁前就精心准备。多用黑色缎子或绒布做面，白棉布纳成千层底，毛绒绒的鞋边上有许多白花花的缨穗。此鞋做工讲究，细针密线，象征幸福吉祥，饱含深情厚义。白族传统女鞋“提当鞋”，采用传统的“挑花”工艺。先在白色棉布上挑绣出彩色花卉图案，再请专门的鞋匠缝合帮底，上鞋使用麻线。鞋底用皮革，走路时会发出明亮清脆的声音。白族老人六十寿日时，要穿第一双长寿鞋。长寿鞋用大红绸缎或布料制作，鞋头拼有“寿”字图案，下绣着针叶松枝等纹样，寄寓老人如同万年不老松；鞋帮后跟缝成对称直角三角形状，寄寓老者为人正派；鞋底密纳成千层底，格外结实。穿此鞋表示已进高龄，福禄双全。姑娘、媳妇每年都会送寿鞋，收得越多，越表明这位老人教子有方，儿女绕膝。长寿鞋表达了儿女对老人的敬重和爱戴。

图69

钩尖绣花鞋

彝族的钩尖绣花鞋，亦称“钩钩鞋”“嫁妆鞋”。鞋面皆绣花，鞋尖呈钩状，钩端系有各色绒线，多在赶集、节庆、婚嫁时穿用。

图70

马尾绣鞋

“马尾绣鞋”是水族的传统鞋子，姑娘出嫁时的婚鞋。马尾绣被称作“中国刺绣的活化石”先用洁白的丝线缠裹马尾，再将缠好的马尾线按设计的图案，配以彩线绣在鞋面布上。

苗族传统绣花“龙凤鞋”，通常是妇女在结婚时穿用的，以表达对今后美好生活的祝愿。龙凤鞋为手工制作，鞋面是彩色绸布，两侧用各色丝线对称绣有龙凤图案两对，并以白线勾勒外廓，缀有亮片；鞋口沿以苗绣装饰，鞋底是粗麻线纳成的千层底。而纳西族的传统“换脚鞋”，是新娘赠给新郎的信物。此鞋最大的特点是不分左右脚，鞋头有尖翘、圆形等，鞋面有绣花或素色，鞋底是以麻线纳成的千层底，结实耐用（图73）。不同年龄段女性都喜穿它。

羌族的男式鞋子也很有特色，如：云云鞋形似小船，鞋尖微翘，鞋帮上刺绣着卷云纹和羊角花纹（图74）。相传，湖泊中的鲤鱼仙子爱上了孤苦的羌族牧羊青年，变成美丽的姑娘来到人间。她采来天上的云彩和湖边的羊角花，做成漂亮的云云鞋送给情郎，他们成了一对幸福美满的夫妻。后来，羌族便有了姑娘给情郎送云云鞋的习俗。云云鞋是姑娘真挚感情的信物，都要亲手缝制送给自己的意中人，故青年男子十分珍爱，只在节庆和婚礼时才穿用。“偏耳子”是羌族的男凉鞋（图75）。其形似草鞋，以各色彩线为材料。胶底上线，鞋跟部绣有花纹图案，鞋头用彩线球做成。其余部分也用彩线连接而成。此鞋色彩鲜艳，多在喜庆热闹场合穿用。

“杭果”是藏族长统靴鞋的统称。一般用布、毛呢、毡和皮革制成，牧民穿皮底毛布筒靴，农民穿氆氇长靴。藏靴的种类繁多，名目不一。是由高原草地特殊的地理气候环境和生产生活条件形成的。有全牛皮藏靴、条绒鞡藏靴和毛棉氆氇鞡箕巴靴等。多为硬底软帮，少数为软底软帮。有用黑色氆氇缝制的长筒，配以缝纳的厚底，帮面和靴鞡镶衬彩色横条的毛布；也有用白色氆氇作筒、单层牛皮包底的；还有黑色革面或绒面，厚皮绱底的带脸皮靴。藏靴头部有翘尖、平底不卷、圆头或方头等式样。靴帮有长鞡、短鞡，单、棉之分。单牛皮靴的靴头和

图71

土布花鞋

土布花鞋是苗族妇女参加长衫龙芦笙舞时穿的。鞋面采用自织土布，绣以花纹、稻穗与白浪纹图案，是对丰足生活的向往。

图72

凤头绣花鞋

农历三月三，白族妇女要穿传统的凤头绣花鞋来赶月，其鞋形如凤身，鞋头尖细而微翘，鞋帮上绣着龙凤、鸳鸯，玫瑰等各种漂亮的纹样，配色考究，针线细密。

靴勒只用一层牛皮，棉的则在皮底再衬上一层羊毛毡。在彩皮与布面上多绣以各种花纹图案，色彩斑斓。藏靴的靴背较高，即使穿上御寒厚袜也不挤脚。具有坚牢耐穿，美观大方，御湿保暖，行走舒适的特点。喇嘛靴是藏族的“官靴”，为寺院高级僧侣所专用。其靴型宽大，前头略尖并上翘，生牛皮包底，红色绒为面，除了具有一般藏靴的特征外，靴帮中间嵌饰的黄色是代表“神圣”和“崇高”之意。“牛皮窝子”是藏族自制简易浅勒牛皮鞋的俗称。选一块土法鞣制的牛皮，将鞋底、鞋帮前端用绳抽褶，做出鞋帮形状，其边缘呈现出褶纹，然后将平整的鞋面与打褶的鞋帮以线绳缝合。整个鞋的口沿及缝合处不做刻意的加工装饰，缝制简单，穿者柔软轻便。是偏远的农区、牧区穿用的原始皮制鞋。“松巴鞋”是藏族氆氇靴子，藏族男女老少都喜欢穿。纯手工缝制，材料为牛皮、棉线、丝线、金线、毛线、氆氇、呢子、棉布等。松巴鞋有多种，其中较为高级的有松巴梯呢玛，做工精致考究，喜庆节日才拿出来穿用。松巴鞋厚底，方头，高勒。靴底用多层牛皮擀制或用牛皮缝制，厚达寸余。帮面分别用红、黄、绿、蓝等八种颜色的丝线绣以花边和花瓣，色彩鲜艳，花纹美丽。穿时用彩带绑腿，很适合于高寒地区。居住在西藏东南部门巴族、珞巴族是我国10万人口以下的少数民族，由于长期和藏族生活在一起，风俗习惯深受藏族影响，他们穿用牛皮或毡制作的皮靴和布靴，也用红、绿、黑色氆氇，大多以红色为主，并饰有各种花纹，类似藏族的松巴鞋（图76）。

生活在西双版纳地区的傣族居民，喜欢穿用竹屐。他们将原竹筒劈成屐形，两头留下作屐齿，上面有两根绳子，穿时用足指夹在其中。有身份的佛爷或长老，还穿一种刻有花纹的木屐。竹屐凉快、防滑。而哈尼族的传

图73

换脚鞋

纳西族的“换脚鞋”，是新娘赠给新郎的信物。此鞋不分左右脚，鞋底是以麻线纳成的千层底，结实耐用。

图74

云云鞋

羌族的男式鞋子“云云鞋”形似小船，鞋尖微翘，鞋帮上绣着卷云纹和羊角花纹，是姑娘亲手缝制，送给意中人的信物。

图75

偏耳子

“偏耳子”是羌族的男凉鞋，以彩线为材料，鞋头缀有彩线球。此鞋色彩鲜艳，多在喜庆热闹场合穿用。

统木头鞋阿支色诺既简便又实用（图77）。一般用较轻的攀枝花树、刺通树等优质木材，用刀砍制。先按脚形将两节腿样粗的圆木砍成小凳形状，一般高4厘米，并在每只按前一后二穿三个洞眼，再将细棕丝搓成Y形的结，分别穿入眼中系牢。穿时用大脚趾与第二趾夹住绳子连接处，即可走路、爬山、过河，休息时还可当小凳坐。身边的草麻线棉等都是西南民族的鞋材，他们用灵巧的双手，将这些很普通的鞋子编织的非常美丽。“花草鞋”是布朗族的传统麻草鞋。用麻编织鞋底，棉线作耳。结婚时，女方陪嫁的柜子中要装数十双棉线麻草鞋。到婆家时，新娘要把自己做的花鞋分送给翁婆、姑嫂、兄弟、姐妹以及吹鼓手和其他出力较多的人。次日，拜见男方的主要长辈亲戚时也要各送一双精巧的花草鞋，作为见面礼。布依族的民间传统“线耳草鞋”，鞋帮材料丰富多彩，可由白棉线、糯谷草芯、桐瞙和布丝编织而成，适合于晴雨天穿用。将搓成的耳子穿套入帮的粗麻索内，下端夹入鞋底。耳子上编织各式花纹图案，有的用各色花线编织，再用纯白花缎布作鞋后跟，鞋尖上扎有漂亮的饰物，常被恋人当做互赠的信物。侗族传统绣花布凉鞋，采用布料手工缝制。鞋头以细长布条与鞋尾相连，鞋后部有鞋帮，鞋底为麻线纳成的布底。在细布条、尾帮等处绣有花卉，间以金属片点缀，工艺十分讲究。该鞋简单明快，坚固耐用，美观大方。

由于社会经济发展的不平衡，在相当长的历史时期内，居住在高山区与半山区的许多民族是不穿鞋的，如：布朗族、阿昌族、景颇族、普米族、怒族、独龙族、基诺族、傈僳族、佤族、拉祜族等。现在这种不穿鞋的情况虽已改变，但有的民族直到今天还赤足，不全是买不起，而是穿鞋非常难受。如：景颇族的男人，脚底长着厚厚的硬皮老茧，能把长刺的荆棘踩断在脚下。

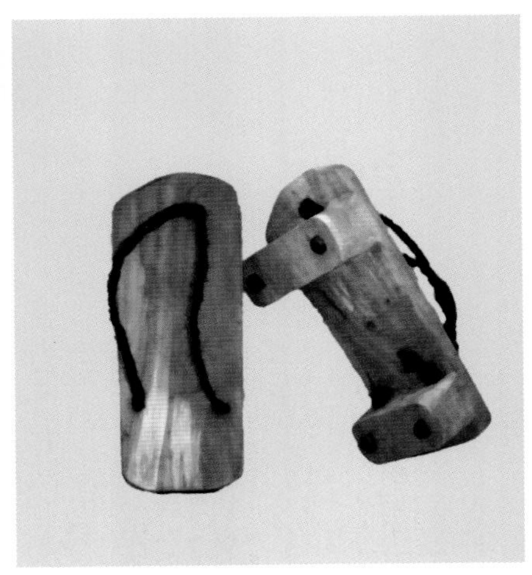

图76

松巴鞋

藏族的“松巴鞋”用红、绿、黑色氆氇为鞋材，大多以红色为主，并饰有各种美丽的花纹。

图77

木头鞋

哈尼族的传统木头鞋“阿支色诺”，按脚形将木料砍成小凳状，按前1后2，打3个洞眼，穿入细棕绳即可爬山走路，休息时还可当小凳坐。

第四节 中南、东南地区

中南、东南民族地区，包括广西壮族自治区、海南省和湘西，鄂西土家族苗族自治州及广东、湖南、湖北、浙江境内的13个民族自治县。本地区少数民族众多，主要有壮、土家、瑶、黎、苗、侗、仫佬、毛南、回、畲、高山、京等少数民族。壮族是中国少数民族中人口最多的民族，以广西壮族自治区为主要聚居地。中南、东南民族地区靠近海洋，地表起伏小，以低山丘陵为主。濒临我国最大的边缘海—南海，广阔的海域、众多的岛屿，海岸曲折漫长，湿热的亚热带气候养育着勤劳勇敢的南部边疆民族。

中南、东南地区民族自古以来擅长植棉业与纺织技术，700多年前，汉族年青的黄道婆只身流落海南崖县，淳朴热情的黎族同胞把纺织技术毫无保留地传授给她。当时黎族生产的黎单、黎饰等已闻名内外，棉纺织技术比较先进。该区许多民族喜欢穿布鞋、花鞋和线鞋，这些鞋子朴实耐用，鞋材都取自于他们自种、自纺、自织、自染的棉线和土布。壮族、瑶族、畲族的妇女们还擅长刺绣工艺，她们的花鞋非常漂亮，其针法丰富，花纹图案更是绚丽。畲族妇女的花鞋“凤尾札”上，还保留了纪念祖先定居潮州凤凰山的含意。一些没有穿鞋习惯的山地民族喜爱打绑腿或裹腿，黎族、侗族、高山等族姑娘们的绑腿上也有绣花纹或套上几个箍。走山路时打绑腿，可长时间保持腿部血液循环的畅通，还能防止被虫咬及被尖草划伤腿部等。

壮族妇女擅长纺织和刺绣，壮族花鞋是壮族的刺绣工艺之一。壮族传统的绣花鞋。鞋尖呈三角锥状，尖部呈″回头″状，鞋面为彩绸或布，上绣五彩图案。鞋底为用麻线纳的千层底，针脚细密，坚固耐穿。分有后跟和无后跟两种，在颜色上，青年人喜用亮底起白花，有石榴红、深红、青黄绿等颜色，老年人多用玄色、浅红、深红等色，绣鞋纹样有龙纹、双狮滚球、云龙、天地、狮兽等。在结婚场合穿用的称“喜鞋”，鞋面多绣“喜”字、喜鹊、梅花等图案。壮族男子的豁口绣花布鞋，多为姑娘们送给小伙子的定情物。深蓝色布鞋帮，鞋底用竹壳、蓝布、纱线等密纳。鞋底制作讲究，先将过浆晒干的布块叠压于竹壳上，厚约1厘米，在底面还要夹贴3块蓝色和深蓝色相间的新布，用粗纱密集穿纳，并通过针线的疏密或松紧，使底面呈现出凸起的图案，边沿则纳成齿状，用白布条绲边。另一块白布绣出一束红花绿叶图案，铺钉于鞋底上面，最后帮底连接。壮族的民间拖鞋，由木板和胶带制成。底为苦楝木板，厚约3厘米。用车轮外胎剪成宽约3.5厘米，长约13厘米的长方形胶片，将其两端用小铁钉钉在鞋底前部的两侧，形成拱形鞋带。壮族还将其编成板鞋舞，由多人立于板鞋上共舞，并参加全国性的文化体育盛会。京族有个“对花屐”舞蹈，使用道具也是京族人的传统木屐。青年男女恋爱到一定程度，便分别去找“蓝梅（牵情引线的媒人）”代为传情，带上一支描有花草彩色图案的木屐，和各自想好的一首情歌。代表男女双方的“蓝梅”在传歌引线时，要唱“传情歌”，对花屐。如男女双方相互递送的花屐正好左右配对，那么这对情侣便是“天作之合”。

瑶族的花鞋是瑶族三花中的第三朵花，即尾花、花带、花鞋（图78）。瑶族有句俗话讲：“要顾姊女乖没有乖，即顾大姊这双鞋”。花鞋有两类：一类是节日喜庆时穿的“镶边鞋”；一类是姑娘出嫁时穿的，称“乘海鞋”，也叫“登云绣鞋”。纯棉布鞋面，彩线刺绣，千层鞋底。其鞋尖上翻，形如龙头彩船，犹如波涛汹涌，又似彩云翻滚。传说，瑶族先民在漂洋过海时，遇上风暴，只有一艘龙船化险为夷。于是，有了龙船形状的“乘海鞋”。 一般四十岁以上的妇女还保持着农闲归来纳鞋底、绣鞋面的传统习惯，她们的手艺都是上一辈老人家传下来的。这些传统的民间手工绣花鞋，千层鞋底，万针细纳，非常的精致和结实；鞋面为纯棉布，五彩丝线绣面，色彩非常的鲜艳，绣花鞋面的图案都是些象征吉祥、幸福的花式图案，穿起来既漂亮又非常舒适。瑶族民间还喜欢编织稻草鞋，一般用竹麻作经、细稻草绳作纬相互交叉编制而成。底布编织密实，上部为网络状，平整细密，轻巧凉爽。比较精美的是姑娘送给小伙子的“定情草鞋”。选用上好的青麻编织鞋跟、鞋头，中间部分用精选的漂白稻草编织，鞋耳用五色丝线或五彩花布包卷，鞋面用嫩竹皮制成竹麻，编织六条鞋“纲”，故又称“六纲草鞋”。姑娘们的定情草鞋须在农历七月初七牛郎织女相会之日动手编织，以取爱情坚贞之意。要在皓月当空之夜，在自家的绣楼上将六纲草鞋送给心上人做定情物，以确定双方的恋爱关系。仫佬族的传统绣鞋“同年鞋”，也是姑娘赠给小伙子的定情信物。姑娘从十几岁就开始学习制作“同年鞋”。此鞋白布做底，蓝靛布做面。把几十层白布一层层粘贴，用白棉线按尺寸细针密线钉紧。蓝靛布鞋面用米汤、薯莨、牛皮胶糊面捶打成亮布，再与鞋底缝合连接。最后还要将鞋放入蒸笼里蒸十几分钟，取出翻底晾干。打鞋底的线要越长越好，扎鞋底的针脚要越密越好，表示将来夫妻恩爱天长地久，生活甜蜜幸福。在“走坡”与男青年对歌中，姑娘会暗测意中人脚的大小，当双方情投意合时便把“同年鞋”送给情郎，作为珍贵的定情礼物。

“凤凰装”是畲族妇女服装的特色，姑娘出嫁时要穿上精心绣制的凤凰装，凤凰装由凤冠、凤凰衣和凤凰鞋组成，蕴含着对畲族人凤凰图腾深深的崇敬之情。相传，畲族的始祖盘瓠王因平番有功，高辛帝把自己的女儿三公主嫁给他，并把广东凤凰山一带赐予盘瓠王。成婚时，帝后给女儿戴上凤冠，穿上镶着珠宝的凤衣，祝福她像凤凰一样给生活带来祥瑞。三公主的女儿出嫁时，凤凰又从广东的凤凰山衔来凤凰装给她做嫁衣。从此，畲家女便穿凤凰装，以示吉祥如意。“凤尾札”是畲族传统花鞋，常与凤凰装配套穿用。鞋面用红蓝等棉布，配上加桐油的厚布底。鞋帮绣粗花纹，尖端呈扇形，有红穗或红绒圆球，形似凤凰尾部，俗称“凤尾札”。根据刺绣花纹的多少，可分为“全花鞋”“单花鞋”与“半花鞋”。鞋跟钉有一片绣花布，使其美观并便于穿脱。尖尖鞋，亦称“尖头鞋”，黎族传统绣花鞋。其鞋面以各色布块拼接而成。通体绣有金色勾云纹。鞋头微翘，形如尖尖的三角形，采用双色丝线滚边。鞋前部用彩色丝线缀以亮片绣出“甘工鸟”纹，寓意吉祥。鞋底为麻绳纳制的千层底，毛边。该鞋的纹饰相当华丽，色彩丰富。

仫佬族人喜用棉线、麻线、竹壳、稻草等编织各种草鞋，精美的棉线草鞋还是该族青年男女的定情物。最具特色的棉线草鞋和绒线草鞋，它是仫佬族未婚男女青年的标志。棉线草鞋鞋底用若干层白布粘连后纳制而成。鞋面用白线编织成草鞋状，可分前鼻、左帮右帮、后跟三个部分。帮以白线相连，直穿到后跟鞋帮。它是男青年“走坡”、赶圩时穿的。绒线草鞋鞋尖上有个一个大绒球，为女青年穿的。在走坡场上，只要见到穿绒线草鞋的姑娘，小伙子便可唱歌向她求爱。“童花鞋”是仫佬族传统女童鞋。鞋面用染成粉红色的土布两层缝就。鞋的前端绣有一朵

图78

乘海鞋

瑶族的“乘海鞋”，也叫“登云绣鞋”，是姑娘的婚鞋。纯棉布鞋面，千层鞋底。鞋尖上翻，彩线刺绣，形如龙头彩船。

夸张的牡丹花，鞋帮绣有散状花瓣、藤类、鸟、蝴蝶等图案，全用色彩鲜明的五彩丝线刺绣，鞋底为家织土白布层层纳结，工艺精巧细腻。

过去，畲民上山劳动都打绑腿穿草鞋，在家穿木屐。冬天穿布袜，下雪天用棕包脚行走，逢年过节穿花鞋。传统的花鞋，鞋面由两片色布缝成，鞋端略往上翘，状似小船。蓝布里青布面，四周绣花纹。男人花鞋只绣几样图案，女人花鞋做工精细，除绣有花草外，鞋前钉鼻梁、系红缨，平时不穿，做寿鞋用。圆口黑布，红底，鞋面上折有一道红色中脊。鞋口边缘亦镶有红布为边线。鼻面高于鞋口，上翘。鞋面四周用红、黄、绿等丝线锈以莲花图案。

送老鞋一般都是自己亲手缝制，或生前监制。闽东一带女性畲民寿终后穿的“单鼻鞋”。圆口黑布，红底，鞋前钉有一道鼻梁（图79）。鞋口边缘亦镶有红布为边线。鼻面高于鞋口，上翘。鞋面四周用红、黄、绿等丝线锈以莲花图案。鞋底较一般布鞋薄，用多层布黏合而成，以红布为底面，再手工为鞋面与鞋底缝合。男性丧鞋为“双鼻鞋”。仫佬族的传统丧葬鞋，鞋底由竹壳剪成，两面包上白布，用白线缝制。鞋面为青黑布，鞋尖翘起似船形。女寿鞋的尖顶上绣几朵蓝花图案，男寿鞋为圆形，不绣花。

牛皮钉子鞋是土家族山地鞋，俗称“爪子鞋”。用生牛皮手工制作而成。鞋底为双层牛皮，用麻绳密扎紧扣；鞋帮用质地较软的牛皮裁成；绱合后用鞋楦使之成型，再上桐油数次阴干。每只鞋底钉铁乳钉15颗，呈梅花状。鞋钉高1.5厘米，直径1厘米。做工考究，经久耐用。

图79

送老鞋

畲民女性送老鞋“单鼻鞋”。一般自己缝制。黑布面，红薄底，鞋鼻单梁上翘，鞋面用彩线绣以莲花纹。

中国

鞋履

文化史

Chinese

Shoes

Culture History

文化篇

第十二章
鞋履与历史学

我国鞋履文化，历史悠久，源远流长。人类从赤足到“裹脚皮”，再从草鞋、皮履到木屐、布鞋，经历了亿万余年的发展历程，创造了无数种不同类型的鞋履，成为服饰文化的重要组成部分，在历史上浓浓地写下独特而灿烂的鞋文化。历代中国人民，对鞋履不仅作为一种生活的必需用品，而且还不断赋予不同的文化内涵，有些留传至今，并且成为人生的哲理。如古代文献中所保留的有关鞋履的“铭”或“赋”，都具有一定的历史价值和文化价值。它使人们从中直观了解到不同鞋履的制作样式，还可以从中窥见不同社会历代时期人民对鞋履的心态和观点，不失为我们研究祖国鞋履文化的宝贵资料。

第一节　有关鞋履的史料

《周易》中的“履卦”

“履”字作为卦名，最早出现在《周易》的64卦中。古人以履为卦，反映的是什么问题？一作名词解，在卦中运用了具体鞋履的名称，如夬履。夬、决，断裂的意思。夬履，是指鞋从中间断裂。占筮遇到此爻就表示有危险的征兆。又如“素履，往，无咎。”列为履卦的第一爻，素履，是指没有文彩的鞋子，喻人的质朴的本质，即君子心地纯朴，品行端正，处处小心行事。比喻穿着素履行走，不会有灾祸，生活就不会有灾难。一作动词解，为行走的意思。古人观履之象说：“履，君子以辨上下，定民志”就是说，鞋的穿着行走，应当分辨上下尊卑，人们不得随便乱穿。要小心行走，譬喻处事必须循礼而行的道理。总的来说，此卦以履作为行为准则，就所谓“视履考祥，其旋元吉”又卦云：“履虎尾，不咥（吃）人，亨”。走在老虎尾后，说明处在危险的境地，但老虎没有吃人，说明通达顺利。《晋书·袁宏传》：“虽遇履尾，神气恬然。”意为态度安闲镇静。

周武王作《书履》和《履屦铭》

先说“铭”。铭，原为记载、镂刻的意思，《礼记·祭统》：“夫鼎有铭”。郑玄注：“铭，谓书之刻之，以识事者也。”因此，人们常刻铭于碑版或器物，或以论功德 ，或以申鉴戒，后来发展成为一种文体。

这类“履铭”，大都以履屦为喻，以申鉴戒。如周武王所作的《履屦铭》和《书履》，言简意赅，深含哲理。前者云：“慎之劳，劳则富。”这里是以履屦的功能作用，提出鉴戒，大意是希望人们在劳动时要对鞋履细心爱护；并引申出只有劳动，才能富国富民的深刻寓意。后者云：“行必虑正，无怀侥幸”，则是以鞋履的外部形象和穿着规范，提到礼制的高度，训导人们，大意是：人的一切行为必须端端正正，光明磊落，不能对某些不端言行，抱有任何侥幸心理。

晋傅元作《履铭》

到晋时，有名的文学家傅元也作过类似的《履铭》，其文曰：“戒之哉，思履正，无履邪。正者吉之路，邪者凶之征。”这与周武王的《履屦铭》如出一辙，并把穿履端正者和无履者，提到吉凶的民俗观上，予以进一步警示。

赵国春申君珠履三千

据《史记》卷七十八《春申君列传》：“春申君客三千人，其上客皆蹑珠履以见赵使，赵使大惭。”春申君的客中上客所穿之鞋，皆缀有明珠，后因用作咏门客、幕宾的典故。唐李白《寄韦南陵冰余江上乘兴访之遇雪颜尚书笑有此僧》：“堂上三千珠履客，瓮中百斛全陵春。”

《左传》中的《豹舄赋》

关于舄、履的“赋”也不少。赋，也是古代的一种文体，最早始于战国时期的《赋篇》，到汉代形成一种特定的体制，讲究文采、韵节，兼具诗歌与散文的性质，以后又演化出“文赋”“骈赋”“律赋”。有不歌而诵的，后人称为赋诗。

“舄赋”的“舄”，是先秦时期时期的一种鞋式。男女通用，以皮、葛、绸缎为面，上饰绚、繶，鞋底通用两层，上层用麻或皮，下层装有防潮的木制厚底，中空，四周有墙，并在底上涂蜡，以防泥湿。穿着者多为地位高贵者，如天子、王后等。现今留下的“舄赋”，能较多看到的是《豹舄赋》。豹舄，指古 代的以豹皮制成之鞋。豹皮有防潮御寒功用，故用于雨雪之时，一般为贵族所穿。始见于《左传·昭公十二年》：“雨雪，王皮冠，秦复陶，翠被、豹舄。”由于豹的威武貌态，大都为赞扬之词，如唐钱起写过两首《豹舄赋》，其中一首云：“丽则豹舄，文彩彬彬。豹则雕虎齐价，舄与君子同身。”这是把豹与虎齐比，将舄与君子同赞，说明豹舄的身价和地位。又，谢良辅也写过《豹舄赋》：“惟兹舄也，称珍受异，质而彬彬。”也是把豹之珍异和人之高贵相比。其他还有唐赵良器的《履赋》，元杨维桢的《孔子履》，文采各异，均有特色，除以各自的审美观对不同的鞋履，从各个不同角度，予以赞扬外，但总的是褒多贬少。有的以细腻的描写见称，有的则内容冗长，词藻堆砌，败笔颇多。

汉李尤作《文履铭》

东汉李尤写过一篇“文履铭”。文履，又称“花文履”，是一种有彩饰的鞋子。三国魏曹植在《洛神赋》中有“践远游之文履，曳雾绡之轻裾”之句。原文曰：“乃制兹履，文质武斌，允显明哲，卑以牧身，步此堤道，绝彼埃尘。”这里为鞋履歌功颂德的寓意更为丰富了。它道明了制作文履，文人武士穿了都显得彬彬有礼容貌非凡。并说明了此履既代表庄重的礼制，又是人们护身护足和步行防尘的物具。

唐温庭筠作《锦鞋赋》

唐温庭筠的《锦鞋赋》，是对古代‘远游履’的颂扬：“阑里花春，云边月新。耀灿织女之束足，女燕婉嫦娥之待，碧意细钩，鸾尾凤头，鞻称雅舞，履号远游……”其观察力非常细赋，才有如此具体的精彩描述。该履读起来似乎是双女履，实际上这种远游履是古代外出远游者所穿，多为男子穿着。李白在《嘲鲁儒》诗中云：“足着远游履，头戴方山巾。”由于鞋上绣有花纹，因此后来女子也仿穿此履。明人胡应麟曾加评说：“夫今之妇人，足尚弓小，即跬步难之，岂宜名履远游？即令妇女纤足善走，然深居壶阁，亦不宜名履远游。盖男子履名，妇人共之。”

楚昭王坠屦取屦

坠屦，亦叫“堕履”。据贾谊《新书·谕诚》载：“昔楚昭王与吴人战，楚军败。昭王走而屦决，背而行，失之。行三十步，复旋取屦。及至于随，左右问曰：‘王何惜一踦屦乎？’昭王曰：‘楚国虽贫，岂爱一踦屦哉。恶与偕出弗与偕反也。’自是之后，楚国之俗无相弃者。”后代诗文中常以坠履比喻寻回失物或不弃旧侣。

齐侯流血及屦

《左传·成公二年》载：二年春，齐侯伐鲁北邹边境。一次，和晋、卫诸军在鞌地交战。齐侯十分轻敌，狂妄地说：“我暂且把他们消灭了，然后吃早饭。”他不为战马披甲就驰向敌军，不幸被箭所伤，鲜血一直流到鞋子上。但他仍自执战旗，指挥全军进退，鼓声始终不绝。此掌故常被用于告诫人们不要轻敌。

师旷解履

据《说苑》记载，晋平公置酒虒祈之台，使郎中马章布蒺藜于阶上，令人召师旷，师旷至，履而上堂。平公曰：“安有人臣，履而上人主堂者乎？”师旷解履刺足，伏刺膝，仰天而叹。公起引之曰：“今者与叟戏，遽忧乎。”

庄子履穿行

据《庄子·山木》载，庄子曾身穿补丁衣服，脚踏破鞋去拜访魏王。行走雪中，鞋底已破，“足尽践地”，人皆笑之，不以为意。魏王问他何以如此困顿，庄答：“贫也，非惫也。士有道德不能行，惫也，衣弊履穿，贫也，非惫也，此所谓非遭时也。”后人用此典，以“履穿”“履弊”形容生活困顿，衣鞋破旧。杜甫有诗云：“履穿四明雪，饥拾楢溪橡。”唐韩愈《喜雪献裴尚书》：“履弊行偏冷，门扃卧更羸。”

王乔双凫

东汉人王乔为叶县令，入朝次数很多，但不见车骑，传说乘鞋所化之双凫上朝。皇帝感到奇怪，叫人候望，只见有双凫（两只野鸭）飞来，用网去捉来，却变成了双（两只鞋子），原来就是以前赐给王乔的尚书官属履（见《后汉书·王乔传》）。后以“王乔仙履”“双凫”等喻县令的行踪。唐孟浩然《同张明府碧溪赠答》诗：“仙凫能作伴，罗袜共凌波。”唐杜甫《桥陵诗三十韵因呈现县内诸官》：“太史候岛影，王乔随鹤翎”。

汉哀帝听履

据《汉书·郑崇传》记载，汉尚书仆射郑崇屡直谏，以至每听到他的屐响，汉哀帝便笑曰：“我识郑尚书履声。”后以此用作咏尚书的典故。唐杜甫《上韦左相二十韵》：“持衡留藻鉴，听履上星辰。”宋苏轼有诗云：“朝罢人人识郑崇，直声如在履声中。”

魏曹操分香卖履

曹操临死立下遗嘱：叫嫔妃宫女常到铜雀台去，看望他西陵的墓田；所余的香料分给各个夫人；姬妾无事可做，可以学做鞋子卖。见晋陆机《吊魏武帝文序》。后以“分香卖履”指达官贵人临死时对妻妾的眷恋。《聊斋志异·后》：“犬睹故妓，应大悟分香卖履之痴，固犹然妒之。”唐景隐《邺城》：“英雄亦到分香处，能共需人校几多？”

履冰

《诗经·小雅·大鼇》：“战战兢兢，如临深渊，如履薄冰。”冰上行走，十分小心。后世诗文用“履冰”比喻时时警惕，谨慎小心。白居易《出府归吾庐》：“吾观权热者，苦以身徇物。炙于外炎炎，履冰中栗栗。”

屦及剑及

屦：麻鞋，鞋；及：赶上，追及。《左传·宣公十四年》记载，楚庄王派往齐国的使者申舟路过宋国时被宋人所杀，“楚子闻之，提袂而起，屦及于窒皇，剑及于寝门之外，车及于蒲胥之市”。意思是楚庄王闻讯之后，振袖而起，他急于出兵给申舟报仇，立即奔跑出去，以致给他拿鞋的人追到前庭，给他拿剑的人追到宫门外，驾车的人追到王宫外面的集市上才追上他。后来就用“屦及剑及”形容行动坚决、迅速，也作“剑及屦及”。

唐崔戎脱靴

《旧唐书·崔戎传》载：华州刺史崔戎离任时，州人恋惜他，有脱去他靴子，解下他的马镫，不让走的。后以“脱靴”，指挽留清廉的地方官。明戏剧家徐渭所编剧本《歌代啸》第三折：“只我为官不可钱，但将老白人腰间。脱靴几点黎明泪，没法持归赡老年。”清袁牧《接冯星实方伯手书道西江去官光景》诗：“崔帅留靴沿路泣，文翁画象满城看。”又，《送补山宫保作相入都》诗：“江南诸父老，相对心茫然，或欲嗅靴鼻，或俗拗马靴。”清毛奇龄《郡太守许公迁宁绍兵巡副使赋赠》诗：“碑横剡上路，靴挂郡东楼。”

玩之屐

相传，南齐高帝在镇东府时，虞玩之为少府，每次朝见都蹑屐造席。一次，高帝取屐亲自审视，只见其屐颜色陈旧不堪，屐间也斜歪了。而且“蔂断，以芒接之。” 这里的“蔂”指鞋带。 因为当时的木屐，通常用椳、系、齿三个部分组成。屐上的绳带。在履的底部，一般多装有硬木制成的齿，走起路来，随着脚步的移动会发出“阁阁”的响声。虞玩之这双木屐绳带都断了，用芒（即草绳）

接起来，仍穿在脚上，因而引起了高帝的怜悯。高帝问：“你这双木屐穿了多少年？”玩之答道：“最早是在随军北行途中买来穿的，至今已着了三十年，家贫买此亦不易。”高帝闻此，慨叹不已，马上亲自赐给玩之一双新的木屐。这故事说的是虞玩之生性俭朴，一双木屐着了三十年。

屦贱踊贵的由来

踊：刖足人穿的鞋。被刖的人多，以致鞋子便宜而踊价高。形容统治者残暴、刑罚重而滥。《左传·昭公一年》：“国之诸市，屦贱踊贵，民人痛疾。”齐景公问晏子说：“你靠近市场住，你知道什么东西贵什么东西便宜吗？”当时景公滥用刑罚，有出卖假腿的，所以晏子回答说：“假腿贵，鞋子便宜。”这是晏子有意忠告景公不要滥用刑罚。被砍去脚的人多了，用假腿的人也多，假腿就贵了，买鞋子的人也就少了。景公听罢恍然大悟，为此减轻了刑罚。

脱屣

据《史记·孝武本纪》载，汉武帝曾说，如能得道升仙，将“视去妻子似脱屣”。脱屣，是脱鞋的意思，后来用作咏弃家求仙的典故。唐李颀《送刘四》：“辞满如脱屣，立言无臧否。”借指无所顾恋。清吴伟业《清凉寺赞佛诗》：“汉皇好神仙，妻子似脱屣。”

第二节　有关鞋履的掌故

南唐元宗赐银靴

南唐元宗十岁的时候，冯权经常在他左右供使唤，深受宠幸。元宗常说：“我富贵了，给你添置一双银靴。”元宗登基后的保大初年，在处理政事的闲暇，命令亲王和东宫旧臣击鞠，元宗高兴极了，便按等级分赏财物。说起从前给银靴的事，当天就赐给冯权三十斤白银，来代替银靴。冯权于是让工匠用这些白银锻成了一双靴子穿上了。

东郭履

据《史记》卷一二六《滑稽传·东郭先生传》载：汉武帝时齐国方士东郭先生家境贫寒，衣敝，履不完，有上无下，走雪中，足尽践地。道中人笑之，东郭先生应之曰：“谁能履行雪中，令人祝之，其上履也，履下处及人足者乎？”后人以东郭履形容衣履破旧，穷困潦倒。唐李白《赠宣城赵太守悦》诗："自笑东郭履，侧惭狐白温。"唐李商隐《崖处士》："雪中东郭履，堂上老莱衣。"

范履霜

宋陆游《老学庵笔记》："范文正公喜弹琴，然平日只弹《履霜》一操，时人谓之范履霜。"宋朝范仲淹绰号。

只履西去

据《景德传灯录》卷三记载，传说佛教中国禅宗初祖达摩死后，葬在熊耳山。魏人宋云出使西域归来，在葱岭遇见达摩，手提一只鞋子，翩翩而去，宋云问："师父去哪里？"回答说："去西天。"宋云回国，向魏帝奏明其事，帝命开棺探视，见棺中只留有一只草鞋。后遂以喻高僧亡化。唐齐己《荆门穿题禅月大师影堂》云："不堪只履还西去，葱岭如今无使回。"

高力士脱靴

《酉阳杂俎》记载，"李白名播海内。玄宗于便殿召见。神气高朗，轩轩然若霞举。上不觉忘万乘之尊。因命纳履。白遂展足与高力士曰：去靴。力士失势，遽为脱之。及出，上指白谓力士曰：此人固穷相。"

第三节　有关鞋履的轶闻

汉张良圯桥进履

隐士黄石公遇张良于圯桥，为考验张，故意遗鞋桥下，命张拾取，张毫无愠色，捡鞋跪而进之（图80）。又约期相会，黄故意改期，再试张坚忍意志，最后终于传以道术，命张良辅佐刘邦灭秦兴汉。故事见《史记·留侯世家》、《孤本元明杂剧》、李文蔚《圯桥进履》杂剧及《西汉演义》。

六朝王湝判靴

六朝时，男女鞋尚无区别。当时并州刺史王湝，为官清正。一天，有妇女在城外汾水边浣衣，有一人乘马，抢换其新鞋，丢下自己旧靴，扬长而去。妇持靴到并州告官，要破此案必须知道这个男子是谁，他现在哪里去了？王湝亲自到城外，以此人遗留之鞋，在老妪群中探问，说："昨日有乘马人在路上遇盗被劫，就剩下这双靴。我们不知这是谁家后代，请你们看看，如有知道的，请告诉

图80

张良圯桥进履

隐士黄石公遇张良于圯桥，为了考验张，故意遗鞋桥下，命张拾取，张毫无愠色，捡鞋跪而进之。

我。”在人群中有一老妪看了鞋子，两眼流泪，抚摩而哭，说：“这是我儿子的鞋子，他昨日穿着这双鞋子到妻子家去。”王湝就照老妪的话，派人到了女家，将其抓获。

汉伯喈倒屐

倒屐，指倒穿鞋子。汉蔡邕（字伯喈），因才学显著，贵重朝廷，常车骑填巷，宾客盈坐。平时他很器重王粲的才名。一次，在宾客满座的情况下，听说王粲到来，他连忙出迎，连鞋子也穿倒了，粲至，年幼小，个子矮，一座皆惊（见《三国志·王粲传》）。后用为热情迎客的典故。《古今小说·临安里钱婆留发迹》：“钟起知是故人廖生到此，倒屐而迎”。唐王维《春过贺遂员外药园》诗：“画畏开厨走，来蒙倒屐迎。”

宋杨亿鞋底之谑

杨亿素以文章自负，曾因草写诏令，当权者多有涂改，而愤愤不平。他将文稿取回，以浓墨将涂改处抹成鞋底状。有人问他何故，他说：“这是涂改者的足迹。”当时传为笑谈。后学士起草诏令，如被涂改，就互相戏谑说：“又遭鞋底。”（见《隐居杂志》）

唐冯道买靴

冯道、和凝两人一同在中书省任职。有一天，和凝问冯道说：“您的靴子是新买的，价钱是多少？”冯道抬起左脚说：“五百文。”和凝性情急噪回头看着他的差官责备说：“我的靴子为什么用了一千文？”冯道慢慢抬起他的右脚说：“这一只也是五百文。”

晋谢安折屐

东晋淝水之战时，宰相谢安派侄儿谢玄等率军八万迎敌。晋军击破苻坚后，有驿书传至谢府，此时谢安正与客人下围棋。看完信后，谢安便将信放在床上，毫无喜悦之色，下棋如常。客人询问，才慢慢说：“小儿辈们已经大破贼兵。”下完棋后返回内室，心里极为高兴，过门坎时连碰折木屐齿都不知道。后以“喜折屐”“谢安屐”等形容遇有美事喜不自胜之态。（见《晋书·谢安传》）

阮孚屐

据《晋书·阮孚传》。一次，有人去看阮孚，见他正在用腊涂屐，并且叹息说："未知一生当着几量屐？"神色显得很闲畅。（见《晋书·阮孚传》）后以"阮孚屐"泛指登山用的鞋子，或用为游山的典故。《北齐书》曰："未知一生当著几量屐？""量"古时鞋的计量单位，称"量"可能从"两"的同音字发展而来，故"量"亦即为"双"之意。

南梁高爽作"屐谜诗"

南梁孙廉善于投机钻营，看风使舵，早在齐朝就做到尚书右丞。因巴结权要不辞辛苦，于是当上御史中丞等高官。当时有名高爽者，客居于孙廉府中，孙廉委以文记之事。一次高爽有求于孙廉，没有得到满足，便写了一首屐迷诗讽刺孙廉："刺鼻不知嚏，踏面不知瞋，齧齿作步数，持此得胜人。"此诗以木屐比喻孙廉，讽刺他不顾廉耻，用阿谀奉承得到名位。（见《梁书》）

清纪文达靴筒失火

纪文达酷嗜烟，顷刻不能离。一日，轮到他值班供职，正悠然吸烟，忽闻皇上召见，文达急忙将烟袋插入靴筒中，赶入内庭应对。不久，烟袋里的火就烧着袜子，疼痛难忍，不觉呜咽流涕。皇上惊诧，问其原故，文达答道："臣靴筒内失火。"皇上急令之退出，等到门外一脱靴，则火焰蓬勃而起，皮肤都烧焦了。（见《清朝野史大观》）

清代考场的"作弊鞋"

1997年，一位曾经参加过清朝江南乡试的后裔，在清理祖上遗留物时，发现一双清代千层粉底"文士靴"。当时，这位先生看到这双年代已久远的黑色缎面绣花靴上灰尘很多，使用拂尘轻轻一拍，不料从有一寸多厚的后跟中，滑出一只仅火柴盒那么大的小抽屉。这双表面毫无异样的密纳底靴子，后跟的小抽屉里则密藏着一件稀世孤本《增广四书备旨》。"此书为线装本，枯黄色封面，左下角微有破损。里面七十页正文，纸张洁白细腻，薄如蝉翼。书长六点五厘米，宽四点五厘米，厚五厘米，其版面仅为普通古版线装书的十四分之一。书虽小，内容却包括《大学》、《中庸》、《论语》三部书的全部内容和宋代大儒的详尽注释。书中每页千余个老仿宋体字，虽然字字如蚂蚁头，然而一笔一划清晰无比，绝无模糊不清的文字，其印刷技术之高着实令人拍案叫绝。"（见《江南贡院》第七十六页）此书一发现，立即引起国内外新闻和印刷界的广泛关注。

自隋朝至清末，中国的科举制度历经1300余年。产生了近800名状元。文人雅士通过科举进入仕途的比比皆是。他们所考的内容大多是以《四书》、《五经》

中的语句为题，让考生去分析引申，有的考生就摘录一些重要章节偷偷带进考场。于是有人就用微型字体刻印极小的袖珍本高价出售，专供考生作弊参考。但清代科举考试戒备森严，科场检查十分严格，为了防止考生作弊、骚乱，不仅监临、监试、巡查等官员昼夜登楼查望，在考场两侧兵丁夹道，还设立两道盘查，考生头发、衣服均细细搜查，盛食物和文房四宝的竹篮由贡院统一发放，食物均切成一寸以下，以防夹带材料进来。作弊学生被查出，要遭遇毒打，捆绑在贡院前石柱上示众一月余。如有考官串通，轻者下狱，重者砍头，没收家产。那么这些作弊的纸书又是通过何种渠道进入考场的呢？

据有关专家介绍，目前，国内发现的作弊本有七八种，其中最为珍贵的一册现藏于江南贡院，长7.5厘米，宽5厘米，共30页，每页540字，全书1.6万字；2004年在浙江东阳一农户家中又发现上下两册《五经全注》袖珍作弊书，长5.7厘米，宽4.3厘米，厚0.8厘米，每册85页，全书有28万字。每个字不到1毫米，但看起来十分清晰。以前民间早就流传，考生通过特制的靴子后跟带进考场，可均无看见实物。这只清代“文士靴”的出现，使这一传闻得以应证。

“铁鞋”作为刑具

历代封建统治阶级，为了镇压人民群众，创造了许多骇人听闻的刑具，这些刑具是我国传统文化中最污秽的渣滓。在古代刑具中，脚部刑具样式众多，并且十分残酷。如最原始的木墩、铁脚镣、刖足，以及后来的夹棍、老虎櫈等，其中“铁鞋”是唐代曾用过的一种残忍无比的刑具。

“铁鞋”，是一种对待犯人的残忍刑罚。先按人的脚型用铁铸成一双鞋子（图81），用刑时，先用火把鞋烤红，再令犯人穿上，此刑让犯人双脚烧焦烧烂，脚骨无存，有的当场惨呼而死，有的终身残废。这是多么残酷的令人发指的刑罚。

鞋履，原是人类创造的“足衣”，却被用来作为令人不寒而栗的刑具，这在令人愤慨之余，不禁引发人们对刑法和人的尊严的深思，它反映的是人类的残酷野蛮和自我摧残的行为。随着社会的发展，我国早已进入文明社会，特别是中华人民共和国成立后，一切酷刑均彻底废除。

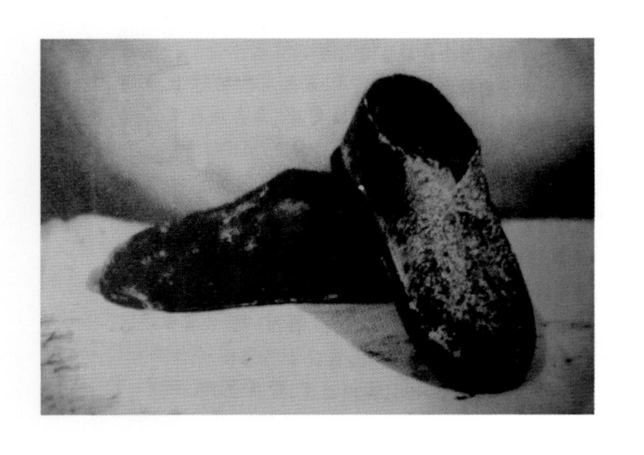

图81

铁鞋

“铁鞋”是唐代用过的一种脚部刑具。按人脚型用铁铸成鞋样。用刑时，将其烤红穿在犯人脚上，受刑者往往是当场惨痛而死，或终身残废。

瓯绣特大婚礼鞋

在浙江红蜻蜓鞋业股份有限公司的中国鞋文化博物馆里，陈列着一只特大红色婚礼鞋（图82）。此鞋运用瓯绣技法，在红色缎面上表现中国传统婚俗“龙凤呈祥”图案。采用60多种真丝色线，10多钟针法，传神地绣出栩栩如生的金龙彩凤，以及“囍”字祥云图案。特大红绣鞋外型挺括逼真，整体曲线圆润饱满，全长2.8 米，宽0.87米，高0.71米，重63公斤，鞋内可宽敞地躺卧2至3人，给人以喜庆吉祥，富贵高雅的感觉。

瓯绣是中国六大名绣之一，为浙江温州著名的手工技艺，已有近千年的历史。绣品特点是：针法丰富、绣面光亮、纹理分明、色彩鲜艳。2004年，红蜻蜓鞋业出资邀请7名能工巧匠，花半年多时间精心制作而成。共耗去1公斤多真丝彩线、5匹布及100多公斤有关材料，是目前世界上最大的绣花婚鞋。

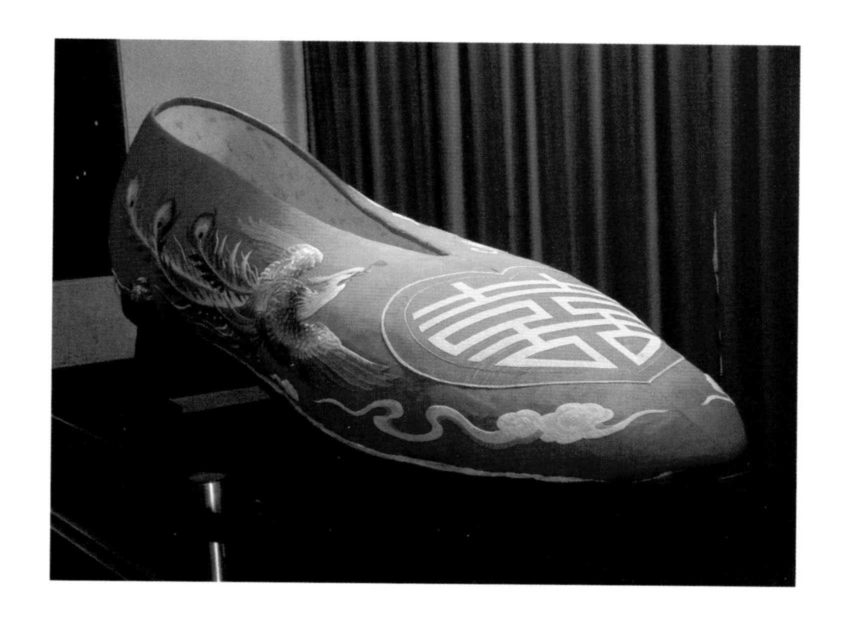

图82

瓯绣婚礼鞋

“特大红色婚礼鞋”运用瓯绣技法，在红色缎面上表现中国传统婚俗“龙凤呈祥”图案。全长2.8 米，宽0.87米，高0.71米，外型挺括逼真，整体曲线圆润饱满，给人以喜庆吉祥，富贵高雅的感觉。

第十三章 鞋履与文字学

第一节 “鞋”字通考

鞋子，是人们生活中不可缺少的用品。它随着社会生活和人类文明的发展而发展，走过一段漫长的路程，有着颇为有趣的经历。

在我国古代，对鞋、袜统称为“足衣”。由于不同历史时期、不同地域和不同方言，产生了多种多样对鞋的异称以及文字。研究一下我国鞋名的沿革，是一件十分富有知识性和趣味性的事。

在中国文字上，“鞋”字出现较迟。上古时，人们不叫“鞋”，而叫“鞵”，这是鞋的异体字，也是“鞋”字的前身。《说文.革部》：“鞵，生革鞮也。”这里的“鞮”字是指革履，即用生皮做的鞋子。“鞮”字，边旁从革。可见上古的鞋，是其中一种，即用皮制作的鞋子。但“鞵”，也是当时鞋子的通称。因此，用其它材料制做的鞋，也有称“芒鞵”的，又如“草鞵”（草鞋），“弓鞵”（弓鞋），“丁鞵”（钉鞋）等。从商周文献中，我们还可以看到，代表古“鞋”字还有不少，其中以屦、舄、履居多。

什么叫“屦”？可以有三种解释：第一，它是先秦时的一种鞋式，即单底鞋。当时对单底鞋，叫屦，复底鞋叫舄，“纠纠葛屦，可以履霜。”（《诗经》）具体地说，屦是一种草鞋或麻鞋，《世本》：“草曰屦。”王元祯《农书·农器图谱七》：“屦，麻屦也。”《传》云：“屦满户外，盖古人上堂，则遗屦于外，此常屦也。今农人春夏则扉（草履），秋冬则屦，从省便也。第二，屦，在汉代以前，是当时鞋的总称。周代天官府中有专管天子和王后穿鞋的官，叫“屦人”。当时屦人所掌管的主要是两种鞋，一种是舄，一种是屦。晋葵谟曰：“今时所谓履者，自汉以前皆名屦……屦、舄者，一物之别名也。但具体分析起来，屦和舄虽然都是鞋，但其制作材料，样式却大不相同，不能混为一谈。第三，屦，变作屦，都指的一种粗履。汉杨雄《方言》曰：“丝作之者谓之履，麻作之者谓之不借。粗者……南楚江汴之间谓之麤。西南梁益之间或谓之屦，或谓之屦。履，其通语也”。

什么叫“舄”？也有两种解释：第一，是先秦时代的一种鞋式，即复底鞋。男女通用，以皮、葛、绸缎为面，上饰绚、繶。鞋底通用双层，上层用麻或皮，下层装有防潮之木质厚底，中空，四周有墙，并在板上涂蜡，以防泥湿。在舄的牙底相接缝处缀条于中间，并在头作状如刀鼻的钩，寓行走时足有戒意之义。先秦时地位高者祭祀时穿用，颜色同裳，舄尊于屦，而又以色彩分等级。天子着有三等，其上等的是赤舄，其次是白舄和黑舄，王后着舄也有三等，其上等是玄（黑）舄，其次是青舄和赤舄，一般在祭祀升坛时脱之，祭毕降坛时则纳之，其制始于商周。第二，也是当时鞋子的统称。“日暮酒阑，合樽促坐，男女同席，舄履交错，杯盘狼籍。”《太平广记》七十二引《宣室志》：“有侍童一人，年甚少，总角，衣短褐白衣，纬带革舄。”

那什么叫“履”呢？“履”字本是动词，意谓“践”“踩”与“着鞋”。如“履大人印”“如履薄冰”等。战国以后作名词用。先秦借“履”为“屦”，汉以后多以“屦”称“履”。《说文·履部》：“履，足所依也。”《朱骏声通训》：“古曰屦，汉以后曰履，今曰鞵。”并用作礼服鞋。《释名·释衣服》：履，礼也。饰足以为礼也。”这里的履指鞋子，本指单底的鞋，后泛取各类鞋子，以丝作成者称履，以皮作成者称“鞾”。五代后唐马缟《中华古今注》：“鞋子自古既有，谓之履。”

第二节　鞋履名称的多异

在我国古文字中，有无数代表鞋履名称的字与词。它们的结构特殊，有形似，有谐音，有会意，包含着深厚的文化内涵。

现将其中部分单字列表如下：

字形	字音	字意	字形	字音	字意
屦	念“巨”ju	单底麻鞋	鞵	念“谐”xie	“鞋”的本字
屦	念“灰”hui	粗屦	鞋	念“谐”xie	鞋履的通称
屦	念“吕”lü	粗履	鞋	念“谐”xie	“鞋”的古字
履	念“吕”lü	鞋履的通称	鞋	念“佳”jia	鞋履名
屣	念“希”xi	拖鞋、舞鞋	鞔	念“宛”wan	古履、浅履
屝	念“费”fei	草鞋	鞒	念“悄”qiao	草履、木鞋

屐	念“几”ji	装木齿之鞋	⿰革爰	念“楦”xuan	鞋楦
屩	念“决”jue	细绳编成之鞋	⿰革卬	念“昂”ang	有齿屐皮靴
舄	念“西”xi	复底鞋	靸	念“洒”sa	小儿履、拖鞋
藨	念“交”jiao	粗麻鞋	鞮	念“低”di	薄皮靴、草履
麤	念“粗”cu	草履	鞜	念“踏”ta	皮制鞋履
靴	念“薛”xue	连筒皮制履	靲	念“琴”qin	皮履
橇	念“敲”qiao	木鞋	鞾	念“薛”xue	“靴”的本字

第三节　鞋履成语集萃

成语是一种人们习用的定型词组或熟语，是语言中的璀璨的明珠。在汉语中，多数是由四个字组成的，也有少数是六字的。

和鞋履有关的成语，有些从字面上理解它的含意，如“履穿踵决”“面似靴皮”“席丰履厚”等；也有些在知道它的来源或典故以后，才领会它的内涵，如“戴圆履方”“ 遗簪坠屦”“珠履三千”等；不少鞋履成语，如“隔靴抓痒”“郑人买履”“削足适履”等，都是形象地告诫人们勿犯脱离实际、主观主义错误的警句，成为教育历代人们的哲理。

（一）有典故，含一定哲理

郑人买履

郑国有人去买鞋，先在家里量好尺寸。到了鞋店，又忘记了尺寸。于是只好回家去取。当他返回店里时，鞋店已打烊了。人家问他：“为什么不当场试穿呢？”他说：“我只信尺寸而不信脚。”后用“郑人买履”讽刺那些只信教条而不信客观实际的人（《韩非子・外储说上》）（图83）。

隔靴抓痒

靴，高筒鞋。隔着靴子抓痒，比喻说话、写文章不中肯不贴切，没有抓住要点。也比喻办事不切实际，不解决问题，徒劳无功。宋阮阅《诗话总归》：“诗不着题，如隔靴抓痒。”宋释道原《景德传灯录・卷二十二・法宝禅师》：“问：‘圆明湛寂非师旨，学人因底（因何）却不明？’师曰：‘隔靴抓

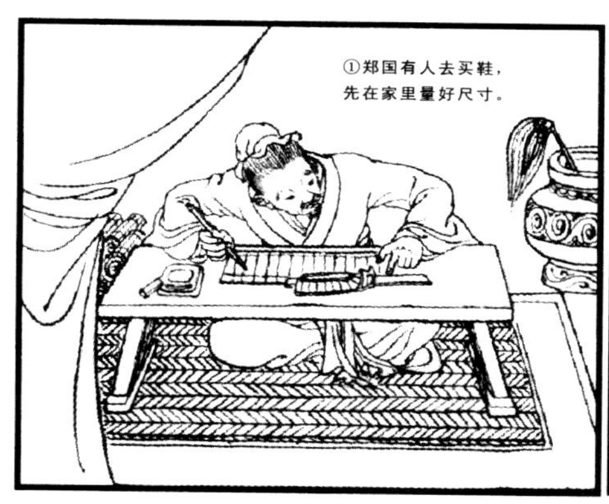
①郑国有人去买鞋，
先在家里量好尺寸。

②到了鞋店，一看，
忘了带尺寸。天色
已晚，赶快跑回家去取。

③取回尺寸时，鞋店已打烊。旁人问："为什么不
当场试穿呢？"他说："我只信尺寸而不信脚。"

图83
"郑人买履"
风刺那些只信教条而不信客观实际的人。

痒'。"又见清郑板桥《对联》："隔靴抓痒赞何益，入木三分骂亦精。"

削足适履

亦叫"截趾适履"。适：适应；；履：鞋。因为脚大鞋小，把脚削小使适合鞋的尺寸。比喻办事不当，本末倒置，无原则的迁就或勉强凑合。晋献公宠骊姬，为了迎合她的心意，杀害了亲生儿子。《淮南子·说林训》："骨肉相残，谗贼间之，而父子相危……譬犹削足而适履，杀头而便冠。"大意是：父子兄弟本该互相亲爱，由于受了坏人的挑拨离间，甚至父亲也会杀害亲生儿子。如此不惜牺牲，以求迎合，这就好比"削足适履，杀头便冠"。杀，减少的意思。鲁迅《怎么写》："倘作者如此牺牲了抒写的自由，即使极小部分，也无异乎削足适履的。"

冠履倒置

比喻上下颠倒，尊卑不分。亦作"冠履倒易"。语出《后汉书·杨赐传》："冠履倒易，陵谷代处。"

冠上履下

比喻上下分明。尊卑有别。语出《史记·儒林列传》："冠虽敝，必加于首；履虽新，必关于足。何者，上下之分也。"

弃若敝屣

弃，抛弃。敝屣：破鞋子。像抛弃破鞋子一样，比喻毫不可惜地抛弃。《孟子·尽心上》："舜视弃天下，犹弃敝（屣）也。"

芒鞋心事

唐杜甫《述怀》："麻鞋见天子，衣袖露两肘。"指唐杜甫抒发的爱国忠君的感情。清纳兰性德《填词》："芒鞋心事杜陵知，只今惟赏杜陵诗。"

补苴罅漏

苴：用草垫鞋底；罅：缝隙；补苴：补缀，引申为弥缝；罅漏：漏洞。原为弥补儒字的缺漏，后泛指弥补文章、理论中的缺陷或漏洞。语出唐韩愈《进学解》：“补苴罅漏，张皇幽眇。”

戴圆履方

古人认为天圆地方。头顶着天，脚踩着地。指生活在人间。语出《淮南子·本经训》：“戴圆履方，抱春怀绳。”

戴天履地

即“戴圆履方”。《后汉书·翟甫传》：“臣有殊绝之思，蒙值不讳之政，敢雷同受宠，而以戴天履地。”

以冠补履

用帽子补鞋。比喻以贵重物品配贱物《汉书·贾谊传》：“履虽鲜不加于忱，冠虽敝不以苴履。”

三千珠履

珠履是指以珍珠作装饰的鞋。三千人都穿着珠玉装饰的鞋子。形容客众多且穿着豪华。《史记·春申君列传》：“春申君客三千人，其上客皆蹑珠履以见赵使，赵使大惭。”

遗簪坠屦

指掉落的鞋和簪。比喻旧物。《北史·韦篚夐传》：“昔人不弃遗簪坠屦者，恶与之同出，不与同归。”后因以“不弃遗簪坠屦”，比喻不忘故旧。

葛屦履霜

《诗经·魏风·葛屦》：“纠纠葛屦，可以履霜。”毛亨传：“夏葛屦，冬皮履。葛屦非所以履霜。”郑玄笺：“葛屦贱，皮屦贵。魏俗，至冬犹谓‘葛屦可以履霜’，利其贱也。”指过分简朴节约。

踏破铁鞋

形容到处寻找，也比喻历经艰辛。《蓬莱鼓吹》附录宋夏元鼎诗：“踏破铁鞋无觅处，得来全不费工夫。”

屣履造门

《后汉书·郑玄传》：“国相孔融深敬于玄，屣履造门，告密客县为玄特立一乡。”屣履，趿拉着鞋跟；造门：拖着未穿好的鞋子去登门拜访。形容急于相见的匆忙情状。

步步金莲

《南史·齐东昏侯纪》：“（东昏侯）令人凿金为莲花以贴地，令潘妃行其上，曰此步步生莲花也。”潘妃脚小，步态轻丽，走在贴有金莲的地上，步步生莲花。后遂用“步步金莲”形容女子缠过的小脚，或称美人步态的佳美，亦指称美人。

（二）以事象，作生动比喻

履穿踵决

履：鞋；踵：脚后跟；决：破裂。鞋子磨穿，后跟破裂。形容很穷的样子。《庄子·让王》：“捉襟而肘见，纳履而踵决。”

不衫不履

不着上衣，不着鞋子，指衣着不整齐。形容性情洒脱，不拘小节。唐杜光庭《虬髯客传》：“不衫不履，裼裘而来。”清沈复《浮生六记》：“寺藏深树，山门寂静，地僻僧闲，见余二人不衫不履，不甚接待。”

履舄交错

履：单底鞋；舄：复底鞋；；履舄：泛指鞋子；交错：交叉、错杂。指鞋子杂乱地放在一起。形容酒席间男女杂坐，不拘礼节的状态。《史记·滑稽列传》：“男女同席，履舄交错，杯盘狼藉，堂上烛灭。”因古人脱鞋入席。

蒙袂缉屦

蒙袂即用袖子蒙着脸。缉屦是指脚上拖着鞋。形容潦倒困乏的样子。《礼记·檀弓》：“有饿者蒙袂缉屦，贸贸然来。”

面似靴皮

脸上皮肤如同靴皮。形容满脸皱纹。北宋初年，田元均任三司使，主管财富，因此权贵子弟、亲戚熟人来请他办事的人很多。他非常讨厌，但也不想拉下脸来严辞拒绝，为打发那些人，常常总是和颜悦色地装出一副笑脸。一次，他对别人说：“充任三司使这些年来，强作颜笑的情况太多了，简直笑得我的脸上皱纹像靴皮一样。”

青鞋布袜

原指平民的服装。比喻隐士的生活。唐杜甫《奉先刘少府新画山水障歌》：“吾独何为在泥滓，青鞋布袜从此始。”借指隐居不仕，远离俗世。清平步青《霞外裙屑》：“穿则不然，青鞋布袜即日行矣。”

席丰履厚

旧时形容家产丰厚，生活富裕。《二十年目睹之怪现状》第十四回：“继之道：‘你看他们带上几年兵船，就都一个个的席丰履厚起来，那里还肯去打仗’。”

穿靴带帽

原指官员的打扮。现也用以比喻大文章的开头结尾生硬地加上公式化的套语。《康熙乐府·卷五·点绛唇（风月佳期）》：“捷讥的扮官员穿靴带帽，付净的取欢笑搽土抹灰。”

贵冠履，忘头足

看重帽子和鞋子，忘掉了头和脚。比喻轻重颠倒。《淮南子·泰族训》：“法之生也，以辅仁义；今重法而弃义，是贵其冠履，而忘其头足。”

剑履上殿

指帝王特准大臣上朝不去剑、不脱鞋，形容待遇优厚。《史记·萧相国世家》：“与是乃令萧何赐带剑履上殿，入朝不趋。”

履霜坚冰

踩着霜，就想到结冰的日子即将到来。比喻看到事物的苗头，就对它的发展有所警戒。

（三）用直叙，以了解词意

步履难艰

行走困难。一般指老人或有病的人行动不便。也作“步履艰难”。

步履安详

步履：行走；安详：从容，稳重。行路时从容稳重。《小学·嘉言》：“步履必安详，居处必正静。”

步履蹒跚

蹒跚：因腿脚不灵便，走路缓慢、摇摆的样子，形容行走缓慢，迈步不稳状。宋龚熙正《释常谈·步履蹒跚》：“患脚谓之步履蹒跚。”

步履维艰

步履：行走；维：文言助词；艰：困难。行动很困难。一般指老人或有病的人行动不便。也作“步履艰难”。《镜花缘》第十二回：“吾闻尊处向有缠足之说……何以两足残缺，步履艰难，却又为恙？”

冠袍带履

帽子、袍眼、腰带、鞋子。旧时帝王、贵族上朝或聚会时穿的服装。有时也用以戏称一般的衣帽、靴鞋。《红楼梦》第七十八回：“两个人手里都有东西，倒像摆执事物的，一个捧着文房四宝，一个捧着冠袍带履。”

芒鞋竹杖

芒鞋：草鞋。比喻到处漫游。宋·陈师道《绝句四道》：“芒鞋竹杖最关身。”

芒鞋布衣

穿布衣草鞋。形容衣着粗劣，生活节俭。《南史·范缜传》：“恒芒，布衣，徒行于路……”

蹑屐担簦

屐：通“屩”，草鞋，簦：音“登”，长柄笠。脚穿草鞋，身背竹笠。指长途跋涉。语出《史记》：“蹑屩提簦，说赵孝成王”。

轻裘朱履

裘：皮袄；履：鞋。穿着轻暖的衣袄和红色的便鞋。形容闲适安逸的生活。清孔尚任《桃花扇·媚座》：“朝罢袖香微，换了轻裘朱履，阳春十月，梅花草破红蕊。”

束带蹑屐

束带：束紧衣带；蹑屐：穿鞋。穿着整肃，用以表示恭敬。《论语·公冶长》：“子曰：‘赤也，束带之于朝，可使与宾客言也。’”

着屐登山

屐：木头鞋。穿木头鞋登山。形容历尽艰辛。

裙屐少年

裙：下裳；屐：木鞋。裙屐是六朝贵族子弟的衣着。后指讲究穿着、无所作为的富家子弟。《北史·刑密传》：“萧琛藻是裙屐少年，未合政务。”

如履薄冰

像走在薄冰上。比喻行事极为谨慎，存有戒心。

临深履薄

临：面临；深：这里指深渊；履：践踏，走过；薄：这里指薄冰。面临着深渊，脚踏着薄冰，比喻谨慎小心。《诗经·小雅·小鳖》：“战战兢兢，如临深渊，如履薄冰。”《后汉书·杨终传》：“岂可不临深履薄，以为至戒。”

履陷如夷

履：行走，这里作动词。夷：平地。行走在险峻的地方像走在平地上一样。比喻在困难的环境中毫不害怕。也比喻经历了危险，但很平安。

履险蹈难

履蹈：踩，行走；险：险路。踩着险路走很困难。指道路难行。也比喻迎着险难向前走。宋欧阳修《画坊斋记》：“周易之象，至于履险蹈难，必曰涉川。”例：革命不会是一帆风顺的，必须有履险蹈难的精神准备。

第十四章
鞋履与语言学

第一节　最早记载鞋履方言的书籍

方言，是一种语言的地方变体，俗称“土语”“土话”。我国地域广阔，民族众多，各地区的语言，在语音、词汇、语法上各有其特点，是语言分化的结果，因其精炼、准确，鲁迅先生曾赞为“炼话”。如汉语中的北方话、吴语、粤语、闽南话等。因此，我国是一个方言丰富而复杂的国家。表现在鞋履文化上，也不例外。

我国记录和研究方言最有名的一部专著，是西汉杨雄的《方言》（全称为《輶轩使者绝代语释别国方言》）。全书收集大量古代各地同义的词语。现摘抄部分有关各地鞋履方言如下：

扉，亦作“屝”以麻做成的粗履。“丝作者谓之履，麻作之者谓之‘不借’，粗者谓之屦……西南梁益之间，或谓之屦，或谓之扉。南楚江河之间总谓之麤。履，其通语也。东北朝鲜洌水之间谓之䩫角。”

其他记载各地方言的书籍还有汉代刘熙《释名·释衣服》、东汉许慎《说文解字》、西晋崔豹《古今注》、西汉史游《急就篇》、明谢肇制《五杂组》、后唐马缟《中华古今注》、宋高承《事物纪原》、清张慎仪《方言别录》等。

第二节　各地有关鞋履的方言读音

附各地部分鞋履的方言一览

方言	实指	流行区域
蹻	鞋子	古代南方
鞋儿	鞋子	吴语
鞤	鞋帮	吴语
鞥	棉鞋	北方方言
绱	缝合鞋底	宁波
迫	布鞋底布	温州

方言	实指	流行区域
趿、鞋沓	拖鞋	吴语
靪	补鞋底	清代俗语
鞋牆	鞋帮	苏州方言
面子	鞋帮	湖南湘语
鞋溜	鞋拔	安徽语
鞋脸	鞋面	吴语
一提溜	鞋拔布	东北方言
鞋刨子	鞋刷	晋语
皮旁皮	用牛皮简单做的鞋	冀鲁官话
皮鞋佬	制作修理的皮匠	温州方言
鞋圈	鞋帮	吴语
趿拉儿	拖鞋	北京官话
呱哒板儿	木拖鞋	北京官话
板鞋拖	木拖鞋	温州方言
无根鞋	拖鞋	闽北方言
擦鞋	拍马屁	香港语
甩大鞋	发脾气、要态度	东北官话
拎草鞋	做杂务作者	江淮扬州官话
破鞋	骂妓女或土娼	社会通用

第三节 有关鞋履的隐语

隐语，是一种民间秘密语。在行业中又称“行话”。这是历代社会集团或某些群体，或各种行业集团之间，为了维护内部人际关系和共同利益的需要，而创制一种用于内部交际，以遁辞隐义，谲譬指事为特征的封闭性和半封闭性的符号体系，属于功能性的民间秘密语。

靴鞋行业是我国诸行业之一，自然也有它本行业的行话。它的主要特点，是维护行业的利益，回避人知，不直接说明要表达的意思，而是采用诡谲的比喻方式，把要表达的真正意义隐藏起来。更多的情况，使用隐语是出于保守秘密的需要。这是一种特定的社会文化现象。

历代以来，记载靴鞋行业隐语的书籍不少，如《切口·皮匠》、《切口·靴子业》、《切口·鞋子业》、《切口·木屐业》、以及《新刻江湖切要·服饰类》、《江湖行话谱》等。有的历代传承，仍为行业所用。

靴鞋行业，旧时称“靴鞋业”“靴子业”，在明清江湖秘语中有许多有关鞋履的隐语，如鞋店称“踢土朝阳”，靴铺称“鱼皮朝阳”，皮匠自称“双线通”。又如皮匠行，旧时皮匠多以修鞋为常见做活，故多有鞋子方面隐语，如称鞋面为“敝尘”；称鞋底为“托土”；修理旧鞋称“重圆”；包鞋前脸称“承前”；补鞋根称“继后”，配鞋底称“上衬”；鞋面布称“帮寸”“帮土”；前面有梁的鞋称“对合”；靴上皮梁称“梁条”等。

在制鞋工具方面，也有不少隐语，如切皮子刀称“快口”；切皮砧板称“月亮”；皮子称“老七”；钉子称“尖钻”；锤子称“送客”；麻线称“吃老”；钻子称“凿洞”；钳子称“虎口”；皮匠所挑工具担子称“八宝”等。

木屐店和草鞋业也各有自己的隐语，如木屐店称“衬足朝阳”，木屐称“长衬”，以草作面料的木鞋称“草桥头”，麻线称“长链条”木套鞋称“外套”等。草鞋业称草鞋耙为“栏杆”，自称“栏杆生” ，草鞋称“摊底”，水草称“青须”，稻草称“乱头”等。

有些隐语，颇有特色，暗喻准确，并含有文化内涵，如清末民初江湖社会隐语中，称帮会中地位低下的成员，叫“草鞋”，《海底·各地通行隐语》云：“会中下士，草鞋。”《切口·三点会》：“草鞋，专供奔走之人也。”又，草鞋本身古代也有隐语，叫“不借”，据崔豹《古今注》说：“不借者，草履也，”以其轻贱易得，故人人自有，不假借于人。古以丝织者为履，麻质者为“不借”，或以其易为损坏，而称“不借”。

在戏靴上也有特殊用语，如靴子称“虎头”，即靴形绣虎形，凡戏中大将者皆用之。而戏中短打武生所穿之靴则称“快镶”等。

有关“鞋”的隐语的一览表

隐语	实物	流行范围
鞋则	鞋	吴语
鞋仔	鞋	客话
踏壳	鞋	各地通行
黑筒	鞋	红帮
踢尖	鞋	江湖社会
踢土	鞋	江湖社会
立地	鞋	江湖社会
蹄土	鞋	江湖社会
踢脚子	鞋	江湖社会
铁头子	鞋	江湖社会
步尘	鞋	收旧货行
掷上	鞋	市语
鞋窠旯儿	鞋	北方官话
圆吞	圆口鞋	靴鞋业
圆头	圆头鞋	靴鞋业
尖头	女鞋	靴鞋业
尖吞	尖口鞋	靴鞋业
响签筒	钉靴	江湖社会
高级踏	靴子	江湖社会
登老	靴子	江湖社会
同中	革靴	西乐队

第十五章 鞋履与民间文学

第一节　传说、故事、寓言、笑话

（一）传说

孔子留靴中都

孔子五十一岁那年，被鲁定公请去当了中都宰。这是他一生中第一次从政做官。孔子到任后，以德感人，以礼教人，并制订了几条“养生送死”的办法，干得非常出色，不出一年，周围的地方长官都来仿效。

平时，孔子处理完行政事务后，就到中都各地讲学传教。有一天，他到进义村讲学，一连讲了三天，听众不计其数，到了第四天，孔子因公务缠身要回去，但当地百姓坚决不答应，非要把孔子留下不可，他们藏起了孔子的马，又连夜在村里盖了讲学堂。孔子见众人心诚，深受感动，就在新盖的讲学堂里又讲了三天，才满足当地百姓的要求。

后人为了纪念孔子就把进义村改名为次丘村，为避圣讳，又把“丘”改成了“邱”；村东藏马的村子改为留马庄；孔子住过的店就叫次邱店了。

孔子在中都为政一年，声望日高，鲁定公便升孔子为司空。

孔子临离任这天，中都百姓倾城相送，东门外十里人巷，孔子见了极为感动，他就对送行的百姓说：“希望大家遵循礼道，长此下去，中都必然万世安泰！”

这时，有位青年背着一位瘸腿老人挤出人群。原来，瘸腿老人的儿子十分不孝顺，但自孔子来后，他儿子一改恶习，对老人格外孝敬了，常常背着行动不便的老人出外观景散心，老人深知这是孔子讲礼授课的功德。现在听说孔子要走，老人抱着孔子的脚泪流满面。百姓们也流着泪再三挽留。孔子也大为感动，怎奈君命在身，不能耽搁，他便脱下一只靴子，含泪道：“各位父老，我人虽走了，但我的脚还在这里，留下这只靴子以示我永远立足中都。大家既然拥戴我，那么，我走后请仍然按我的倡导行事吧！”说罢登车而去。

后来，人们在城东门楼上，专修了一层楼阁，供放孔子的靴子。后人把这只靴子叫做“夫子履”。据说，清官离任脱靴的美举就从孔子那时传下来的。

汪林搜集整理 选自《孔子外传》

介子推与足下履

春秋时代晋国的公子重耳，因遭陷害而流亡国外十九年。在跟随他的大臣中，以介之推最为忠心。有一年，他们在山中迷路了，饿得头昏眼花的，介之推就割下自己的大腿肉，烤熟了给重耳充饥，救了重耳一命。流亡十九年后，重耳终于回到晋国当了国君，即历史上有名的晋文公。在晋文公即位封赏功臣时，独独忘掉了介之推，介之推本就不愿求取功名，于是带着母亲到山里隐居，不肯复出。后晋文公想起介之推，坚持要为介之推封侯晋爵，升官加禄，请介之推下山接受封赏。但介之推坚拒，不言禄亦不受禄，晋文公为了逼迫介之推下山，又心想他是个孝子，为了母亲的安危一定会下山，于是下令放火烧山，却仍不见介之推的踪影。等火势稍减，命人上山察看寻找，发现介之推与母亲抱着树，烧死在火海之中。晋文公伤心欲绝，更悔恨自己的鲁莽，为了纪念这位曾经舍身相救的好友，晋文公砍下那棵树，做成一双木屐，想到介之推时，就看着那双木屐，喊道："足下啊！足下！"表示他对好友永远的怀念。

荀子与绣花鞋

中国古代哲学大师荀子的故乡在山西省新绛县，该地是两千年前我国养蚕染丝的发祥地。荀子对家乡的染丝、织绸非常关心，并提出"青，取之于兰而胜于兰"的染色经验及其哲理。当晋国吞并了十个诸侯小国一举称雄之后，为了永远夸耀国君的成果，皇宫便命令善于染绣的新绛百姓在鞋帮上绣出十种水果纹样，其中有石榴、佛手、桃、葡萄等，晋王命名这种鞋为"十果鞋"，并令今后晋国女子出嫁时要把这种"晋国"鞋作为礼鞋，宣传他的战功，这样新绛绣花鞋的刺绣工艺流传了上千年。

杜甫与棕鞋

相传唐朝的时候，杜甫落难到了成都。他是外地人，在成都没依没靠，生活过得穷兮兮的。后来，一个朋友送了杜甫几根木头几捆竹子，一堆草，帮杜甫在河边上修了几间茅草房。那个朋友又送了杜甫一些油盐柴米，杜甫才在成都住了下来。朋友送的米，没好久就吃完，杜甫不好意思开口再要。读书人不比一般穷苦百姓，杜甫饿死不要饭。断了几天炊，眼看到要饿断气了，挨着杜甫住的一些穷苦人，可怜杜甫，吃糠吃菜也匀一升半碗送给杜甫。杜甫住的那条河边，有很多荒地，每年春天天气暖和，三三两两的农户就在河边开荒种菜。杜甫没事，转到河边和开荒的人闲聊，间或帮人甩几块石头。后来，他借了锄头钉耙，自家开了一片荒地，种了些瓜瓜豆豆，他还在茅草房后头栽了几棵果树。茅草房后头不远，有条土埂子，埂子上有几棵一人多高的棕树，平时那些放牛娃把棕叶扯得一地都是。杜甫就一匹一匹捡来捆好，好等冷天头烧。杜甫慢慢和当地人熟悉了，经常走这家，走那家坐一下。有一个老婆婆，七八十岁了，还打草鞋，有偏耳子，有蒲窝子，卖了买米供屋头。老婆婆打草鞋地搓线，揉来又匀又细。杜甫想请老婆婆打一双，自家又没有麻。他想起捡的棕草又细又结实，拿来请老婆婆，老婆婆当真手巧，帮杜甫打了一双蒲窝子棕草鞋，穿起来又暖和又行走方便。第二年二月十五，李老君生日，成都要摆花会，逢到绵绵春雨。从正月下到二月还没停，那天又下雨又起风，朝会的人一个个冷得缩颈缩项。杜甫这天一早吃了饭，晓得冷，穿了棕鞋去朝会。下雨天走泥泞路，没走多远鞋就磨穿了，脚冻僵了。杜甫巅转回去，烧了一把火把鞋烤干，把棕鞋底下绑了一块厚木头片片，在稀泥巴里头走也不湿脚，朝会的人山人海，看到杜甫的棕鞋这么舒服，都照着做来穿。棕鞋就在成都传开了。

（雷自力 兰字尧）

游花台李白倒晒靴

在九华山区的北面有一处地方，这里的山头，每到春天开满山花，万紫千红，人们将这一带山峰统称花台。花台有许多山峰，这些山峰千奇百怪，神态各异，但是最奇的是有一座山峰犹如一只倒晒着的靴子，屹立在峰顶之上。人们管这座山峰叫“仙人倒晒靴”。

这只靴子是谁的呢？为何要晒在这里呢？据当地山民说，这是唐代诗仙李白的靴子。李白和九华山有不解之缘，他爱这里山明水秀，多次来过这里。

有一年春天，李白和好友韦仲堪、夏侯回一起又来到九华山。他们游遍了九华山的奇峰怪洞，看够了九华山的瀑布涧泉。他们登上了天台峰，突然看到一座山花烂漫的峰峦。三人又惊又喜，沿着山脊向北横插过去，来到花台之中。他们站在罗汉墩俯瞰花台诸峰，但见杜鹃、山茶开满山头，壮观无比，游兴大发。他们游了一个山头，又游一山头，李白的一只靴子底都磨破了，溪水漏进了靴子，里面滑溜溜的，一路走一路还叽咕叽咕响，真是难受死了。

他们好容易又上了一个山头，打算休息一下。夏侯回在一块较平的石头上摆开酒菜；韦仲堪去周围采摘野花；李白呢，坐在一旁脱下靴子，从里面倒出了至少一酒杯水。靴子湿了，不能再穿，李白就把靴底朝上，倒放在一块尖石上。

夏侯回摆好酒菜，招呼二人快来喝酒。这三人都是以酒为命的，赏花饮酒正是人生乐事，岂有不尽幸畅饮之理？这三人，你一杯，我一杯，喝得不亦乐乎！酒喝完了，三个人也都酩酊大醉，在山石上呼呼睡去。这一睡，直到第二天才醒来。三人起身，该回去了，李白觉得一只脚凉飕飕的，才想起靴子还晾在一边，连忙去拿。谁知，那靴子已化成石头和山体连在一起，怎么也拿不下来了。夏侯回和韦仲堪见状，哈哈大笑道："诗仙人真成了赤脚大仙了。"这一下，李白可狼狈了，只好光着一只脚，一瘸一拐地走下山去。

李白留在山上的那只靴子变成石头后，越长越大，渐渐长成了一座山峰，后人就把那山峰叫作"仙人倒晒靴"峰。

选自《中国名胜故事》

忠王与芦花靴

太仓沿江一带，自古芦苇众多。入秋以后芦苇梢头都是一蓬蓬芦花。一到立冬，沿江农民就摘芦花编鞋，乡民叫它为"芦花蒲鞋"，成为越冬御寒的保暖鞋。"芦花蒲鞋"怎么会叫成"芦花靴"的呢？这里有着忠王的一段故事。

太平军忠王自从同治初大败清兵洋鬼，便在苏州安顿下来，苏州、松江二府地方都受忠王管辖。老百姓呢，当然要交粮交饷，还要为太平军做衣做鞋。因为他们种的大多是沿江盐碱田，产量极低，平时靠捕鱼为生活辅助。所以，他们只好用海鱼充作军饷，芦花鞋充作军需，去向太平军收征官员交纳。太平军收征官见他们交上来的竟是鱼干、芦花鞋，说他们有意与忠王捣蛋。沿江农民当然不服，于是就争吵起来。收征员要把这些交鱼干、芦鞋的争吵农民抓起来问罪，当时，有个本地人做监军的，听到这个情况，赶来阻止收征官乱抓人。收征官员当然也不服气，说他纵容本地人与太平军为难，于是双方打官司打到忠王那里。

忠王听了双方的陈述，便吩咐把鱼干、芦花鞋拿到大厅上来看看。忠王手下的差官就背了一麻袋鱼干，提了十几双芦花鞋送上大厅。忠王打开麻袋取出鱼干，拿到鼻下闻了闻，连说"好香、好香！"接着对征收官员说："老百姓肯拿这等香鱼干充军粮，再好也没有。传本忠王旨，鱼干一斤抵大米十斤。"收征官眼巴巴望着忠王，嘴里只好说："是，是，一切照办。"心里想，一斤鱼干，当地百姓只抵二升大米，弄不懂忠王为啥这样做。

这时忠王拿起一双芦花鞋就穿在自己脚上，在大厅上走了几步，又连连说："好靴、好靴。穿在脚上又暖和又轻便。"接着又传下谕旨说，这是百姓爱护我们太平军将官，凡佐将（即副将、偏将）以上将官，立军功军士，可穿"芦花靴"进王府见我。一双"芦花靴"可抵军鞋二双，照此收征，不得有误。收征官员口里答应“是，是！”心里更是弄不明白了。明明这芦花鞋只值三个铜板，一双军鞋要值十个铜板。这是怎么搞的？难道忠王变得糊涂了吧？（图84）

图84

忠王穿芦花靴

同治初，太平军忠王打败清兵洋鬼，安顿在苏州。百姓送来芦花靴和鱼干以作军饷，收征员以为是有意捣蛋。要把农民抓起来问罪。这事被忠王知道后说：这里是个苦地方，能送上这些，我已感激不尽。他高兴地收下了，还亲自穿上芦花靴。

忠王对着左右的大将官说道：我们太平军所以打胜仗，是我们得民心。沿江沿海是个苦地方，能送上鱼干、芦靴，我感激不尽，你们代我向太仓沿江父老请罪。今后监军不只整饬军纪，有权顾问军粮收征。二个收征官员果然来到沿江乡下向当地父老请罪，并说忠王感激他们送上的鱼干、芦花鞋，忠王自己也穿上了芦花鞋在大厅上走来走去，并且亲口尝了香鱼干，感到很满意。由于忠王也穿“芦花鞋”，从此当地农民就把“芦花鞋”称作“芦花靴”，同时改做成靴的式样，还加厚了稻草鞋底。“芦花靴”的名称就一直沿袭至今。香鱼干也从此成了当地的土特产。

西施与响屧廊

灵岩山上的馆娃宫，是吴王和西施住过的地方。说起西施，老少都知道她是一个美人，生得像天仙一样，赛过月里的嫦娥、花里的牡丹。那时间，越王勾践打了败仗，被吴王俘虏，受尽奇耻大辱，好不容易才回到越国，一心要报仇雪耻。当时他手下的大臣给他献了一条“美人计”，要他在越国挑选一个最最标致的姑娘，去献给吴王夫差。吴王见了美女一定会沉溺酒色，荒淫误国，到那时就可以把他打败了。后来越国献去了美女西施，吴王夫差果然整日像失了魂一样，厮守着美人，吴王为了西施，选择风景最优美的象山大造行宫，这座行宫的名字就叫“馆娃宫”。

馆娃宫造了五年，宫殿漂亮得象月宫一样，里面还建了一座御花园，有冬夏长青、四季不谢的花木。吴王晓得西施喜欢弹琴，特地叫人在象山最高的地方，造了一座雅致的琴台。吴王喜孜孜地陪着西施，在琴台上饮酒操琴。从琴台过去，有一条长廊，叫“响屧廊”，更是造得别致。西施有沉鱼落雁之貌，但也有美中不足的地方。就是她的脚比一般少女要大，所以她最喜爱穿长裙，着木屐。长裙盖住了她的大脚，木屐则使她的长裙不至于拖曳地面。这样走起路来飘飘欲

185

西施响屧廊

当年，越王勾践把美女西施献给吴王。吴王为西施造了漂亮的“馆娃宫”和“响屧廊”。“响屧廊”下放了许多大缸，缸上铺木板。西施常穿着木屐和宫女们在上面跳舞，那木屐会发出悦耳的响声，是美妙动听的音乐。

仙。吴王为了讨好西施，把这条长廊底下地皮都挖空，放了许多大缸，缸上面铺木板。吴王为了要使西施高兴，让宫女们穿了木屐在廊上陪着西施跳舞。宫女的裙子上系着小铃，发出叮叮当当的声音；木屐踏踩木板上，还会发出琤琮的回响，真是天下最好听的音乐。她每日总喜欢穿着木屐行走在地下有缸瓮上面铺砖石的路上。那木屐发出悦耳的叮咚声，使西施十分快乐（图85）。跳得吃力了，西施便到殿前的池塘里去沐浴。因为她身上全是脂粉香气，池塘的水也变得香气扑鼻了，后来人们就把这个池塘叫做“香溪”，又叫“胭脂塘”。西施穿木屐的事流传到民间，那些东吴女竞相效仿。于是，木底鞋也在社会上流行起来。

选自《苏州传说》

王昭君与绣鞋洞

古时候，离我们这里不远有个宝坪村，宝坪村有个叫王昭君的姑娘被朝廷选了妃。这一天，就要离开家乡奉旨进京了。一大早，香溪河两岸的乡亲们便到河边等候给昭君送行。说话间，昭君乘坐的龙舟迎着满河春风顺流而来。一路上，鼓锣笙歌响彻峡谷。龙舟刚行到龙潭，平静的潭水陡然翻起了簸箩大的旋涡，浪头一个赶一个地朝船头扑来，飞溅的浪花把昭君姑娘的绣花鞋打得透湿，弄得龙舟前进不得，原来是潭中的龙兄弟舍不得昭君姑娘，便不由分说，喝风推浪，想把昭君留住。

岸边送行的乡亲们一见阵势，一个个急得不得了。船上的皇差见势不妙，怕万一人有个好歹，回去不好交代，当下决定起坡走旱路。

那龙舟好不容易靠了岸，昭君姑娘换下被浪打湿的绣鞋，放进山腰一个小岩洞里，转身向家乡父老深施一礼，依依不舍地上路了。

再说龙潭十多里的地方住着一个叫朱勉的夫妻两口，听说今日昭君姑娘起程进京，老远的赶来送行，不料来迟一步。等他们赶到龙潭，昭君一行人马已经走得看不见影子了。此时，听到送行的人们讲昭君走时留了一双绣花鞋，便说：“看不见昭君姑娘，看看鞋子也好。”他们寻来寻去，看到了半山腰有个碗口大的洞儿，洞中放着一双十分精巧的绣花鞋，那鞋上的金丝银丝线放出了一道道耀眼夺目的金光。朱勉两口想起昭君姑娘修楠木井，建昭君渡，为乡里做的种种好事，不由得默默祷念：“盼昭君姑娘一路顺风，平安大吉。你在家为乡亲兴利除害；你走了，也保佑我们得福吧！”夫妻俩在龙潭河滩上拣起一块五彩花石，向洞中掷去，只听“当啷”一声，小石不偏不斜，正飞进洞口。夫妻俩高兴万分说：“昭君姑娘应声了。”

事情也真凑巧，朱勉两口回来不久，妻子就身怀有孕了。这下子可喜坏了，因为他们三十多岁，还没得个孩子。

眨眼工夫，香溪河边的桃花又开了，朱勉夫妻果然得了一个小孩，长得白白的，胖胖的，还有一对圆圆的小酒窝。到了满月这一天，乡亲们都给朱勉贺喜，抱出孩儿一看，个个都说："这孩子的眉眼俊秀，跟昭君姑娘长得一样。"朱勉两口听了，心中一动，真是喜在眉头笑在心头，就把那天在龙潭投石祷告的事说给大伙听了。这件事一阵风似的传开了，方圆几百里人家都晓得，昭君留下绣鞋就是留下秀孩子呀。

打那以后，人们便给昭君放鞋的小洞起名"绣鞋洞"。简直传神了，说是只要把石子投进洞口，无儿得儿，无女得女，生下了孩子都长得像王昭君。人们都说："昭君姑娘没有离开我们呀，我们天天都能看见她。"

这儿往绣鞋洞里投石子的风俗就一直流传到后世。说来也怪，昭君家乡的小伙子和姑娘们个个眉清目秀，标标致致。

祝英台与一只绣花鞋

传说祝英台有一个兄长，这位兄长经常在外面做生意，很少回家。只因英台从小丧母，嫂嫂嫌她命苦，处处看她不顺眼。当她得知英台要去杭州读书后，更是不满。她认为，一个女孩子家到外面去读书，分明是败坏家风，有侮祖宗，好端端地不在闺阁中静守本份，反而乔装男子，跟那些公子哥儿混在一起，这男女之间还成何体统？！可英台不是一般女子，她求学心切，加上主意已定，难以更改，老父拿她没办法，就依了她了。临走前，嫂嫂向英台提出要一只绣花鞋作纪念，英台取出藏着的准备出嫁那天穿的一双红绣鞋，送一只给嫂嫂。嫂嫂接过一看，这只鞋做得漂亮极了，红的发亮的金丝绸子，上面绣着两朵洁白的小荷花，几片绿叶，还似乎闻到了阵阵清香。嫂嫂拿着这只鞋子，呆呆地看了好一阵子后，才开口道："小姑的手工真不错，这鞋子我给你藏着。过了三年，你从杭城读书回来时，再交还于你。倘若红鞋没变色，那么嫂嫂我也就放心了。"英台听了，心里已经明白了嫂嫂的用意，她没有说话。

第二天，英台告别了父亲和嫂嫂，带走了剩下的一只绣花鞋，随同丫环银心，直奔杭州而去。不说英台一心在外面攻读诗书，且说在家中的嫂嫂，这一会，她拿着这只鞋子愁煞了，怎样让它变质？她想，英台毕竟是女流之辈，去杭城读书，本是一件大逆不道之事；何况她三年时间非是一日，这小姑一定会做出些不检点的事来。英台阿嫂忖到这里，眼珠一转，灵机一动，将鞋子终日里暴雨淋、烈日烤，又在污泥里浸、阴沟中泡。奇怪，任凭她怎样弄，这只鞋子不但没有褪色，反而变得更加鲜艳了。三年时间，一转眼就到了，英台从杭城读书回来了。嫂嫂惭愧地拿出那只绣花鞋还给她，英台也取出自己收藏的另一只绣花鞋给她，一双鞋子依然像三年前一样，一点儿也没变！据说，英台纵身跳入山伯坟墓时，脚上穿的正是这双鞋子。

选自《宁波传说》

皇上捶靰鞡草（满族）

关东山，三宗宝，人参、貂皮、靰鞡草。靰鞡草怎么也是宝呢？因为它受过“皇封”。清朝，宁古塔是东三省的封禁区，皇上每年在封冻后，就到封禁区打围。

这年，皇上又带着贝勒、大臣和八旗兵，到宁古塔的鸡林鸟喇山里打围。有一天，打到天晚，打了些獐狍野鹿，皇上挺高兴。领着人马正往回走，噌！眼前窜出一只小白兔，皇上一箭射去，没射着，又连连射了几箭也没射着。小白兔在前面跑，皇上带着人马在后面追，追到一座山神庙前，小白兔不见了，这时候天也黑了，前不着村，后不着店，这些人只好在山神庙里住下。这山神庙只有一层正殿，皇上和大臣们睡在正殿里，当兵的在院里拢上几堆火，在草甸子里割些靰鞡草，铺在地上打小宿。半夜，皇上冻醒了。他脚上穿一双毡“踏踏玛”，因为白天打猎出脚汗，到这时脚冻得像猫咬似的，但是皇上还抹不开面子说冻脚，就

图86

皇上捶靰鞡草

皇上外出围猎，被困山庙，他和大臣们睡在正里。半夜里，皇上脚被醒，到院里一看，士兵们在靰鞡草上，睡的都挺香他也捶两把草垫进自己的靴里，顿觉暖烘烘的。以就有了“关东山，三宗宝人参、貂皮、靰鞡草。”

在大殿里来回跺脚，正跺脚呢，就听见院里“砰！砰！”有人捶东西。他偷偷溜到院里一看，满院子都是当兵的睡在靰鞡草上，睡的都挺香。他想：怪！我穿毡靴子还冻脚呢，这些当兵的就穿一双牛皮靰鞡，怎么不冻脚呢？他又顺着“砰！砰！”的声音走过去，走到墙角一看，喂马的戈什哈正坐在地上捶靰鞡草呢。捶完揉巴揉巴塞进靰鞡里就穿上，又睡下了。皇上明白了：啊！这靰鞡草是宝贝呀！他偷着在当兵的身底下拽出两把草也捶上了，捶完穿上，也觉得暖烘烘的。(图86)第二天天亮，皇上问贝勒大臣：“东山几宗宝？”大臣说：“人参、貂皮、鹿茸角。”皇上说：“不对，关东山，三宗宝：人参、貂皮、靰鞡草。”

（二）故事

王草鞋过骆家船

清朝末年，灌县县官王瑚经常下乡察访民情，脚上穿一双偏耳子草鞋，人们叫他王草鞋。

有一次，王草鞋下乡查访民情，夜宿中兴场，第二天要到聚源场办事。当天聚源逢赶场，王草鞋走到羊马河骆家船渡口，见许多赶场百姓在岸边码头候渡。对岸船夫还在和人冲壳子，两岸过渡百姓等得很不耐烦，又不敢开腔。王草鞋向着对岸高声喊：“开船啦！”连喊数声，对岸船夫高声大骂：“把你舅子们等不耐烦啦！”人们又等了很久，船夫才将船开了过来。船停岸边，船夫咬牙切齿地又将过渡百姓大骂一番。人们上船后一一给了渡钱。有一个老农实在没钱，船夫硬要把他掀下船去。王草鞋将船钱替这个老农付了。船夫又骂老农说：“你钱都没有还想过渡！”王草鞋看在眼里。“开船啦！”眨眼功夫船至江心，王草鞋把定船杆一插，船停了下来。船夫大骂：“哪个龟儿子干的，老子把他打下河去淹死。”王草鞋站出来说：“我王草鞋干的。”说着顺手将板子拿在手上。船夫听说是县大老爷，吓得魂不附体，跪在县大老爷跟前，哀告求饶，王草鞋扳起船夫左脸打了二十板子后，叫他立即开船。王草鞋在聚源办事一了，当天又返回中兴，在路上和通航一位披蓑衣戴斗笠的农夫换了穿戴，又去过河。王草鞋问船夫：“喂！船老板，你的脸为啥肿了呢？”船夫说：“龟儿子王草鞋给我打的嘛！”“他为啥打了你呢？”“他打我出口骂人。”王草鞋将斗笠一揭，蓑衣一脱，问：“船老板，你还认得王草鞋吗？”船夫一看，不是别人，正是县大老爷，立即跪在跟前，一副哭相：“小人该死，望老爷饶恕，我以后一定改邪归正，决不出口伤人。”王草鞋说“再挨二十板才记得住。”事后这个船夫的确成了一个善良的人。早开船，晚收船，实在没有钱的人也让过渡，说话再不敢带把子了。

张凤台买鞋

大年三十晚上，知府张凤台身着便服，穿街走巷，访察民情。只见家家张灯结彩，喜气洋洋，他心里高兴。

他走着走着，忽然瞧见一户人家，没挂灯，也没贴对联，就连屋里也黑灯瞎火的。张凤台感到奇怪，正要上前叩门，忽听从屋里传出老婆子说话声音："有钱人家年三十晚上接财神，吃饺子。咱今年生意不好，只好免了。"接着，又传出老头儿的声音："唉，闯关东不易呀，有钱人家过年，吃香的喝辣的，没钱人家过年难，知府大人光说与民同乐，可哪知道生意人家的艰难哪……"张凤台一听，其中必有缘由，就上前叩开门。老头子点上灯，把他让到屋里。一唠扯，才知道这家是一对无依无靠的老人，靠卖鞋养家糊口。老家在河南安阳，是逃荒闯关东来到这里的。张凤台一听，还是同乡，唠了一阵嗑儿之后，就对老头儿说："我想买双棉鞋，有合适的吗？"老人赶忙从鞋架上选了几双递上。张凤台挑了一双，穿在脚上一试，又暖和，又合适，问多少钱一双，老人说："只要穿着合脚，大年三十的，图个吉利，随便给几个钱就行。"张凤台从怀中掏出一两银子，给了老人："就算一两银子一双吧。"老人一看那么多钱，直劲儿摆手："一双棉鞋哪值一两银子，几十个大钱就足够了。"张凤台说："你的生意冷清，连过年饺子也吃不起，就收下吧。你要图个吉利，请借笔墨一用，我给你写副对联贴上，初一保管你开市大吉。"

不一会儿，老头儿找来笔墨纸砚，张凤台给写了一副对联。上联：生意兴隆通四海；下联：财源茂盛达三江。横批：开市大吉。写罢，告别二老，拎着棉鞋，回到衙门。第二天早晨，衙署官员和当地绅士都来给知府大人拜年。张凤台当众抬起脚来说："我昨天买双新棉鞋，你们看怎么样？"众人见知府大人有意夸鞋，谁不想巴结一下，就争抢夸鞋做得好，都打听在哪家鞋铺买的，张凤台微笑着告诉了他们。

拜完年，官员和绅士们都赶到小鞋铺。一看，铺门框贴着张凤台亲笔写的对联呢。一个个惊得目瞪口呆，不知这鞋铺和知府大人是个什么关系，都不愿意放过讨好大人的机会，不一会儿，就把这个小鞋铺积压的四十多双棉鞋给买光了。

从此，这个小鞋铺的生意就兴隆起来了。

（讲述者：于祥云 采录者：张平）

钟晓帆脱靴

清末民初，著名的评书艺人钟晓帆在成都一茶馆说评书，讲"清棚"[①]。因他技艺高超，又善加"瓢子"[②]，会留"门坎"[③]，听众十分踊跃，场场满座。有一回他在东校场附近的迎曦茶社讲《孟丽君》，说到脱靴那一段：“话说皇帝察觉了他的大臣孟丽君是个巧扮男装的女人，有意召她进宫饮宴，打算把她灌醉后，即命太监将她的靴子脱掉，以查虚实。“说到此处，惊木一拍，留个“门坎”：“欲知后事如何，且听下回分解。”就这样，今晚、明晚、后晚，一连说了十个晚上，孟丽君脚上的靴子还没有脱下来。听众听的津津有味，可把几个“丘八”大爷急火了。原来这几个兵是东校场的驻军，每天晚上背着长官从营房翻墙出来听书。回去被发现，每人赏了十个手心。但是他们心里挂着孟丽君脚上的靴子，第二天晚上又溜出来了，回去又挨打。几个兵急了，来到茶馆把钟晓帆抓起问：“这靴子脱不脱得下来？”钟晓帆见拳头在面前晃来晃去，连忙说：“脱得下来，脱得下来。”“啥时脱？”“马上就脱。”“哪个给她脱？”“我给她脱！我给她脱！”于是钟晓帆上台去三言两语就让孟丽君脱下靴子，折了“门坎”，评书收场，听众叹息，兵大爷回营。钟老师赶紧搬迁，离开这是非之地。

注解：

① 清棚：四川评书的一种表演流派，其特点为演员不以夸张的形体动作取胜，而以生动的故事情节和娓娓动听的说白征服观众。

② 瓢子：评书艺术术语，指评书演员在讲述过程中加与情节无关的枝蔓、评说、噱头、笑料等。

③ 门坎：评书艺术术语，相当于小说、戏曲中的悬念。

朱老官留靴

解放前，晋城县城北的钟鼓楼上，摆着一只靴。这虽然是一只靴，却非常受人尊敬，每逢初一、十五，还有些人去叩头焚香呢！这究竟是怎么一回事呢？

原来在清末年间，凤台县（现晋城市）有一位姓朱的县官，称得起是位明镜高悬、清正廉明的好官。一天，他坐着八抬大轿从县隍庙焚香回来，行至城内大十字处，忽被一位痛哭流涕的年轻寡妇拦住，并声声哭泣道：“我的男人死了，上有八十老婆母，下有不足两岁的小婴儿，家境贫寒，无法度日，大老爷你说我是嫁了好？还是死了好？小孩是让我带走好？还是留下好？婆婆耳聋眼花，无人侍侯，怎么安顿得好？”说罢，双膝跪在地上，不起不立也不抬头，一街两行看热闹的人，无不为小寡妇的痛苦而落泪叹息。

这个小寡妇的突兀举止和问话，一下子使朱老官由衷难言，不知该如何答对，于是便掀帘走出轿来，弯腰将小寡妇扶起，说：“小妇人，请本官回府想想，三日之内回你所问。”

朱老官回到县衙后，即刻换装与家员一块下去访察。原来，小寡妇是个知情达理，心地善良的贤妻。早在一年前丈夫得痨病死后，家里撇下一个八十多岁老母和一个不满周岁的孩子。为了维持生活，小寡妇起早搭黑，风雨不阻地在粮集上扫集。有时扫个升升把把，回到家后，筛筛簸簸，拣掉尘石、上碾上推推糊口，有时连一颗粮食也扫不上，只得勒紧裤带挨饿，就这样断断续续生活了一年多。前几天，小寡妇又上去扫，不料被粮行的人打了一顿，诬为偷了人家一把米，打得鼻青脸肿，丢人败信，回到家后，见以前扫的还剩一点米也被黄狗闯进门来偷吃了，于是祖孙三人，抱头痛哭，好不悲伤。这样惊动了五邻六舍，得知此事个个同情，有些人就为她们祖孙仨人出主意，想办法，最后有人说："县衙朱老官，为人清正廉明，何不去找找他，或许会接济接济。"就这样，朱老官在十五那天焚香回来的路上，小寡妇拦住了他的轿。

朱老官把小寡妇的情况访明后，急差役拿了五两银子和几身衣裳，给小寡妇家送去，并留下一道铁牌，上写；

婆母有德 儿媳有贤

上感皇恩 下谢邻舍

每月初一 知府拨钱

养母送终 育儿上学

从此，小寡妇一家三口人，生活有了依靠。没隔几年，朱老官离任凤台县时，因朱老官为民办了许多好事，百姓谁也不愿意让他走。特别是小寡妇一家，跪在轿前拦着朱老官。朱老官没法子，只得走出轿来劝说。哪料劝说后刚转身上轿抬腿时，忽被小寡妇的婆母拽住一只靴，随手脱了下来。待朱老官起身发马走后，人们跟着她们祖孙三人，把这只靴敬谢在城北的钟鼓楼上，以示人们对他的缅怀和敬仰。解放时，随着战争硝烟弥漫，钟鼓楼和那只靴已化为灰烬，但朱老官的故事，仍广泛地流传于民间。

（徐软珠　粟金马）

肉斧斩布鞋

相传清道光二十五年（1845），盐桥附近的长庆街五老巷一家茶店门口，一个叫边春豪的诸暨人，在那里摆摊替人鞝鞋，修鞋，作小本生意。还为附近住户鞝鞋、修鞋，也向过往行人兜售自制的布鞋。在那个年代，还是布鞋的一统天下，当时杭州城里鞋店鞋摊众多，要创业何等困难。边春豪为人憨厚又勤劳认真，擅长制鞋手艺。他用新布按照鞋子尺寸裁剪填底，用上过蜡的苎麻线纳底，再配以缎子或“直贡呢”（一种棉布名）做鞋帮。托吃茶的熟人写了块牌子“全新布底鞋”放在摊头上。这种用新布纳底的鞋子，比起当时用旧布纳底的鞋子，自然挺括、耐磨、平整得多。当然价钿也要贵一点。故买的人很少，有时一连几天也卖不出一双鞋。

因五老巷靠近贡院和盐桥，赶考的，做生意的，经常要路过五老巷。一天，有几位来省城赶考的秀才，见摊头上那块牌子，其中一位秀才不禁好奇地问："你这双鞋自称是全新布做的，何以见得？"边春豪觉得秀才言之有理，立即拿了一双鞋向附近肉店走去，请卖肉的帮忙。只见卖肉的手起刀落，一只鞋子随即一分为二，露出一层层全新的布。众秀才及围着看热闹的人见状心悦诚服，当即有几位秀才各买了一双布鞋。尔后，"肉斧斩布鞋"的事就不胫而走，传遍杭城，边氏鞋摊声名鹊起，来买布鞋的人日见增多。数年后，边春豪有了点积蓄，就在盐桥附近购置了一块地皮盖房子开店，鞋摊变成鞋店，取名"边福茂鞋店"，并以"万年春"作标记，寓意边氏鞋店万古常青，永不凋谢。

靴子岭

涿县往西偏北，有个靴子岭，岭下是涿县小江南稻地八村。

很久很久以前，这里的村民勤勤恳恳耕种，庄稼收成不错，日子还算太平。有一年天大旱，村里的人只靠泉水浇地。稻田离不开水，水比金子还贵。可是，狠心的冯老财把泉霸占了，他派人把泉水看起来，不准人们用水。

一天天过去了，老天还是不肯下雨，响晴的天不见一丝云。火辣辣的太阳快把稻田晒焦了，禾苗旱得耷拉着脑袋，庄稼人心里像揣了一盆火，眼看日子没指望了，谁不急。

村里有个叫梁春的小伙子，看看这情景，气愤不过，就去找冯老财说理。谁知冯老财蛮不讲理，竟指使狗腿子把梁春打了一顿，撵出门外。

村里人见冯家这样蛮横霸道，就合伙商量，决定由梁春带着乡亲们去县里告状。他们哪里知道，县太爷腰里掖着冯家的银子，冯老财早把官府买通了。

常言说，"衙门口儿朝南开，有理没钱别进来，"这话不假。那年月，哪里有穷百姓说理的地方。

县太爷升堂，假装公正地说："你说你有理，他说他有理，以何为证？"停了一会儿，他又阴险地笑着说："这样吧，我这儿有铁靴一只，是当初挖泉人丢的，谁能穿上，泉水就归谁。"说完，命衙役把一只烧红的铁靴放在众人面前。他满以为这一下就把胆小的村民吓住了，谁还敢争水？可是，他的算盘打错了。

梁春听了县官的话，立即走到铁靴跟前，他没有犹豫，把脚伸进了铁靴里。

县官惊呆了，无计可施。冯老财也只好认输。

从此，泉水又回到了人民手里。可是，勇敢的梁春却被铁靴烫得昏死过去，倒在地上，再没有醒来。老百姓为了纪念他，把那只铁靴放到西山的山梁上。从那时起，这道山梁就改名叫靴子岭。

（口述　王恨庚 宋俊然　整理　史冰）

鞋匠揭皇榜

西晋末年，匈奴人刘渊僭即帝位，建都蒲依，寻迁隰州。时战火仍频，渊率军南攻平阳，朝事委杨骏署理，骏抱病，由隰州判刘昭佐代。昭乃渊侄，仗势凌人，骄横跋扈，遂致众叛亲离，政务日废。

他日有西域传教士来隰，驻脚驿站，语言无能与闻。驿站守卒疑为间谍，飞速报昭。昭一面部署警戒，一面命礼宾官员前去应付。这些官员多属刘昭便僻佞友，谄诈有余，才德不足，去到驿站见三人高鼻蓝眼，很是惊恐，说话叽哩呱哇，一点不懂，又疑为入寇前锋来下战表的人。刘昭无奈，命有司张贴皇榜，期限三日，有人能与外邦使者对话，探明来意或驱逐出境者，赏金五百两。

皇榜贴出后，观者甚众，转眼已是第三天，却无一人敢揭。是日下午，城内一个钉鞋匠闻此消息，心想碰他一下怕什么，反正自己是个贫苦人，再倒霉也不过讨饭吃，不妨碰个运气，也许碰到点子上。他拿定主意，就挤开人群，上前揭了皇榜，守榜官员立即报给刘昭。

这两天刘昭正为此事心焦如焚，一听有人揭了榜，就象溺水人抓住一根稻草似的，救星！救星！急忙传谕："快宣进来，公堂议事。"当他看见来人是个其貌不扬，衣着褴褛的穷汉时，火热的心顿时凉了一半。转念又想，"人不可貌相，海水不可斗量，"时至今日，只好冒险渡筏，或许能登彼岸，想到这里就立即问了一声："先生可懂世语？"

"管他是男是女，什么鞋我都钉。"鞋匠自信地回答。

刘昭系胡人，说话音韵和隰县土语有很多差异，他听成"管他是言是语，什么话我都懂。"马上喜出望外，命左右为贵客打水洗漱，更衣冠带，然后由礼宾员陪同去到驿站应对。

钉鞋匠和三个传教士分宾主而坐，众官员及随从列队观看，只见传教士甲把手一挥举到自己头上拍了一下，钉鞋匠用右脚往地上使劲一蹬；传教士乙使左手在自己胸口一拍，钉鞋匠用右手在自己屁股上也一拍；传教士丙左手翘出拇指晃了几下，钉鞋匠右手掌心向前五指并拢摆了两摆。

打手势会谈进行到这里，三名传教士互相使个眼神，向钉鞋匠双手合十施了一礼，牵马而去。他们在回归的路上议论，甲说："我在头上拍是表示头顶青天，人家把脚一蹬反扑道脚蹬神仙。"乙说："我拍胸脯的意思是传教胸怀世界，人家在屁股上一拍反扑道早已坐定乾坤。”丙说：“我翘起拇指表示我们传授一佛出世，人家五指并拢回答已有五位菩萨。”

钉鞋匠驳退了传教士，在众官员拥护下回见刘昭，昭惊喜若狂，忙问左右，何以如此之速？皆莫能对。钉鞋匠说：“很容易。第一个人手往头上一拍，说我是理发的，我用脚一蹬表明是个钉鞋的。第二个人拍胸前说钉鞋用的肚皮，我拍屁股告诉他是臀部的。第三个人举起手指问我钉一双鞋一文钱行不行，我把五指一挥告诉他五文也不行。

刘昭听了，苦笑一阵，只好按榜文赏赐钉鞋匠五百两纹银。

三个臭皮匠

赤壁大战时，周瑜见诸葛亮的才能胜过自己，暗暗怀恨在心，就叫诸葛亮三天以内造出十万支箭，想借这个机会杀掉他。

诸葛亮不请工匠，也不买材料。他摇着鹅毛扇，迈开八字步，带上三个随从，到江边转了一转，又到草料房走了一走，看过天气，料定第三天清早有大雾，就想出了草船借箭的办法。他叫三个随从把二十只小船两边插上草把子，围上青布幔子，说是到时候自有妙用。

三个随从照诸葛亮的吩咐安置妥帖后，回来禀报说：“军师真会想心事！莫不是要把这些草把子船划到曹军水寨去，逗引他们放箭么？”

诸葛亮神秘地一笑，说：“这是军机大事，你们不要细问！”

三个随从互相使了一个眼色，对诸葛亮说：“这个主意好是好，不过，要想受箭，就得把船划到水寨近边，万一他们看出了破绽，只见布幔不见人，就不会再上你老人家的圈套了。”

“呃，倒也说得有理啊！你们都是眼眨眉毛动的角色，想出了什么高招儿啊？”

“我们都是皮匠出身，刚才想了法子，保险能瞒过曹兵。”

“能不能说给我听听呢？”

“军师请莫细问。你在周郎面前立了军令状，我们也在你老人家面前立个军令状，明天夜里看家伙！要是不如你的意，甘受军法！”

“嚯，跟我卖起关子来了！好吧，我信得过你们。”

第二天晚上，三个皮匠请诸葛亮到江边查看，每只小船的船头都立两三个稻草人，套上了皮衣、皮帽子，就像活人一样。诸葛亮点点头，笑着说：“真是智者千虑，必有一失啊！”

第三天，趁着江上起了雾，诸葛亮带人驾起这二十只小船，到对江擂鼓呐喊，威武得很。岸上曹兵也不晓得江东来了多少战船，又怕中了埋伏，只顾朝喊声处放箭。

射了一阵，不见江东一兵一卒靠岸，曹兵起了疑心，停止放箭，派出眼睛尖、胆子大的逼近江边仔细探查。这些人，朦朦胧胧地看见只小船上都有“士兵”，戴着头盔，穿着铠甲，急忙大喊：“有人，真有人！”

这时船上的鼓声更响，喊声更猛了，曹兵认为江东兵就要攻上岸来，又万箭齐发，射向小船。不一会儿，诸葛亮就“借”来了十万多支箭。

这件事在老百姓中一直流传着，有句俗话“三个臭皮匠顶个诸葛亮”，就是说的这事儿。

鞋匠漆工教才子

海盐才子顾况，来到县城求学，因他聪明好学，常常得到老先生的赞扬。一段时间下来，顾况竟慢慢骄傲起来，动不动就逃学出去玩。

这一天，顾况又欺着老先生人老眼花，偷偷从后门逃学出来。谁知走了没几步，脚下的钉鞋被烂泥鳖坏了，脱落好几颗鞋钉。顾况没有办法，只得垂头丧气地来到大街上找一位鞋匠师傅修理钉鞋。

那修鞋的老师傅见是一个读书人，就存心考考他，开口说：“小官人，我这里有一个上联，你如能对出，我给你修鞋分文不取；如对不出，那你就要加倍付我工钱。如何？”顾况很自负，一口答应了。

那修鞋师傅一手拿起铁钉，一手拿起破钉鞋，开口说出了上联：

“铁钉钉钉鞋，钉钉停停，停停钉钉，牢。”

顾况听罢，心想：这算什么联句？但仔细一想，三个“钉”字叠在一起，含义又各不相同，十分难对。他冥思苦想，绞尽脑汁，怎么也对不上来，不觉涨红了脸。

那修鞋师傅故意奚落顾况似的，又提高嗓门重新念了一遍。顾况更是羞愧万分，汗流满面。

这时，鞋铺对面的一爿漆匠店里走出一个伙计，一手拿漆刷，一手托漆盘，随口说出下联：

“树漆漆漆盘，漆漆息息，息息漆漆，亮！”

好一个下联，以俗对俗，以匠对匠，顾况禁不住叫起好来。

从此，顾况接受教训，珍惜光阴，读书分外用功。后来成为唐代历史上有影响的大诗人。

绣鞋计

屯留城北边有座白云山。山上白云缭绕，山脚下小溪环流，满山桑田碧绿，山坳茅舍相连。

从前这里住着一对孪生姐妹，长名冲淑，次名冲惠，生就一个绝美绝美的容貌。她姐妹俩孝敬父母，和睦邻里，栽桑、织锦，勤劳，贤惠。

离此山不远有一座麟山，山上住着一个叫崇龙的人，此人生性贪奢，奸诈强暴，一心想将白云山和二位姑娘霸为己有。他挖空心思，想出一计，在一个晚上偷偷将自己的宝剑插入白云山头，以此物为霸占此山之据，别人无权敢争。

第二天，乡亲们一见宝剑，大吃一惊，急忙去找冲淑、冲惠商量对策。当晚冲惠睡觉脱绣鞋时忽然心生一计，便向姐姐冲淑讲了一遍，冲淑非常赞同，姐妹二人就照计行事了。第三天崇龙把众人叫到山上，逼着交出白云山和二位姑娘。乡亲们面面相觑，无可奈何。已在燃眉之时，突然冲惠从人群中挤出来，大声喝道："崇龙，住手！白云山本是我们的，你来强霸，有何为凭？"崇龙哈哈大笑："我有宝剑为证，你有何为凭啊？"冲惠道："我有绣鞋作证。"崇龙即该将宝剑拔出一看，果然宝剑下插着绣鞋一双。乡亲们这才明白，冲淑、冲惠二姐妹智谋非凡，避免了一场大祸。崇龙羞愧满面，愤恨而去。但他贼心不死，还妄图伺机报复。

一日，冲淑、冲惠正在桑田采叶，崇龙兴云作孽，呼风唤雨，在白云山一带下了一场冰雹，将桑田打得七零八落。冲淑、冲惠也因遭雹雨袭击而病倒。这时，眼看秋蚕无桑喂养就要饿死，乡亲们焦急万分。冲淑、冲惠挣扎着病体和乡亲们一道日夜把残桑一棵一棵地扶起，精心浇灌，使之长出新叶。乡亲们喜出望外，可是冲淑、冲惠因疲劳过度，积劳成疾，双双离开了人间，乡亲们悲痛万分。为了纪念二位姑娘，就在白云山头为姐妹修了庙宇，塑了金身，称二位姑娘为冲淑、冲惠二真人。

草鞋计

几百个造反的后生守在叭朝叭篁。①

这是一座很险要的山。四面是悬崖陡壁，只有一条小路可以通到山顶。后生们守住山顶路口，清朝官兵无可奈何，只有在山脚下把山包围，每天日里抬起脑壳望山叹气，夜里缩起脑壳躲到营盘里去打牌赌宝。

后生们守了四五个月。一个阴雨的夜晚，因为山上没得盐巴了，后生们下山来找盐巴。山上下来很多人，他们恐怕官兵乘虚攻山，便想出了一个计策，都把草鞋倒穿起。这样一踩，下山的草鞋印全部成了上山的草鞋印。后生们就是这样下了山，分头找盐巴去了。

第二天早上，官兵的探子出来巡逻，看见湿泥里的草鞋印，吓得魂飞天外，连忙转回营盘禀告提督[2]：“大人，不得了！昨夜有千万把人上了山！”提督一听，连忙下令退出十里，集中扎营。退定以后，他才松了口气，并赶忙写了个禀贴给坐镇的凤凰县城里的总督[3]：“贼兵一夜之间，竟骤增十万之众，图谋突出重围。幸部下及时发觉，早窥其奸，始转危为安。”

后生们平安无事找到了盐巴，又在夜间回来了。他们上山的时候，又把草鞋倒穿起，于是上山的草鞋印又全部变成了下山的草鞋印。

后生们回山的第二天早上，官兵的探子又查看了草鞋印，高兴得发狂起来，急忙飞跑去报告提督：“大人，昨夜有千万把人下了山，山上此刻空虚。”提督也高兴得不得了，赶忙起身下令：“乘匪寨空虚，即可攻山！”

提督带领五六千官兵来到山脚下，先派十几个人沿小路爬上去试探。这十几个人爬到半山，不见一点动静，提督更加放心，下令全面攻山。官兵到底还是胆虚，快爬到山顶时，又都怯起阵来，提督就“身先士卒”，带头冲上山去。

哪晓得刚到山顶的时候，忽听得山上杀声震天，岩头、铁子、飞箭像冰雹一般飞来，打得官兵哭爹喊妈，连提督一起，一个个都滚到悬崖深谷里去了。

(汤炜 整理)

注解：

① 叭朝叭篁：山名，又名天星山，在湘西凤凰县境。

② 提督：官名。清以提督为地方的高级军官，全称为提督军务总兵官。

③ 总督：官名。清代地方最高官名，辖一省或二、三省，综理辖区内的军民要政。

勾尖绣花鞋的传说（彝族）

相传，很早以前，在彝族人民居住的依底寨，有一个勤劳、美丽的基妞姑娘，和格么寨的小伙子格沙相爱。按照彝家的规矩，他们举行了热烈而欢乐的婚礼。婚礼后，基妞姑娘回到娘家，按原约定的日子，在家住满一个月后，基妞换上漂亮的衣裳，穿上美丽的勾尖绣花鞋，从娘家回婆家来。基妞翻过一座又一座山梁，跨过了一条又一条青沟，象春天的燕子回山乡一样快活。当她走到一座遮天蔽日的老林间时，突然被一条像树桩样蜷缩在路边的大蟒蛇吞进去了。新郎格沙想到今天是新娘回来的日子，早在寨边等候，从百灵欢歌的早晨，等到鸟儿归窝了，还不见基妞归来。他焦急地回家约了几个伙伴，背上长刀，打着长长的火

图87

勾尖绣花鞋的传说（彝族）
彝族新娘基妞穿着漂亮的勾尖绣花鞋回婆家。路过老林子，被路边的大蟒蛇吞了进去。新郎格沙等得很着急，便顺路找来。只见一条巨蟒横在路上，嘴角处还露着一双绣花鞋。格沙等拔出长刀杀死蟒蛇，剖开蛇腹救出了新娘。此后，绣花勾尖绣花鞋便成了彝族姑娘的嫁妆。

把，顺路寻找。当他们走到老林边时，只见一条巨蟒横在路上。仔细一看，蟒蛇嘴角处还露着一双绣花鞋。人们断定新娘一定被蟒蛇吞进去了。勇敢的格沙和伙伴们拔出长刀奋起同蟒蛇搏斗，杀死了蟒蛇，又用长刀剖开蛇腹救出了新娘。新娘慢慢苏醒过来了，竟无一处受伤。（图87）

回到寨子里，乡亲们都说：蟒蛇吞不进勾尖绣花鞋，基妞和格沙能团聚，绣花鞋立了一功哩！从此，为祝福新娘一路平安，祝贺新郎新娘幸福，每逢出嫁时，家人和伙伴都要给新娘绣制一双漂亮的勾尖绣花鞋，穿着到婆家去。

鱼皮靰鞡的故事（赫哲族）

从前，有一个小伙子到巴彦玛发家做工。巴彦说："小伙子，这双鱼皮靰鞡送给你穿。你要是在两个月内穿破了，我就付给你工钱，要是穿不破，你就白干。"小伙子想，就是铁做的鞋也让我这双大脚磨漏了，何况是双鱼皮靰鞡，就痛快答应了。说来也怪，这小伙子天天干活穿它，眼看两个月快到了，这双鱼皮靰鞡一点没破。小伙子很犯愁。这时，好心的姑娘达露沙告诉了他穿破这双靰鞡的秘密："鱼皮靰鞡不怕硬，不怕磨，就怕碰牛粪。"第二天，小伙子在牛粪上踩了几下，晚上干活回来，靰鞡的底露出了两个大窟窿，气得巴彦码发直吹胡子瞪眼。

翘鼻绣花鞋的故事（水族）

水族女喜穿青色的无领对襟短衣，身大袖宽，衣服角上镶有彩色花边。不论穿长裤、短裤，还是系布围腰，脚都穿翘鼻绣花鞋。不论过去还是现在，他们都喜欢在衣服和裤子、鞋子上绣上红红绿绿的花边。相传很早以前，水族人民居住的地方，山高林密，杂草丛生，毒蛇为患。有一个名叫秀的水族姑娘，千方百计地想为人们找出一种防御毒蛇的办法。她心灵手巧，用红绿丝线在衣领、袖口、襟边、裤角上绣上一条红红绿绿的花边，又在鞋上绣上一些花草。她穿上这身衣裤和鞋子，独自在深山密林中砍柴，果然毒蛇见了花边衣裤和绣花鞋子就逃走了。从此，水族妇女的衣裤和鞋子上都绣上了花边。后来，妇女们又议定：凡已婚妇女就穿绣花边的衣裤、花鞋；未婚的姑娘只穿绣花鞋。就这样，年复一年，成了当地的民俗。

高底木鞋的来历（满族）

在早先，满族妇女讲究穿木底鞋，在绣鞋底部当中央，镶块厚木底，形状像"马蹄"，叫"马蹄底"，也有叫"龙鱼底"或"四闪底"的。听老辈人讲，最早穿高底木鞋的，是一位名叫多罗甘珠的女罕[1]。

一千多年以前，虎尔哈河发源地有个小部落，养马闻名。部落长叫多罗罕，为人忠厚、俭朴，没有头领的威严，却有平民的淳朴，胸前已配了七十多粒串珠了[2]，还为部落苦心操劳与大伙同甘共苦，建起了小小的阿克敦城[3]。多罗罕有个格格，叫多罗甘珠，长得象天上的仙女，虎尔哈河上的明月。她聪明机智，文武奇才，辅助多罗罕治理城池，开疆造田，几年光景把部落治理得挺富足。打下的米谷，年年用不了；猎得的獐、狍、虎、豹，多得皮张穿不了，晒出的肉干装满哈什[4]，吃都吃不了。

虎尔哈河对岸不远，有个大部落叫古顿城。头领是哈斯古罕，这人狡诈、阴险，象公鹿一样好斗，跟狗鱼一般贪婪，他靠武力征服了附近的小部落。在虎尔哈河上游，他瞧阿克敦城就象瞎蠓见了骏马，垂涎三尺，总想吞并它。别看哈斯古罕六十出头，胡子比他脑瓜顶的秃毛多得多，可是个老色鬼，他抢来男人当家奴，抢来妇女玩够就杀掉。身边漂亮的妃子虽多，同多罗甘珠相比，就好象是草窝里的鹌鹑比云霞中的凤凰。哈斯古罕几次提亲，多罗甘珠就是跟罕阿玛[5]说："哈斯古是毒蛇，不嫁！只有啊哈朱子[6]肯替阿克敦献出智慧，我愿意嫁给他！"这话传到了哈斯古罕耳朵里，气得咬牙切齿。

哈斯古罕不死心。这天，他备好四十匹马、二十罐米酒和一对玛瑙石匣，让心腹戈什哈，去阿克敦说亲。

鹰落院子，小鸡要遭殃啦！温厚的多罗罕擦擦昏花的老眼，瞧着一院彩礼，心惊肉跳。石匣里的礼物挺古怪：一个匣里，装着穿鬃丝耳绳的小石猪；另一个匣里，摆着三支扣鹰爪的哨箭。多罗甘珠正在点兵场操练马箭，听到信儿，打马赶来啦。

多罗罕和亲随们正在大眼瞪小眼地盯着彩礼，猜不透哈斯古葫芦里卖什么药，一见多罗甘珠来了，多罗罕忙说："瞧吧！这自古少见的奇货！"

多罗甘珠说："哈斯古真比黑瞎子还蠢笨，这算啥难题呵！石匣是强盗的战书。"

几次提亲，都遭到拒绝。一次他以饮宴打猎为名，害死了多罗罕。又率兵攻下阿克敦城。

多罗甘珠的兵马和难民，在密寨里时间一长，眼看粮食吃光啦，又闹开了瘟疫。人病的病，死的死，快没有活路了。一天，多罗甘珠强挣扎着身子，思谋着退敌之策。阿克敦城的三面，围着"红眼哈塘"。红锈水有三尺深，人马淌不过去。只有一面是山地小路，是全城的通道。可是，这条路让哈斯古罕的兵马把守严严的，怎么通的过去呢！她连忙跑回树林里，把密寨的人全唤来了，说："白

鹤为啥能在泥塘里站挺长时间不下沉？因它腿高，又长着树杈一样很长的脚趾。我们不能做个的鹤腿，杀回家去吗？”（图88）

大家一听，眉毛舒展开了，乐得眼圈都红了，就七手八脚，从树林里砍来不少枝杈，登在脚下，到塘头泥里插呀，试呀，果然不沉。于是，多罗甘珠让逃来的所有男女老少，每人都用树枝杈做白鹤脚，多罗甘珠亲自率领卒兵和难民，连夜身披绿草，脚踩高木鞋，冲到了阿克敦城。哈斯古罕做梦也想不到从甸子飞过人来，兵马毫无防备，早就乱成一团，哈斯古罕没跑过虎尔哈河，就让乱箭射死了。不到半宿工夫，就夺回了阿克敦城。古敦城的平民恨透了哈斯古罕，听说他死了，都来归顺多罗甘珠。三个部落和六个噶珊的首领也归服了。从此，虎尔哈河上游联成了兄弟相亲的一个大部落，过着和平安宁的生活。

多罗甘珠被推为女罕，她同控马奴西查安结成了夫妻。阿克敦旧城被哈斯古罕破坏了，人们就在多罗罕被害的松林里，重建起阿克敦城⑦，就是著名的敖东古城。从此，妇女们上山采蘑菇，采榛子，防备踩着毒蛇，都喜欢在脚上套上这种木底鞋，世代相传。后来越改越精致，便成了高底木鞋。

注解：

① 罕：满语，王。

② 过去女真风俗，年长者每增一岁，增一粒石珠。这里指七十岁的意思。

③ 阿克敦城：既敖东城，在吉林省敦化县境内。

④ 哈什：满语，仓房。

⑤ 罕阿玛：满语，父王。

⑥ 阿哈朱子：满语，奴才们。

⑦ 敖东古城：在吉林省敦化镇有遗址。

云云鞋的由来（羌族）

很久以前，在羌寨的大羊山上，有一个少年，他每天都要赶着羊群到大羊山上去放牧。他的父母因为交不起青稞被寨主活活打死了，所以他的衣服破了没人补，鞋子烂了没人做，成年累月赤脚亮膊往返在牧道上，真是孤苦伶仃，无依无靠。

大羊山的半山腰有一个小海子，湖水碧绿明净。湖岸四周生长着一圈羊角花林，春末夏初时节，景色非常迷人。站在山巅俯首望去，象是一颗蓝色的宝石镶嵌在一个大花环中。

有一天他赶着羊去湖边饮水，看见一条大鲤鱼跃出水面，游到湖边吃着从羊角树枝上凋落在湖水边的花瓣。第二天，他照常赶着羊去湖边饮水，同样看到那

图88

高底木鞋的来历（满族）

罗甘珠和乡亲们，被哈斯围困在“红眼哈塘”中，尽粮绝，城堡丢失。面对尺深的水塘，她们看见高的白鹤在泥塘里挺立不沉，学着用树枝杈做白鹤脚，夜脚踩高木鞋，冲出重围，死哈斯古罕，回到阿克敦。后来，妇女们都喜欢套种鞋，再后来，越改越精，便成了高底木鞋。

条大鲤鱼跃出水面游到湖边吃花瓣。一连几天都是如此。牧羊少年想：要是能够把这条大鲤鱼钓起来，美美地吃一顿就好了。这天晚上，他趁寨主的二小姐不在家，偷偷地溜进她的房间，在针筒里抽了一根绣花针，回到自己的破棚子里点燃松明子，做了一个钓鱼钩。

第二天，他拿着钓竿，赶着羊群匆匆忙忙地来到湖边，刚坠下鱼饵，那条大鲤鱼就上钩了。牧羊少年急忙把钓竿往湖岸上甩，刚把那条大鲤鱼拖出水面，那条大鲤鱼立刻变成了一位年轻美丽的姑娘，彩裙拖在水里，倒影在湖中，真是美丽得像仙女一样。牧羊少年正纳闷不解，那鲤鱼姑娘便说话了："阿哥，别怕，我就是为了您，为了做一个自由善良的凡人才离开水晶宫，离开父亲到人间来的。您为什么赤着脚来山里放羊呢？您的阿爸和阿妈呢？"

牧羊少年还是呆呆地站着，不敢相信鲤鱼姑娘的话。鲤鱼姑娘看着牧羊少年那神情，又说："阿哥，我说的都是实话，您收下我吧，我什么都能做，不但能够给您做饭、洗衣，还能够把天上的云块撕下来做衣衫、布鞋。您收下我吧！"

牧羊少年被鲤鱼姑娘诚实、火热的话语感动了。他微微地点了点头，鲤鱼姑娘就扑到他的怀抱里了，他俩紧紧地偎依在一起了。

太阳落山了，鲤鱼姑娘抚摸着牧羊少年那双生满厚茧的赤脚，心疼得快要裂了，她顺手撕来一片天上的云块，摘来一束湖畔的羊角花给牧羊少年做了一双漂亮的云云鞋。就这样牧羊少年与鲤鱼姑娘结成了一对幸福、美满的夫妻。他们在大羊山上耕耘、织布、生儿育女（图89）。

后来，在羌族地方就形成了这样一种传统风俗：只要姑娘同小伙子恋爱上了，就必须做一双精致的云云鞋赠与小伙子做定情信物。

（周绍华[羌]搜集整理）

猫头鞋的故事

江南水乡，特别是苏南太湖地区，刚学会走路的孩子都要穿猫头鞋，据说要一连穿破七双才行。

年轻的母亲，在做鞋时，喜欢用蚕茧剪成猫的眼睛和鼻子打成底样，然后再用彩色的丝线刺绣。白线眼睛的黑线眸子，黄线绣成大鼻子，嘴和胡子用红绿线，再用绸布做猫耳，形象逼真，纤巧精致。一双猫头鞋就是一件精美的民间艺术品。

孩子们为什么要穿猫头鞋呢？说来话就长了。

很早以前，兽中之王是猫，它不但本领高强，而且大公无私。就说最简单的一件事吧，人们用十二种动物做生肖，猫派了别的伙伴，唯独漏掉了自己，所以

89

云鞋的由来（羌族）

族少年每天都要到湖边去羊，这天他从湖里钓到一大鲤鱼，刚拖出水面就变了一位美丽的姑娘。姑娘少年赤足，就顺手撕来一天上的云彩，摘来一束湖的羊角花，给他做了一双亮的云云鞋，就这样他们为美满的夫妻。后来，云鞋就成了羌族姑娘赠与小子的定情信物。

今天我们就没听到过谁的属相是猫。当时的虎是个愚蠢的庞然大物。可是，它一心想当兽王。它知道没有本领是当不了兽王的，所以它特地拜猫为师，专心学艺。猫呢，循循善诱，把自己窜、抓、扑、捕等各种本领毫无保留地教给了虎。虎的本领逐渐大了，尾巴也翘起来了。它想，世上除了猫，不就是我本领最大吗？于是起了坏心。

一天，虎趁猫不备，突然猛扑上去。猫可机灵着呢，它把身子一偏，虎扑了空。接着，虎又张开血盆大口凶狠地向猫扑来，猫转身逃跑，虎紧追不放，一心要把猫搞死。这时恰好一株大树挡住了它的去路，猫儿“嗖嗖嗖”很快爬上树端，这下可把虎愣住了。原来虎就剩下这一招还未学到手，急得在树下团团转。猫在树上哈哈大笑：“虎啊，虎啊，你忘恩负义，你的用心未免太歹毒了。”从此，虎再也无脸见人，只得逃进深山里躲起来。

自从老虎闹事后，动物就开始分化了：一部分专干坏事，成为人类的敌人；另一部分做好事行善，成为人类的朋友；有的随老虎进入山林，有的跟猫留在平原。猫为了帮助人类捕杀偷吃粮食、啃咬衣服家具的坏蛋老鼠，就苦练本领，除了能上树捕飞鸟外，还练就了一双黑夜中特别敏锐的“神眼”，为人类站岗放哨。所以江南水乡家家户户都喜欢养猫，孩子们也穿起了猫头鞋来。

给人穿小鞋的来历

从前有个十分标致的姑娘，她的后妈打算把她许配给自己娘家的侄儿为妻。这姑娘见过这个侄儿，不仅生得丑陋，而且是个哑巴，死活不肯嫁给他。这下惹恼了后妈。后妈打算把姑娘狠狠整治一下。适逢有个媒婆登门，为邻村一个秀才，来给姑娘说媒。后妈表面上满口答应，背地里却剪了小半寸的鞋样儿，请媒婆带走了。原来这个地方，有这样一个风俗，媒婆说媒，都必须带女方的鞋样儿，请男家定夺。如果有的人家女子脚大，故意把鞋样儿剪小哄骗男方，也没办法。在男家同意亲事后，就留下鞋样儿，按照尺寸做一双石榴花儿红绣鞋，连同订婚礼物一并送至女家。成亲那天，新娘必须穿上这双石榴花儿红绣鞋。如果当初故意尺寸弄小，自然穿不上，就要丢大丑哩。这个恶心的后娘，悄悄将男方做的那双小半寸的石榴花儿红绣鞋藏好，临别上轿时，才拿给姑娘。姑娘怎么也穿不上这对小鞋，一气之下就悬梁自尽了。从这个时候起，人们便把那些背后使坏点子整治人的行为，叫做“给人穿小鞋”。

（三）寓言

一截楠木

一截优质的楠木，被雕刻家刻成一尊精致而又庄严的神像。神像让人供奉，时时香烟缭绕，餐餐鱼肉满桌，终日悠闲，无所事事。楠木觉得这种生活无聊得令人发慌，决心要改行。于是，雕刻家把它改制成一双木屐，让人穿在脚上。人踏着木屐前进，有时踩在玻璃碎末或小铁钉上，被刺得千疮百孔、遍体鳞伤、疼痛难熬；有时踩上了鸡屎狗粪，弄得又脏又臭；有时行程遥远，浑身疲惫不堪……一天，雕刻家问那楠木屐：“你成了木屐以后，又有什么感触呀？”改成木屐的楠木闪着晶莹的亮光，坦率地说：“现在我感到踏实了。能为人的前进效劳，虽苦犹乐呀！”

鞋袜告状

有个人的鞋子和袜子都破了，鞋子说这是袜子的毛病；袜子说这是鞋子的毛病。鞋子和袜子谁也不服谁，都跑到神仙那里去告状。神仙说：“你们俩打官司，得有一个证人哪。”就把脚后跟传来了。神仙问：“你说他们俩谁是谁非？”脚后跟说：“唉！它们俩常年把我轰到门外边过日子，它们俩到底谁是谁非，你问我哪，我也弄不清楚。”

呢帽和布鞋

冬夜，一顶挂在衣架上的呢帽，忽然落在地板上。它的旁边默默地躺着一双布鞋。呢帽觉得自己高贵，很不满意布鞋的生涯；布鞋呢，认为自己是个脚踏实地的苦干者，也瞧不起喜欢出风头的呢帽。所以，它们一碰面，就互相嘲笑起来。呢帽笑布鞋：“下贱的东西，整天套在人脚上任人践踏，难道这也叫生活吗？”布鞋笑呢帽：“你戴在人头上，自然高贵，也出尽风头；可是寒天过去了，你又是废物！”其实，它们之间又有什么高贵与下贱之分呢！同是为人们服务，不过用处和贡献不同罢了。

画师和鞋匠

说不清是在哪座城市，有个技艺娴熟的画师。这画师相当聪明，为人也不爱虚荣。他把自己的作品带到市场展览，顺便想听一听观赏者的意见，如果有谁说什么地方不好，他乐意重新修改自己的画稿。就这样花费了一番功夫，他终于画好了一个人物。有一天市场上来了一个鞋匠，走到画像前停下来仔细端详，看了一会儿，鞋匠说道：“这双鞋画得真糟糕！”画师遵照他的意见作了修改，过了两天又把画挂了出来。鞋匠再次路过市场，看了画像高兴地想：我指出缺点他都重画了。于是对画又开口说话："这是张挺好的画像，欠缺的地方是他的衣裳。"可画师不同意他的见解，口气缓和地对鞋匠说："朋友，回家吧，你该自重，要议论服装我会去请裁缝。"

小兔子穿钉鞋

一只小白兔捡到一块马蹄铁，请人用它做了一双钉鞋，它穿起来，非常得意。可正当它一瘸一拐地溜达时，却碰上正在附近打猎的大灰狼。小兔子一阵乱蹬，好不容易才踢掉了钉鞋。当它逃进自己的洞穴，短尾巴只剩下小半截。这则寓言给人的教训是：盲目地模仿和装饰，有害无益。

（四）笑话

合伙买靴

兄弟二人用平时积攒的钱，合着买了一双靴子。靴子买回来以后，哥哥整天穿着它，从来不让弟弟穿。弟弟不甘心白出钱，便等哥哥夜里睡下以后，穿着它四处溜达。结果没有多久，这双靴子就被穿烂了。这时候，哥哥又跟弟弟商量说："我们再合着买一双新的吧？"弟弟一听犯了愁，连忙对哥哥说："不买了，不买了，买来靴子太耽误我睡觉！"

还差一只（图90）

从前，有一个光棍叫胡涂。有一天，村头有戏，戏开锣了，胡涂挤到台口，找了空地方，脱下了只鞋子垫在地上坐下来，眼睛不眨地看戏。戏散场后，胡涂手拿垫坐的鞋子站起来，发现自己光着一只脚，就大声喊了起来："哎！我掉了一只鞋子，谁捡了快还给我。"在场的人听他这么一喊，都围拢来。一个老汉指着胡涂手里的鞋子说："你手里拿着的不是鞋子么？"胡涂忙说："这只是一只，还差一只。"老汉说："你脚上穿的不是鞋？"胡涂不耐烦地说："这是脚上穿的一只，我手里还差一只。"

错穿靴子（图91）

有一个人，错穿了靴子，一只底儿厚，一只底儿薄，因此走起路来一脚高，一脚低。他十分惊讶地说："怎么搞的，今天我的两条腿为什么一长一短？想必是道路不平的缘故吧。"有人告诉他说："老兄，你大概穿错靴子了吧。"这人听了急忙叫跟随的仆人回家去拿靴子。仆人把拿来的靴子交给主

10

差一只

11

穿靴子

人，主人一看说："不必换了，这两只也是一厚一薄的，换上了还是老样子，往平路上走就好了。"

认鞋

有人暮夜归家叩门，其妻与人同宿，慌忙起来，其人从窗中逃走，遗下鞋在床下。其妻开门，夫见鞋佯为不见，欲到明日查问。其妻待夫熟睡，将鞋隐藏。次日，细看其鞋，说道："原来就是我的鞋，险些亏了人。"

修靴

一人靴子坏了，拿去让皮匠修补。皮匠不小心弄丢了。此人去取靴子，皮匠说："对不起，我把你的靴子弄丢了。我准备做一双新靴赔偿，不再要钱，你只请我吃顿饭吧。"此人很高兴，请皮匠吃了一顿。当再去取靴子时，皮匠说："你这次又该请我吃饭了。"此人问："为什么？"皮匠说："恭喜你，旧鞋找到了。"

幸亏没穿鞋子（图92）

很久以前，有个守财奴，虽家财万贯，却舍不得吃舍不得穿。一天，守财奴到亲戚家串门，刚走到院坝边，一条大狗扑了过来，在他脚后跟咬了一口。主人赶忙出来给他赶狗道歉。不料守财奴不但不怪，反而哈哈大笑，道："没啥了，幸亏我今天没穿鞋子，要不非把我鞋子咬烂不可。"

憨嫂换鞋底针（图93）

一天，阿狗挑着货郎担来到憨嫂家门口，他手摇拨浪鼓，嘴里不停地叫着："卖针线，敲糖块。"憨嫂坐在门槛上纳鞋底。"咯"一声断了鞋底针。她从缸里装了十几斤黄豆，要去换一枚鞋底针。阿狗心里乐了，今天又可赚得一大笔货。他倒进黄豆，递给憨嫂一枚针。但觉得过意不去，说："憨嫂，黄豆换一枚，另外，我还要白送你一枚。"憨嫂把接过来的这枚针藏好，取出黄豆换的那枚针退还给阿狗，说："我只要一枚就够了。黄豆不换了。"说完憨嫂倒回黄豆进了屋。阿狗气得半天讲不出话来。

偷靴

有人穿着一双新靴走在街上，忽然对面过来一人对他作揖、行礼，然后握手问候，十分亲热。穿靴人满面茫然，说："素不相识。"来人大怒，说："你今天刚穿双新靴，就不认老朋友了吗？"说着，摘下穿靴人的帽子，扔到路旁一座

92

亏没穿鞋子

93

嫂换鞋底针

房子上，然后扬长而去。穿靴人以为此人是醉鬼，倒也无可奈何。这时，又走来一人，笑着说：“刚才那人开玩笑也太过分了。大热天 ，晒得头疼，你何不赶快把帽子拿下来？”穿靴人说：“没有梯子，怎么拿呢？”这人说：“我一贯做好事，用肩膀给你做梯子吧。”穿靴人非常感激。这人蹲到地上，将肩膀耸了耸，说：“上吧。”穿靴人将要抬腿上肩，这人不高兴地说：“你也太性急了。你的帽子应该要，我的衣服也应该爱惜。你的靴子崭新，但靴底毕竟有土，这样岂不弄脏了我的衣服？”穿靴人连忙道歉，脱下靴子交给这人，然后踏肩上房。这人拿着靴子急忙跑走。取帽子的人在房顶上无法下来，周围的人则以为是朋友之间开玩笑，谁也不来过问。失靴人再三解释，方有人找来梯子让他下房，但偷靴子的人早已无影无踪。

借雨靴

天下雨，李五向祝先生借用了雨伞。晚上，李五好意把伞撑来，替他晾晾。谁知祝先生跑来讨伞，看见了很生气，说：“你白天撑它，晚上还撑它，不怕伞坏吗？”过了一天，天又下雨，祝先生向李五借雨靴。回来后，他雨靴也不脱，两脚齐伸进被窝里睡了，一面还狠狠地说：“你撑我一夜伞，我也穿你一夜靴。”

爱惜靴子

隆冬时节，有一位年轻后生，手里掂着一双崭新的靴子，却赤着脚在冰冻的狼牙路上走。一双脚被狼牙路扎得直流血。一个过路人问道：“老弟，你的靴子咋不穿上呢？何必这样吃苦？”他坦然地说：“我这靴子是预备晴天穿的，不是踩冰凌的。脚扎破了还可以长好，新靴子被磨破了岂不可惜！”

第二节　谚语、歇后语、谜语、对联

（一）谚语

嫖破鞋

特指找不正派的女人乱搞不正当关系。例：二儿佳碧，二十来岁，在家游手好闲，横草不拿，竖草不拈，每天起来嫖破鞋，串媳妇。

（马烽 西戎《吕梁英雄传》）

面似靴皮厚

是指人脸像靴皮一样厚，用以比喻不顾廉耻。唐李延寿《南史·卞彬传》："书鼓云：徒有八尺围，腹无一寸肠，面皮如许厚，受打未讵央。"宋欧阳修《归天录》第二卷："田元均为人宽厚长者，其在三司，深厌干请者，虽不能从，然不便峻拒之，每温强笑以遣之，尝谓人曰：'作三司使数年，强笑多矣，直笑得面似靴皮。'"后演化为"面似靴皮"。

鞋啃袜

袜不能啃鞋，即是说："石头可以击破鸡蛋，鸡蛋却不能撞击石头"，强弱悬殊，贵贱分明，何用再作比较？

穿厚底鞋

指夸赞，吹捧。义同"戴高帽子"。

穿高木屐子

指夸赞，吹捧。义同"戴高帽子"。

给人家提鞋

原指帮别人提上鞋，这是低贱人干的。指某人能力或其他方面不行，只配给别人提鞋。例：人是衣裳马是鞍，她要是有了细穿戴，小白菜也得给人家提鞋。

（冯德英《山菊花》）

好鞋踏臭屎

比喻为达到目的，宁可付出许多的代价。元张国宝《罗李郎》第三折："我舍著金钟撞破盆，好鞋踏臭屎。"

刺鞋合人骸

谚语谓手工制鞋，先量脚，后做鞋，故能合脚。比喻刚好适合。刺，用针线刺制；合：符合；骸：脚。

卖鞋的赤脚跑

是指卖鞋者自己舍不得穿鞋，光着脚走路。用以比喻小本经营，自己出卖的商品舍不得享用。宋代则作"卖鞋老婆脚趔趄"，见宋释普济《五灯会元》第十五卷洞山守初宗慧禅师：“僧问：‘师登师子座，请师唱道情。’师曰：‘晴干开水道，无事设曹司。’曰：‘恁么则谢师指示。’师曰：‘卖鞋老婆脚趔趄’。”趔趄：表示不穿鞋迈步不稳状。今则作“卖鞋的赤脚跑”，见柳青《铜墙铁壁》第六章：“而他自己真正像俗话说的‘卖鞋的赤脚跑，为了卖几个活钱使唤，始终没舍得尝尝那苹果甚味。”

鞋湿了就淌水

谓已经开头，就干下去。

穿新鞋，走老路

意为虽然在表现形式换了样，但实质内容仍然是老一套。

好鞋不踩臭狗屎

比喻好人不值得同坏人打交道。宋无名氏《清平山堂话本·快嘴李翠莲记》：“张虎听了大怒，就去扯住张狼要打。只见张虎的妻施氏跑将来道：各人妻小各自管，干你甚事？自古道：好鞋不踏臭狗屎。”《醒世姻缘传》第九十二回：“你好鞋不踏臭粪，你只当他心疯了，你理他做什么？”《三侠五义》六十一回：“客官问他作甚？好鞋不粘臭狗屎，何必与他怄气呢。”

借鞋，连袜子给脱

指有求必应，尽自己所有来帮助别人。例：“对！对！坤福的锅，不生问题。那人，咱借鞋，他连袜子给脱哩！保险！”（柳青《创业史》）

怕湿鞋就过不了河

比喻不做出一些牺牲，就达不到目的。

站在干岸上怕湿鞋

比喻冷眼旁观。清曹雪芹《红楼梦》第十六回：“咱们家所有的这些管家奶奶的，那一位是好缠的？坐山观虎斗、借剑杀人、引风吹火，站干岸儿怕湿鞋……都是全挂子的武艺。”

光着脚不怕穿鞋的汉

意谓穷得一无所有的人，就毫无顾虑，因而不怕富有的人。曹禺《原野》第二幕："'光着脚不怕穿鞋的汉'……我虎子是从死口逃出来的，并没打算活的回去。"

靴统里无袜自家知

大凡穿着皮靴的，都应穿袜，以保护脚部皮肤不致擦损，这俗语指"人的处境如何，生活如何，只有自己体会、知道，不必求别人谅解"。

新鞋旧袜，不如赤脚

谓搭配不上，不协调不好办。

左右的皮靴儿没番正

是指左右脚都能穿的皮靴没番正，用以比喻反正都一样。《金瓶梅词话》第二十五回："金莲道：'左右的皮靴儿没番正，你要奴才老婆，奴才暗地里偷你的小娘子，彼此换着做！'"（番：翻，反）

鞋底上抹油，溜之大吉

谓悄悄溜走。

鞋子是一双，样儿多哩

样儿，指鞋样儿。谓形式繁多。

瓜田不纳履，李下不整冠

是指经过瓜田，不要提鞋，免得被人误认为偷瓜；走在李树下不要扶正帽子，免得被人误认为摘李子。用此喻叫人们注意做任何事情都要注意避开容易被人嫌疑的地方。古乐府《君子行》："君子防未然，不处嫌疑间，瓜田不纳履，李下不整冠。小弟告回。"《京本通俗小说》第十三卷"志诚张主管"："第一，家中母亲严谨，第二，道不得'瓜田不纳履，李下不整冠'。要来张胜家中，断然使不得。"《警世通言》第十八卷："男女不同席，不共食，自古'瓜田不纳履，李下不整冠'，深恐得罪于尊前。"

踏破铁鞋无觅处，得来全不费工夫

是指历尽艰辛到处找不到，无意中毫不费力地得到了。源出宋释道原《景德传灯录》："踏破铁鞋无觅处。"元李寿卿《伍员吹萧》第三折："若得此人助我一臂之力，愁其冤仇不报，则除这般。正是：'踏破铁鞋无觅处，得来全不费工夫’。”《水浒传》第五十五回：“戴宗道：‘正是踏破铁鞋无觅处，得来全不费功夫。’”明兰陵笑笑生《金瓶梅词话》第八十七回：“这汉子听了，旧仇在心，正是踏破铁鞋无处觅，得来全不费功夫。”又，第九十九回：“正是：冤仇还报当如此，机会难逢莫远图。踏破铁鞋无处觅，得来全不费功夫。”

赤脚人赶兔，穿鞋人吃肉

是指穷人打兔子，富人吃兔肉，用以比喻劳者不获，获者不劳，分配不合理。源出《全唐诗・语・佛书引语二》：“赤脚人赶兔，着靴人吃肉。”《五灯会元》第十一卷：“大众云集，请师说法。师曰：赤脚人赶兔，著靴人吃肉。”亦作“赤脚的赶鹿，着靴的吃肉。”《盛明杂剧・蕉鹿梦》：“自古道：‘赤脚的赶鹿，着靴的吃肉。’你也只是个钓鱼的么？”

穿钉鞋走泥路，步步落实

钉鞋：一种旧式雨鞋，用布做帮，用桐油油过，鞋底上钉有大帽钉。比喻做工作每个步骤都很扎实，稳妥。如：阿菊，我这个人办事，穿钉鞋走泥路，步步落实，保险不出差错！

上炕不脱鞋，必是袜底破

指遮遮掩掩，必有缺点不可告人。例：白大嫂子说：“上炕不脱鞋，必是袜底破。不脱衣裳，就有毛病。”说着，她和刘桂兰二人亲自动手，抄她下身。

跛者不忘履，眇者不忘视

指瘸子不会忘记腿没瘸时所穿的鞋子，瞎子不会忘记没失明时所看见的景象，用以比喻对所渴望的事情是很难忘记的。汉赵晔《吴越春秋・勾践归国外传》：“今寡人念吴，犹躄者不忘走，盲者不忘视。”（躄：双腿瘸）清谭嗣同《致徐乃昌》：“日来殊有深念，端居无事，颇以小诗写之，录上斧削，非敢云报。‘跛者不忘履，眇者不忘视’，布鼓雷门，所不遑恤。”

心正不怕影斜，脚正不怕鞋歪

是指心地光明磊落，作风正派，就不怕流言蜚语。清文康《儿女英雄传》第二十六回：“这话若说在姑娘一头驴儿一把刀的时候，必想着‘心正不怕影儿邪，脚正不怕倒踏鞋’，不过单展然一笑，绝不关心。”

“今天脱下鞋和袜，不知明天穿不穿”

是指今天活着，还不知明天能不能再活着，用以比喻活一天算一天混日子。《金瓶梅词话》第九回：“王婆道：‘都头，却怎的这般说。天有不测风云，人有旦夕祸福。今天脱下鞋和袜，未审明朝穿不穿。谁人保得常没事。’”老舍《鼓书艺人》十九：“他一天一天混日子，有时拿句俗话来宽心；今天脱下鞋和袜，不知明天穿不穿。”

（二）歇后语

睡鞋—底儿软

隔靴抓痒—痒归痒，抓归抓。抓不到实处。隔着靴子挠痒，很难挠到痒处。比喻没有触及要害，没抓住关键之处，或没有抓住关键的问题。

胶鞋渗水—皮（纰）漏。胶鞋渗了水，那就是皮子漏水了；“皮”与“纰”谐音。比喻有差错，或有了漏洞。

草鞋没样—边打边像（想）

穿没底鞋—脚踏实地。比喻办事踏踏实实。

麻鞋着水—步步紧

铁鞋上掌—要见砧（真）了。给铁鞋钉掌，需用砧子；“砧”与“真”谐音，比喻要见真。

鞋里长草—荒（慌）了脚

穿兔子鞋—跑得快

鞋上绣凤凰—能走不能飞

鞋头上刺花—前程锦绣

穿草鞋走路—轻快稳当

撕衣补鞋子—因小失大

下地不穿鞋—脚踏实地

小脚穿大鞋—①对不上号②拖拖拉拉

鞋底上绣花—中看不中用

鞋底粘海绵—一点声音也没有

鞋店里试鞋—说长道短。在鞋店里试鞋，鞋有长有短，有肥有瘦，难免有所评论。比喻说三道四，说是非。

雨天穿皮鞋—拖泥带水

毡袜裹脚靴—①彼此不分②离不开

金铸的鞋模—好样子

鸳鸯穿草鞋—头轻脚重

走路穿小鞋—活受罪

瓜田里提鞋—惹人犯疑。提鞋会使人怀疑你在摘瓜，这就是瓜田李下的意思。

死人穿缎鞋—糟蹋

修鞋匠补锅—改行

刘备卖草鞋—本行。《三国演义》中的刘备，曾经卖过草鞋，所以卖草鞋是刘备的本行。比喻一贯从事或长期从事的一种行业。

周瑜穿草鞋—穷嘟（都）嘟（督）。周瑜是《三国演义》中东吴一名大将，任都督之职。但因经济困难而穿起草鞋，“都”与“嘟”，“督”与“嘟”，分别谐音，比喻瞎嘟嚷。

大脚穿小鞋—①进不去②迈步难③难受④前（钱）紧⑤两头扯不来。比喻不舒服，不痛快。

瞎子丢了鞋—没处找。指极其难找，没法找。

闺女穿娘鞋—前（钱）紧。娘的脚是缠过的，闺女的脚则是天足，闺女穿娘的鞋，前面就会紧窄。“前”与“钱”谐音。比喻缺钱用，经济困难。

没跟的鞋子—拖拖沓沓（趿趿）。鞋子没有跟，只能趿拉着穿；“趿”与“沓”谐音。（比喻办事不干净利落。）

拆袜子补鞋—顾面不顾理（里）。鞋穿在外面，袜子穿在里面。“里”与“理”谐音，补语只讲究表面，而不讲道理。“里”也可不作与“理”谐音来用，那就是比喻只顾表面而不顾内里，或只管表面而不管实际。

破鞋坏了—帮提不起来了。帮指鞋帮子。比喻无法加以提拔，或无法讲了。

鞋底儿抹油—溜之大吉。鞋底抹油，就光滑了，比喻暗暗地逃走了。

皮匠栽跟头—露了馅（楦）儿。皮匠，指做皮鞋的皮匠跌倒了，就会把所带的楦头露出来。楦儿，就是楦头，是制鞋用的模型，“楦儿”和“馅儿”谐音，比喻把不愿意让人知道的事情给暴露出来了。

小孩子穿大鞋—甭提了。（穿大鞋，用不着提，就能穿上，比喻不能说去。）

鞋面布做帽子—高升

鞋底线捆豆腐—提也不要提

穿着草鞋上树—欠妥（托）

老奶奶纳鞋子—千真（针）万真（针）。在缝制鞋底时要密密缝，需千针万针；“针”与“真”谐音，比喻千真万确。

老太婆穿花鞋—老来俏

瓦匠碰上鞋匠—帮不上忙

穿新鞋踩狗屎—倒霉极了

穿新鞋走老路—因循守旧

鞋子外面抓痒—①白抓②不顶事③不关痛痒④不过瘾⑤不起作用⑥不中用⑦不着边际⑧解决不了问题⑨抠不到痛处⑩摸不着痛处⑪木滋滋⑫徒劳无功⑬无济于事⑭抓不到实处⑮抓不到正经地方。

光底鞋走冰道—滑得厉害

穿草鞋打领带—土洋结合

穿草鞋上瓦房—①不可行也②寸步难行③全糟了

穿钉鞋拄拐棍—①把稳着实②步步把实③双保险④稳上加稳

穿钉鞋走钢板—走路当当响。比喻光明正大。

穿钉鞋走泥路—①步步扎实②稳稳当当

上山穿高跟鞋—自己跟自己过不去

西瓜皮钉鞋掌—料子太嫩。比喻能力差，经验少，不能胜任。

西瓜皮割鞋底—不是这块料。比喻不是人才成不了事。

鞋帮改帽沿儿—高升到头了。鞋帮穿在脚上，帽檐儿戴在头上，比喻上升到顶了，含一步登天之意。

鞋窠旯儿里跑马—①没跑头②没多大发展

澡堂里的拖鞋—没对儿。澡堂里的拖鞋，你拖我拖乱了套，最后都没有对儿，比喻做事乱套。

绣花针打鞋底—顶不过

买鞋子当帽戴—不对头

拿棒槌纳鞋底—不能当真（针）（棒槌，洗衣服时用来捶打衣服的木棍子，较粗而短；不能当针来纳鞋底；“针”与“真”谐音。比喻不必太认真。）

披西装穿草鞋—土洋结合。（西装，指西洋式的服装。比喻当地的老办法与西方传来的办法相结合。）

鞋子布做帽子—高升。比喻升迁。

皮匠不带锥子—真（针）行。皮子较硬，皮匠要用锥子协助，才好缝补；不带锥子的话，使用针也行。“针”与“真”谐音。比喻真可以。

鞋子光剩下帮—没底。只剩下鞋帮，是没有鞋底，比喻心里没有把握。

掉了帽子喊鞋—头上一句，脚上一句。比喻说话缺乏逻辑性，东一句，西一句。

奶奶给爷爷做鞋—照老样子办。比喻仍按老方式办。

抱着小孩纳鞋底—连个扎针的空都没有。比喻连一点空闲的地方都没有，或连一点空闲的时间都没有。

脚蹬帽子头顶靴—上下颠倒。帽子该头顶，靴子该脚穿。比喻同原有的或应有的位置相反。

截了大褂做鞋面—大材小用。大褂，中式单衣服的一种长到膝盖以下，也叫长褂。鞋面，做布鞋用的面料。比喻不能重用有才干的人，或把有才干的人用在不能发挥才能的次要地方。

买了皮帽买皮鞋—又得顾头，又得顾脚。买皮帽，是顾头；买皮鞋，是顾脚。比喻各处都得照顾，哪一处照顾不到也不行。

二分钱一双靰鞡—没皮没脸。靰鞡，我国东北地区的一种防寒鞋，用皮子做帮底；二分钱买一双，其质量必然很低，比喻不顾羞耻，不讲脸面。

大路边上打草鞋—说长道短。过路人要求各不相同，故说长道短。比喻仁者见仁，智者见智。

穿草鞋上摩天岭—好险

济公和尚的草鞋—专打怪物

卖了鞋子买帽子—顾头不顾脚。比喻顾此失彼。

脱了旧鞋换新鞋—该鞋（邪）归正

往袜子上钉鞋掌—没找对地方

麻布鞋上镶绸子—不成体统

扎鞋底不拴线结—前功尽弃

八寸脚穿双七寸鞋—别别扭扭

按别人的脚码买鞋—生搬硬套

先穿鞋子后穿袜子—乱了套

挨了公主绣鞋的打—美事一桩

穿只木屐打只赤脚—高高低低。穿木屐的脚高，赤脚的脚低，喻高的高，低的低，有高有低。

鬼葛针碰见琉璃鞋—你尖我滑。鬼葛针刺尖，琉璃鞋滑，比喻狡诈对狡诈，奸猾对奸猾。

上山砍柴，下河脱鞋—到哪里说哪里话。比喻随机应变，根据不同的情况，采取相应对策。

赤脚穿高跟皮鞋—赶时髦。穿高跟皮鞋的，是讲究时髦的人，比喻追求时髦。

鞋壳里长草，手套生茅—慌（荒）了手脚。“慌”与“荒”谐音。比喻心里发慌，手忙足乱。

染坊里的姑娘不穿白鞋—自然（染）。在染坊里干活的姑娘，白鞋自然会染上颜色；“染”与“然”谐音。比喻理所当然，或一点不勉强。

（三）谜语

鞋谜

两只小船各西东，十个客人坐当中，白天运客来往忙，夜晚客去船自空。

两只小船，没有帆蓬，十个客人，坐在船中，水路不行，陆路畅通，白天行动，来去匆匆，夜深人静，客去船空。

两只燕子着地走，早同出来夜同归，皇帝老子要我送，千金小姐要我随。

日走千里路，夜走八百程，虽然走得远，不出一物中。

小船一双，实在能干，白天运人，晚上空舱。

一对乌鸦真稀奇，白天饱来夜晚饥，没有翅膀没有腿，走路总是挨着地。

兄弟两个不离，出出进进一起，早上起床肚胞，晚上睡觉肚饥。

两只小船都有口，穷家富家人人有，酒席宴前低头看，也有好也有丑。

两只鸽子贴地飞，飞时一前一后，不飞歇在一堆。

两个兄弟，永不分离，睡觉在床前，吃饭在桌底。

两只小船配成双，没桨没帆能出航，白天带人远航去，晚上进港停床旁。

布鞋谜

一对小小船，乘客载十员，无水走天下，有水不开船。

雨鞋谜

两只摆渡船，来回在水中，好天没人坐，坏天客不空。

套鞋谜

一对黑母鸡，吃泥不吃米，下雨吃个饱，晴天饿肚皮。

草鞋谜

少时青青到老黄，几分遭打结成双，送君千里终须别，弃旧迎新抛路旁。

有耳不闻雷公响，有鼻不知桂花香，云南贵州都走遍，不知性命落哪方。

小来青青老来黄，入不得华堂，进不得绣房。

牵牵挂挂一担货，担到表嫂门前过，表嫂问我什么货，鼻头穿到耳边过。

胶鞋谜

胶鸳鸯，贴地飞，又吃泥巴又喝水。

两只胶皮船，航行在水中，晴天无人坐，雨天客不空。

一对橡皮艇，只载一客人。天晴它停航，下雨就出征。

皮鞋谜

头上亮光光，出来凑成双，背上缚绳子，驮人走四方。

木屐谜

东方甲乙木，鲁班造此物，上秤没四两，能驮千斤肉。

靰鞡鞋谜

有大有小，农夫之宝。皮里没肉，肚里有草。

脸多皱纹，耳朵不少。放下不动，绑起就跑。

（四）对联

鞋店

祝君多进步，步月能飞鸟。踵事且增华，登云可代梯。

圯桥曾进高人履，未必安行皆白足。

瀛海争夸学士靴，可能平步上青云。

足迹经过稳飞舄岛，踵事增华务求实践。

脚根立定永固鸿业，履绥纳福不尚虚声。

女鞋店

短长随足样，新月一弯留样旧；娇小出天然；圆肤六寸及时新。

巧制偏教留响屧，踵纳香尘踏花归。

新词恰好赋凌波，履行芳径步月游。

皮鞋店

晴雨功同用，改良形式非皮相；中西式并参，尚武精神在革新。

步武欧西新改革，革履经营争夸时样；履行海上久驰名，皮靴制造雅称洋装。

第三节　民歌、民谣

（一）劳动歌谣

麻耳草鞋

麻耳草鞋两朵花，
穿上犹如把翅插；
又利水，又把滑，
爬坡过河最利洒，
啥鞋都难比上它！

十绣花鞋　（江西）

一双红绣花鞋，绣上一朵迎春花，小妹妹穿上去和情郎哥哥把年拜。
二双红绣花鞋，绣上两朵水仙花，小妹妹穿上去和情郎哥玩耍来。
三双红绣花鞋，绣上三朵桃花杏花，小妹妹穿上去和情郎哥哥挖甜菜。
四双红绣花鞋，绣上四朵白菜花，小妹妹穿上去和情郎哥哥洗衣裳。
五双红绣花鞋，绣上五朵玉梅花，小妹妹穿上去和情郎锄莜麦。
六双红绣花鞋，绣上六朵山丹丹花，小妹妹穿上去和情郎哥来耧小麦。
七双红绣花鞋，绣上七朵瓜菜花，小妹妹穿上去和情郎哥哥割小麦。
八双红绣花鞋，绣上八朵朝阳花，小妹妹穿上去和情郎哥哥割荞麦。
九双红绣花鞋，绣上九朵荞麦花，小妹妹穿上去和情郎哥哥拉小麦。
十双红绣花鞋，绣上十朵芦荡花，小妹妹穿上去和情郎哥哥打燕麦。

绣花鞋儿　（南召）

公子抬头观仔细儿，姑娘的花鞋真派气儿。
鞋口上，盘辫子儿，鞋尖上，缀缨子儿，
鞋帮以上扎花子儿，脚尖扎到脚后跟儿，
只扎的前三针后三针儿，左三针儿右三针儿，
横三针儿竖三针儿，明三针儿暗三针儿，
隔三针儿跳三针儿，针针扎的尽故事儿。

扎个哈巴狗撵兔子儿，又扎花猫逮耗子儿，
扎了一棵梧桐树，树枝子儿，
树叶子儿，树叶底下趴虫羽儿。
鹞鹰子儿，小燕子儿，‘吃杯茶’，黄鹂子儿。
唧唧喳，喳喳唧儿，这枝儿蹦到那一枝儿。
不光树上扎虫羽儿，树下又扎养鱼池儿。
养鱼池里栽莲藕，只扎的藕莲蓬，
藕叶子儿，青枝绿叶红花子儿。
莲藕下面扎水纹儿，水里又扎五色鱼儿，
鲫鱼木梳背儿，鲇鱼呱嗒嘴儿，
蚂虾扛着枪，老鳖伸脖子儿，
还有鲤鱼跳龙门儿，看着个个像活鱼儿。
鞋脸上扎了一棵小白菜。白菜心上趴蛐子儿。
伸条腿，蜷条腿儿，
吱纽吱纽喝露水儿，眯缝着两眼偷看人儿。

编蒲鞋歌　（上海崇明县）

省绳细绳，搓得密密层，
蒲鞋底么推（编）得端端正呀，
编个蒲鞋编得一落匀（非常均匀），
着到脚上最称心，背到街上换黄金。

打草鞋

新打草鞋八股索，阿妹编来阿哥搓，
费了灯油费手脚，草鞋伴哥走江河。
新打草鞋八股筋，阿哥穿上要出门，
草鞋烂了筋索在，半路回头打转身。

十双快靴绣古人　（杭州）

第一双快靴颜色深，要绣一对鸳鸯左右分，
上头要绣一马双驼龙官保，下头要绣五虎平西小狄青。
第二双快靴两条梁，姐绣快靴郎打样，
上头要绣赵匡胤千里送京娘，下头要绣磨房受苦李三娘。

第三双快靴三起裁，姐绣快靴郎眼尖，

上头要绣桃园结义三兄弟，下头要绣秦叔宝对尉迟恭。

第四双快靴四季花，四季花里分上下，

上头要绣卖油郎独占花魁女，下头要绣四郎番邦招驸马。

第五双快靴无色镶，姐绣快靴恩爱长，

上头要绣伍子胥逃关为报仇，下头要绣张生游殿跳粉墙。

第六双快靴六棵松，六样颜色绣成功，

上头要绣卢俊义私通梁山上，下头要绣薛丁山遇着樊梨花。

第七双快靴七朵花，玲珑七巧手里拿，

上头要绣萧何月下追韩信，下头要绣八锤大闹朱仙镇。

第八双快靴候八仙，八仙庆寿闹猛天，

上头要绣白娘娘遇着诸仙人，下头要绣孙行者大闹广寒宫。

第九双快靴九重阳，九九八十一针绣开场，

上头要绣九头狮子只只成双对，下头要绣二十八宿闹昆阳。

第十双快靴绣完成，情哥哥勿要嫌情轻，

上头要绣三笑姻缘唐伯虎，下头要绣私定终身霍定金。

十双快靴十样名，双双快靴有古人，

小妹千辛万苦来绣好，想与情哥结私情。

讲唱者：俞海坤 73岁 余杭县彭公乡。采录者：王少华，选自《杭州市歌谣谚语卷》

（二）礼仪歌谣

纳结婚鞋垫歌（山西）

犀牛望月虎耽山，婚后一准比人强。

纳花纳叶纳桃桃，生儿生女一样好。

星宿月明虎登山，一年更比一年强。

如意意，钩连针，石榴开花扎深根。

纳白蛇，纳玉兔，娘家婆家一起富。

纳对清水栽莲花，改了定能享荣华。

纳对喜蛛碰石榴，养儿起家不用愁。

水仙莲花金蛤蟆，光景过得叫呱呱。

纳对蛾扑莲花花，来年定能抱娃娃。

穿鞋歌 （四川）

一双鞋儿不要看，上面显些好手段。

提起针，纳些路，芝麻点，满天星。

新郎穿起登龙位，亲戚临朋，请上花红。

多做一双拜寿鞋 （四川）

闷闷恹恹眼难睁，昨晚陪郎到五更。

啥样话儿都说尽，没有问郎好久生。

你要问郎几时生，月儿十五戊时生。

听心怀，记心怀，情郎生日我要来。

没得礼物来拜寿，多做一双拜寿鞋。

情郎哥你莫嫌针凿怪，穿在脚上当草鞋。

白天穿起走世外，夜晚穿起回家来。

亡人穿鞋歌 （河南）

脚踩莲花手扶杆，小蜜蜂领着上西天。

上西天，成神仙，不下地狱受煎熬。

（三）有关情歌

送屐歌 （京族）

男：托媒送去屐一只，渴望纳福成侣伴；

　　如果婚缘能匹配，我与父母齐心欢。

女：谢你送来屐一只，花招蝴蝶好相伴；

　　屐已巧合成对偶，意合情投结凤鸾。

十双快靴十样名 （浙江）

十双快靴绣完成，情哥哥勿要嫌情轻，

上头要绣三笑姻缘唐伯虎，下头要绣私定终身霍定金。

十双快靴十样名，双双快靴有古人，

小妹千辛万苦来绣好，想与情哥结私情。

《我不愿擦去鞋上的泥》　（维吾尔族）

那天我从你门前过，你正提着水桶往外泼，
泼在了我的皮鞋上，满街的人儿笑呵呵，
你啥话也没对我说，只是瞪着眼睛望着我。
我不愿擦去鞋上的泥，因为是你亲手泼上的，
你美丽的眼睛会说话，愉快的笑声多甜蜜，
我不愿擦去鞋上的泥，因为是你亲手泼上的。

一双鞋面四只角　（江西）

一双鞋面四只角，做双鞋子哥子着。
只要哥子仁义深，女子情愿自己打赤脚。
新做镶鞋四只角，做双镶鞋亲郎着。
只要两人情义好，宁可小妹打赤脚。

送郎一双细草鞋　（贵州）

真害羞，送郎一双细草鞋，
要郎莫嫌草鞋丑，一草一箍把情结。

想给情哥做双鞋　（汨罗市）

想给情哥做双鞋，没有尺寸难剪裁，
抓把石灰撒在大路口，悄悄等他走过来。
演唱者：伏利文
采录者：姜翕根　1988年7月采录

情哥几时来穿鞋　（土家族）

情姐亲手做双鞋，
皮纸包起等郎来。
前门站成一个坑，
后门踩成一条街，
情哥几时来穿鞋？
《爱姐歌》五句子散歌 长阳（节选）

绣花鞋　（洞头）

春季百花开，妹妹绣花鞋；

手拿（那个）花鞋，要把情郎觅。

（咿子呀呵哟哎）

十八岁的姑娘哎，要把情郎觅，真真羞煞妹哎。

夏季热难当，阿爹真荒唐；

许配我个夫郎，头发白苍苍。

（咿子呀呵哟哎）

十八岁的姑娘哎，许配老年郎，阿爹无法想哎。

秋季秋风凉，阿娘真荒唐；

许配我个夫郎，鼻涕二尺长，

（咿子呀呵哟哎）

十八岁的姑娘哎，许配那个鼻涕郎，阿娘无法想哎。

冬季雪花飞，花鞋绣得美，

手拿（那个）花鞋，自把情郎找。

（咿子呀呵哟哎）

十八岁的姑娘哎，自把情郎找，心里乐滔滔哎。

（金岳兰 唱　车高渊 记录）

做军鞋　（徐州）

小灯头，亮又亮，妹在灯下做鞋忙。

钢针尖，线绳长，纳了一行又一行。

不纳龙，不绣凤，妹盼郎哥立战功。

双双军鞋送前线，俺和郎哥情意浓。

（四）生活歌谣

扎脚歌（常宁县）（二首）

一

可恶可恶真可恶，三岁女孩要扎脚，

烂布条子把咯把，好比端午包粽角。

二

扎脚婆婆心不良，把脚捆得像弓样，

里三层来外三层，脚趾连心痛肝肠。

演唱者：黄官佳

采录者：周贻禄　1987年2月采录于央田镇

黄套鞋　（河南）

黄套鞋，红线锁，从小俺娘娇着我。

怀里抱，被里裹，生怕冻着饿着我。

从小吃俺娘哩饭，长大做人家哩活。

公公婆婆常骂我，一天三晌受折磨。

俺去南地去拔葱，思前想后泪簌簌。

想要跳井死了吧，舍下俺娘多难过。

做双花鞋望母亲

石榴花开叶儿青，做双花鞋望母亲。

母亲耽我十个月，哪个月里不担心。

放脚歌　（衡东县）

姐妹们，你听着，我来唱个放脚歌。

自古妇女受欺凌，提出裹脚实可恶。

脚骨断，喊哎哟，一步拐来一步跛。

从今以后不再裹，再不痛苦受折磨。

演唱者：彭会东 吴留庚

采录者：向耀楚 吴利宾

缠脚歌　（嘉定县）

缠脚的苦，最苦恼，从小那苦呀苦到老，

未曾开步身先袅，不作孽，不作恶，暗暗里一世呀上脚镣。

想初起，你还年小，听见那缠脚呀就要逃，

多那亲友来讨好，都说道：“脚大了，你将来攀亲呀吮人要。”

你怕痛，叫亲娘，叫煞那亲娘呀像聋，

女儿到底是亲娘养，不会硬心肠，你看她，眼睛也泪汪汪。

眉头皱，眼泪流，咬紧那牙关呀把眼（指脚掌上的鸡眼）修，
怕她干痛，怕它臭，撒矾灰，擦菜油，贴好了棉絮呀紧紧地收。

紧又紧，血脉停，冷到那脚尖呀痛星星，
一冷一热血管并，冷要命，热要命，夜里几次梦惊醒。

缠又缠，脚骨断，骨断了，娘心里方才安，
女儿柔顺终情愿，大几岁，要好看，扳起小脚自己缠。

缠得小，爱卖俏，撩起那罗裙呀格外高，
红缎鞋子白袜套，即便没人赞你好，自己也低头看几遍。

天生大，没奈何，装到那高低呀要缎带多，
还防冷眼来察破，太罪过，太罪过，不惜把罗裙地上拖。

真小脚，假小脚，走起来一样会有歪斜，
体柔力弱为点啥，脚劲差，劳动怕，吃人相帮难当家。

真可喜，真可贺，爱你的小脚呀是有钱丈夫，
出嫁鞋子快点做，配花钱，剪绫罗，绣福寿双全呀费工夫。

新太太，新奶奶，花轿里，扶出来，摇又摆，
儿子女儿生来快，摇又摆，抱小孩，岂能够家家雇个乳娘来。

千般丑，万般苦，奉劝你女子早看破，
从前一误勿再误，勿再误，勿再误，怪我多言呀掩耳朵。

请你摸，摸你的衣，再看看你娘的嫁时衣，
衣裳新式儿欢喜，缠小脚，坏身体，你何苦还依旧风气。

听我唱，你也想，只恐怕，放脚倒要放凉僵，
请看新式好鞋样，试一双，试一双，你切莫心中再没主张。
演唱者：王宗良　采录者：王漪

缠小脚 （川沙县）

缠小脚，真苦恼，从小苦起苦到老。
阿妈不顾心头肉，三尺白布层层绕，
痛得女儿叫苦恼，头上冷汗冒。

缠小脚，算啥俏？脚背扳转像元宝，
头重脚轻摇咤摇，一阵西风吹得倒，
跨一步来退两步，好比上脚镣。

缠小脚，真难熬，这种苦头谁知道？
三寸金莲走不动，跌跌冲冲惹人笑，
真是好肉挖片疮，越想越懊恼。

放脚好，实在好，放脱小脚多轻巧，
行动不让男子汉，冲破樊笼如飞鸟，
还我一双天生脚，梦里也会笑。
（演唱者：杨翠林　采录者：蔡凯声）

（五）儿童歌谣

大脚娘 （河南）

西庄有个女娥皇，外人送号大脚娘。
家里给他找婆家，定亲就在东庄上。
日月如梭好日子来到，请来了木匠裁缝做嫁妆。
八个木匠做鞋底儿，十六个裁缝纳鞋帮。
做了七七四十九天整，一双绣鞋做停当。
八个丫环抬一只，十六个丫环抬一双。
绣鞋送到东楼上，大脚娘挤挤巴巴才穿上。
关帝庙里起了会，大脚娘赶会到会上。
弯腰给神磕个头，鞋后跟碰着庙大梁。
弯腰给神作个揖，屁股挨到影壁墙。
烧罢香，回西庄，半路上碰见狼撵羊。
大脚娘，不怠慢，脱了绣鞋便砸狼。

撵走恶狼回到家，就觉得鞋里硌哩慌。
忙去楼上嗑嗑鞋，倒出来，一群羊来一群狼。

妈妈灯下做鞋忙　（山西）
小油灯，炕沿放，
妈妈灯下做鞋忙。
做双新鞋送前方，
八路军穿上打老蒋。

新鞋送给解放军　（四川）
月亮出来照井台，照着大姐做新鞋；
鞋儿做得逗人爱，大姐越做越开怀；
张家大哥看见了，要穿大姐这双鞋；
李家大哥看见了，上前问她卖不卖；
大姐只是满脸笑，张家大哥我不给；
李家大哥我不卖，鞋儿送给解放军；
他们打仗打得快，打得敌人跳大海。

玩猫歌　（甘肃）
猫哥毛，上高窑，
搬倒台，倒了米；
妈妈来，打死你。
剥皮皮，漫鼓鼓，
漫下鼓鼓叮当响，
背到州里卖八两。
八两钱，干啥去？
我给猫哥买鞋去；
买下的鞋，太大哩，
猫哥穿上绊脚哩。
（演唱者：王新莲　采录者：李毓集）

小拖鞋（台湾）
拖鞋做我好朋友，

穿上它轻松走，
走啊走，走到院子，
陪小狗，走到公园看鱼游。

大红鞋子十八对 （镇江市）
板凳板凳歪歪，菊花菊花开开，
先开箱，后开柜，大红鞋子十八对，
公一对，婆一对，姑子小叔各一对。
（口述者：吴王氏 采录者：吉有余 陆纪昌等）

附记：这是一首传统儿歌，异文较多，如1924年12月2月北京大学《歌谣》周刊第15号载镇江平和子搜集的《板凳板凳歪歪》全文是："板凳板凳歪歪/菊花菊花开开/先开箱后开柜/大红鞋子十八对/新娘子起来吧/你家娘家送来花来了/什么花/牡丹花/不要他，弄些胭脂花粉儿搽搽吧。"

第四节 音乐、舞蹈

恨大脚和恨小脚（歌舞）

《恨大脚》和《恨小脚》是民间艺人根据封建社会缠足的真实素材而创作的，采用歌舞形式，是皖南花鼓戏中的两个早期歌舞节目。1984年浙江长兴县文化馆干部、原长兴花鼓剧团艺人池文海，向退休艺人黄恒友、段家成学习了这两个节目，并将《恨大脚》和《恨小脚》整理加工改编合并成一个节目《恨大脚恨小脚》。

恨大脚恨小脚表现了一位大脚乡村新媳妇在回娘家的途中，见到一小脚少女，十分羡慕她脚小人俏，于是下意识地仿其一系列动作前进三步退三步，甚至用缠脚布裹住双脚，并自我陶醉一番。接着，舞蹈通过《翻田埂》、《牛擦痒》、《两头忙》、《走捶》等反映了小脚在生活中的不便与痛苦，最后她再也忍受不了缠脚的痛苦，奋力撕下裹脚布，唱出《恨小脚》和《大脚好》，并从心底里喊出大脚好的心声。

该舞音乐是流传于浙江和安徽交界的民间歌舞调，采用了独特的"十样景"锣鼓。建国前，以艺人清唱、锣鼓伴奏的形式为主，建国后，逐渐增加民族乐器伴奏，现在一般都用民族乐队伴奏。音乐以打击乐为主，"大脚"以大堂鼓、低音鼓、低音锣伴奏；"小脚"则以京鼓、高音小鼓、小京鼓、小铙钹伴奏。音乐情绪变化丰富，时而高兴，时而懊悔，时而紧张，时而又痛苦，生动体现了从“大脚”到“小脚”，再到“小脚”到“大脚”的心理过程，再现了旧中国妇女缠足的情景，成功塑造了一位活泼可爱、聪慧美丽、不为封建势力和传统观念所束缚的妇女形象。

缠脚苦

《缠脚苦》被当地群众称为“文明戏”，是中共三门县亭旁区苏维埃创建者之一包定烈士为了配合当时斗争需要而创编的控诉封建礼教迫害妇女的文艺宣传节目。1933年在原有《缠脚苦》的内容上，又增加了具有反抗内容的《放足歌》，使整个舞蹈在结构上和内涵上更趋完整，更好地表现了妇女挣脱封建礼教束缚的精神。

该歌舞由两部分组成，第一部分用方言演唱。舞者脑后要扎一条长辫，头左前侧要插一朵红绒花。身穿湖蓝色绸料大襟上衣、百褶长裙，黑布鞋。脚跟踩地小步，表现妇女缠脚后行路的艰难和痛苦，边唱边舞，形象而生动地表达了妇女对被迫缠脚的封建礼教的控诉。在流传中，表演者还加进“最恨臭勿要，称什么金莲三寸长，步步俏，痛痒无关，良心全勿要……”等怒斥唱词，更能引起观众的强烈共鸣。第二部分《放足歌》运用花鼓调的基本谱式，通过歌唱表达女性要求平等自由的强烈愿望。

《缠脚苦》可在室内、庭院、广场表演，可在戏剧开演前宣传演出，也可夹在民间舞蹈活动《车灯》、《跳马》、《采茶》灯队列中配合表演。舞蹈表演者均用统一的动作、表情、节奏边歌边舞，以群体规划的舞蹈动作和艺术形象，揭示了“缠脚”给广大妇女带来的痛苦。到《放足歌》时，演员表情由痛苦忧郁转为喜悦欢快，充分体现了妇女通过不懈斗争后取得胜利的欢乐心情。

十绣鞋

“十绣鞋”流传于皖南黄山之麓的歙县徽城街渔梁一带。以十个花名表现绣制花鞋的《十绣》歌，在当地甚为流行，姑娘们也常常是边绣着花鞋，边唱《十绣》歌。十绣鞋就是边绣《十绣》边舞的小歌舞。

明、清时期，皖南徽州姑娘最兴穿绣花鞋，她们从童年开始就练习绣花，出嫁前必须亲手绣出七、八双甚至十多双各种花样的红绣鞋，以便带到婆家，显示自己是绣花做鞋的能手，因此，绣花鞋便成了徽州姑娘的传统工艺。

十绣鞋表现了一群姑娘在一起做鞋绣花，互学互赞的欢乐场面。动作轻盈细腻，柔美典雅，体现了姑娘们勤劳纯朴、温柔善良的性格和对幸福美好生活的向往。舞蹈把浓郁的皖南山区生活气息和变幻多姿的舞蹈融会成一副温馨动人的画面，形成其独特的风格。

十绣鞋的溯源时间有两种说法：一是据艺人黄莉华、余卓英、丰云仙（均为50年代学跳此舞的演员）介绍：1955年听渔梁村徽剧老艺人吴本立（1906-1984）说，他幼年听祖母讲过，她小时就看到一班姑娘跳十绣鞋。吴本立根据祖母的回忆推算，十绣鞋在当地已跳了近两百年。二是清乾隆、嘉庆年间（公元1780年前后），民安物阜，徽州农村文化活动日益兴盛，在徽剧艺术的影响下，农民自编自演，自唱自乐，原民歌《十绣》就逐步形成了载歌载舞的形式，每逢春节和喜庆节日，十绣鞋随各类灯彩，在街头巷尾表演，备受群众喜爱。

钉鞋舞

居住在浙江省泰顺县横坑乡昌基村的畲族中，曾流行过一种穿着钉鞋跳走起舞的舞蹈，名叫“钉鞋舞”。这种舞在畲乡也不多见。形式简单，边歌边舞，表现生活、劳动和自然风物。现今仅流行在昌基村和毗邻的大湖、丁步脚、龙潭庙等自然村。

大约在八十年代，据该村雷大妞（1917年生）、钟秀花（1923年生）、董金花（1921年生）等三位老大娘回忆，她们都是小时跳过这种舞，“是七、八岁时母亲教我跳的”。

农历七月十三到十五，是畲族的节日，畲寨家家户户都要郑重地祭祀“金器”（麒麟像），或“祖图”（龙麒图）。这种舞蹈经常在做节和欢迎客人时表演。舞者身穿青色大襟上衣，衣襟上部及领口下方绣红色图案，袖口处镶绿色及桃红色布边，青色中式裤，白裤腰，裤脚处镶绿色及桃红色布边，系蓝第白花围裙。黑色布面钉鞋。那时，在夜里点燃松明，围成圆圈，跳时五至六人，每个动作跳三至五圈。跳时，穿着山里农民雨天穿的钉鞋（在鞋底上装有钉钉，雨天时能防雨防滑），跳起来非常有趣。

钉鞋舞，属无伴奏歌舞。舞者自唱，边唱边舞。舞蹈的基本动作有“请茶”（手拿茶杯）、“扑蝶”（手拿折扇作扑蝶状）、“摇船”（手拿白底蓝边手帕，作摇船状）、“照亮”（手提白色灯笼，上贴大红“财”字）和“拔界”等。舞者边歌边舞，节奏较自由，动作幅度一般不大，风格朴实，稳而沉。其歌调可即兴发挥，其歌调根据畲语音译两段如下：

茶叶长，茶叶泡茶转浓浓，

茶叶泡茶真好吃，人情结在家中央。

十把雨伞十字全，两人双双两人圆。

两人进入花园内，花园见面结良缘。

第十六章 鞋与文学艺术

第一节 鞋履与古典文学

《红楼梦》中的鞋饰

《红楼梦》这部我国著名的古典文学巨著，以它独特的民族风格，跻身于世界文学之林，被人们誉为“中国封建社会的风俗画”“中华民族心理习惯的代表”。《红楼梦》的伟大成就是多方面的，其中运用风俗进行文学创作是其中不可忽视的成就。在《红楼梦》中曹雪芹对清中叶各种风土人情作了十分丰富而生动的描写，尤其对服饰的描写，其数量之多，居于首位。其中有头衣、上衣、下衣、足衣以及头饰，手中物具等，五光十色，令人目不暇接。现在让我们简略地看一下书中对各类人物鞋饰的部分描写。

鞋饰，是人类服饰民俗中的重要组成部分。在《红楼梦》中每个人物所穿的鞋饰，因人而异，都具有一定的特色，如林黛玉穿掐金挖云红香羊皮小靴；贾宝玉穿青缎粉底小朝靴、棠木屐、蝴蝶落花鞋；史湘云穿麀皮小靴；芳官穿虎头贯云五彩小战靴；鸳鸯穿红绣鞋以及僧尼穿的芒鞋、撤鞋，等等。值得研究的是曹雪芹通过对这些生活中的鞋饰的真实描写，在塑造和表现不同人物的性格上，有着一定的作用。

先说曹雪芹在《红楼梦》第三回“贾雨村夤缘复旧职，林黛玉抛父进京都”中，写宝玉的第一次亮相时，就在全身装束中，将他穿的青缎粉底小朝靴一笔带出来了：“丫环话未报完，已进来一位年轻的公子，头上戴着束发嵌宝紫金冠，齐眉勒着二龙抢珠金抹额；穿一件二色金白蝶穿花大红箭袖，束着五彩丝攒花结长穗宫绦，外罩石青起花八团倭缎排穗褂；登着青缎粉底小朝靴”。这里宝玉所穿的青缎粉底小朝靴，是一种黑色缎子面，白色靴底的方头长筒靴子。为什么叫朝靴？清徐珂在《清稗类钞·服饰》一书中作这样的理解：“凡靴之头皆尖，惟著以入朝者则方，或曰沿明制也。”这种缎面靴一般春、夏、秋三季并用。徐珂在同书中说：“靴之材，春夏秋皆以缎为之，冬则以建绒，有三年之丧者则以布。”《红楼梦》此时所写的季节，正是穿缎面靴的日子。曹雪芹对宝玉出场的全套服饰作这样的浓墨重彩的描写，再配上一双青缎粉面的小朝靴，完成了对宝玉的外部造型，把一个贵族少年的形象活生生地展现在读者的眼前了。接着曹雪芹在写宝玉第二次出场，以便装出场，那双鞋子也换大红鞋子：

“宝玉向贾母请了安，贾母使命：‘去见你娘来。’宝玉转身去了。一时回来，再看，已换了冠带，头上周围一转的短发都续成小辫，红丝结束，共攒至中胎发，总编一根大辫，黑亮如漆，从顶至稍，一串四颗大珠，用金八宝坠角；身上穿着银红撒花半旧大袄，仍旧带着项圈，宝石、寄名锁、护身符等，下面半露松花散花绫裤腿，锦边弹墨袜，厚底大红鞋。”

就这样，这双锦边弹墨袜配上厚底大红鞋，从色彩上是多么的调和、悦目，再加上那全身华丽潇洒的便服，使这位娇生惯养的哥儿的风度越发显得翩翩动人。何怪黛玉看了觉得他“一段风骚，人在眉梢；万种情思，悉堆眼角”。从这时起，木石姻缘就开始萌芽了。

在第四十九回“玻璃世界白雪红梅，脂粉香娃割腥啖膻”中，集中写了三个主要人物的不同鞋饰。这些不同的鞋饰配上全身穿着，更突出了人物的个性和爱好。

这是一个下雪的天气，大观园中的雅女们，集中在稻香村作诗为乐。黛玉是头上罩着雪帽，外罩一件大红羽纱面白狐狸的鹤敞毛 ，腰束一条青金闪绿双环四合如意绦，脚上穿一双掐金挖云红香羊皮小靴。掐，是一种针线工艺的名称，其靴即是用金线掐出边缘，再用其他丝织品挖出云头形，以装饰鞋尖部分，并用偏红的香色羊皮做成的长筒靴。因此，显得十分艳丽，这更增添了林黛玉的几分妩媚。

那史湘云今天穿得也不一般：“一时史湘云来了，穿着贾母与他的一件貂鼠脑袋面子大毛黑灰鼠里子里外发烧大褂子，头上戴着一顶挖云鹅黄片金里大红猩猩毡昭君套，又围着大貂鼠风领……，腰里束着一条蝴蝶结子长穗五色宫绦，脚下也穿着麀皮小靴，越显得蜂腰猿背，鹤势螂形。”麀，指母鹿，靴，高筒靴。本作“鞾”。《隋书·礼仪志》七：“惟褶服以靴。靴，胡履也，取便于事，施于戎服”。这里指的是用麀皮做的长筒靴。史湘云平时爱这种模仿小子的打扮，她觉得这样比女装更俏丽。

在这回中，宝玉穿的是沙棠屐：“一夜大雪，下将有一尺厚……宝玉此时欢喜非常，忙唤人起来，盆漱已毕，只穿一件茄色哆罗呢狐皮袄子，罩一件海龙皮小小鹰膀褂，束了腰，披了玉针蓑，戴上金藤笠，登上沙棠屐，忙忙的往芦雪庵来。”

宝玉穿的沙棠屐是用棠木制作的木鞋。棠即棠梨，也叫杜梨，落叶乔木，木质坚韧。说起这沙棠木，源远流长，还大有来头。《山海经·西山经》：“昆仑之丘，有木焉。其状如棠，黄华亦实，其味如李而无核，名曰沙棠，可以御水，食之使人不溺。”“宝玉这身从头到脚的打扮，衬托了他好玩和调皮的性格，怪不得黛玉和众丫环都说他像个“渔翁”。

在《红楼梦》第四十五回“金兰契互制金兰语，风雨夕闷制风雨词”中，对棠木屐有着具体描写，并从中带出一双蝴蝶落花鞋来：“黛玉看（宝玉）脱了蓑衣，里面只穿半旧红绫短袄，系着绿汗巾子，膝下露出油绿绸撒花裤子，底下是

《红楼梦》中的部分清代鞋饰

鞋　名	穿着者	回　数	鞋　名	穿着者	回　数
掐金挖云红香羊皮小靴	林黛玉	第四十九回	青缎粉底小朝靴	贾宝玉	第三回
棠木屐	贾宝玉	第四十五回	蝴蝶落花鞋	贾宝玉	第四十五回
麀皮小靴	史湘云	第四十九回	虎头贯云五彩小战靴	芳官	第六十三回
红绣鞋	鸳鸯		芒鞋	僧尼	
撒鞋	僧尼	第九十三回	厚底大红鞋	贾宝玉	第三回
沙棠屐	贾宝玉	第四十九回	红睡鞋	晴雯	第七十四回
麻屣	跛脚道人	第一回			
靴桶	贾琏	第十七回	靴掖	贾琏	第十七回
登云履	道者	第一百零二回			

另附：《水浒传》中的部分鞋饰

鞋　名	穿着者	回　数	鞋　名	穿着者	回　数
凫舄	吴用	第五十四回	僧鞋	鲁智深	第四回
干黄靴	鲁达	第三回	软香皮	张清	第一百零九回
牛皮靴	周通	第五回	吊墩靴	高廉	第五十四回
牛膀靴	杨志	第十二回	抹绿靴	史进	第二回
八搭麻鞋	刘唐	第二十回	多耳麻鞋	公孙胜	第十五回
鹰嘴金线靴	兀颜延寿	第八十七回	金线抹绿皂朝靴	柴进	第九回
磕瓜头朝样皂靴	林冲	第七回	獐鞠皮窄靴	朱贵	第十一回

掐金满绣的绵纱袜子，鞋着蝴蝶落花鞋。”……黛玉看了，有所不解。外面在下雨，宝玉这鞋袜却是十分干净，他问了宝玉，宝玉笑着说：“我这一套是全的，有一双棠木屐，才穿了来，脱在廊檐上了。”沙棠屐又称棠木屐，下有高齿，通常都是在下雨雪时，当套鞋用，也就是将它套在所穿鞋子外面，以防把鞋打湿了，所以宝玉穿的鞋袜都没有被打湿。

说起这双蝴蝶落花鞋，倒值得研究一番。可能有人顾名思义，认为蝴蝶落花鞋一定是绣着蝴蝶标志的鞋子，其实不然，这是一种薄底，用蓝、黑绒堆绣云贴花，鞋头还装上能活动的绒剪蝴蝶作饰物的双梁布鞋。这种鞋子原是戏曲《蝴蝶梦》中主角庄生所穿的鞋，故有此称。乾隆年间曾在社会上流行过。

在大观园中，丫环多，个个都是水灵灵的。贾家还有一个家庭戏班，养了12个小戏子，专为他们解闷取乐。这些都是十二、三岁的小姑娘，虽然他们都是从姑苏买进大观园，日夜排戏、学戏，地位极其卑微，也没有行动自由。但在曹雪芹笔下，不仅赋予这些丫环、戏子们各自不同的性格，而且在服饰上也给予她们各自美的形象，因此，个个都十分俊俏可爱。贾宝玉对她们特别同情，平时爱护备至，彼此间也十分亲密。如第六十三回“寿怡红群芳开夜宴，死金丹独艳理亲丧”中，写宝玉为芳官扮妆一事：

“（宝玉）又见芳官梳了头，挽了鬟来，带来了些花翠，忙命他改妆，又命将周围的短发剃了去，露出碧青头皮来，当中分大顶，又说：冬天作大貂鼠卧兔儿带，脚上穿虎头盘云五彩小战靴，或散着裤腿，只用净袜厚底镶鞋”。

宝玉说的虎头盘云五彩小战靴，战靴是作戏服穿的长筒鞋，虎头，即靴头纹饰作虎头形；盘云五彩，即靴筒纹饰用五彩丝线盘成云头形。这种靴鞋近似戏曲中的用鞋，也可以在生活中作为便鞋来穿。

其他如第七十回“林黛玉重建桃花社，史湘云偶填柳絮词”中写晴雯穿红睡鞋的情景，也十分有趣的：“清晨方醒……那晴雯只穿葱绿院绸小袄、红小衣、红睡鞋……”。过去妇女大都缠足，红睡鞋是缠足妇女睡觉时所穿之鞋，徐珂，《清稗类钞·服饰》：“睡鞋，缠足妇女所著以就寝者。盖非此，则行缠必弛，且借以使恶臭不外泄也。”

在生活中，不同人物有不同的鞋饰,如《红楼梦》中有个僧道人物，一个是癞头和尚，一个是跛脚道人，曹雪芹对他们服饰及鞋饰的写照，都是贴近生活、真实可信的，如第一回“甄士隐梦幻识通灵，贾雨村风尘怀闺秀”中，写跛脚道人的形象和穿着，只用了“疯癫落脱，麻屣鹑衣”八个字。这里说说的麻屣，即麻鞋。这种麻鞋有用芒草打制的，芒：状如茅草而比其大，长四五尺，可作造纸原料和编织草鞋。宋·苏东坡《次韵答宝觉》诗：“芒鞵（鞋之本字）竹杖布行缠，遮莫千山与万水。”又如在第九十三回“甄家仆投靠贾家门，水月庵掀翻风月案”中，写了一个带信人：“过不几时，忽见有一个人头上戴着毡帽，身上穿着一身青布衣裳，脚下穿着一双撒鞋，走到门上向众人作了一个揖。”撒鞋，亦作洒鞋，一种双梁包皮边的布鞋。旧时以其轻便、坚牢，多为习武、行路之人喜着。

综观以上《红楼梦》一书中对各种鞋饰的描绘，既有时代气息，又符合各自人物的身份，真实地反映了生活，读来生动贴切，给人以美的享受。

白玉娘忍苦成夫

宋末时，元兵犯境，有彭城人程鹏举被掳，送到元将张万户营中，留为家丁。过年余，张解甲归家，将掳来的女子白玉娘配与鹏举为妻。婚后第三夜，见鹏举闷闷不乐，玉娘知其不乐之故，劝道：“妾观郎君才品，必非久在人后者。何不觅便逃归，图个显祖扬宗，却甘心在此，为人奴仆，岂能待个出头的日子！”程惊讶之余，疑是张万户教她来试探，他为了稳住张万户，不使疑心，就主动去告知他。万户大怒，唤出玉娘，要吊打一百皮鞭，幸得夫人为她讨饶，才免鞭打。又过三日，玉娘劝丈夫逃走。程仍怀疑，又去禀告张万户，万户大怒，将玉娘卖给另一个人家。程至此才知玉娘真心懊悔不已。夫妻分别时，玉娘将所穿绣鞋一只，与丈夫换了一只旧履，道：“后日倘有见面日，以此为证。万一永别，妾抱此而死，有如同穴。”鹏举设计脱身，回归大宋，亏其父一门生的提携，做了福清县尉之职，择日上任。二十余年，鹏举为官清廉，官升闽中安抚使之职。后宋朝覆灭，元兵直捣江南。行省官不忍百姓罹于涂炭，上表献地归顺元主。元主将合省官员俱加三级，鹏举亦升为陕西行省参知政官。到任后，日夜思念玉娘，不曾再娶。就派家人程惠，带着两只鞋儿，前去兴元查访。这时，玉娘正遁入城南昙花庵为尼，带发修行，但一心仍挂念丈夫。那程惠连夜赶至兴元查访，知道玉娘已经为尼，就赶往昙花庵，走进庵门，见堂中有个尼姑诵经。程惠且不进去相问，就在门槛上坐着，袖中取出这两只鞋来细玩。那尼姑心中惊异，连忙收掩经卷，起身来向前问讯，并也从囊中取出两只鞋来，恰好正是两对。玉娘眼中流泪不止。程惠告之鹏举为官情况，并劝玉娘收拾行装回去。玉娘道：“吾今生已不望鞋履复合，今幸得全，吾愿足矣，岂别有他想，你将此鞋归见相公，为吾致意。须做好官，勿负朝廷，勿虐民下。”程惠央老尼再三苦告，终不肯出。程惠回归后，将鞋履呈上，细述经过和玉娘认鞋，不肯同来之事。程鹏举听了，甚是伤感，即移文本省，那省官与鹏举同在闽中为官，有僚友之谊，见来文，即行檄兴元府官吏，具礼迎请。玉娘见太守与众官来请，料难推托，只得出来相见，然后上车，直至陕西省城，夫妻团圆。

明冯梦龙《醒世恒言》第十卷

勘皮靴单证二郎神

北宋年间，内宫中有一位夫人韩玉翘，妙选入宫，年方及笄，因失宠未沾雨露之恩，惹下一场病来。后奉皇命，至杨大尉家养病。一天，打点信香礼物，先到北极佑圣真君庙中拜香，后到二郎神庙中礼拜，求神保佑。拈香毕，她无意中用指头挑起销金黄罗帐，看到二郎神塑像，丰神俊雅，明眸皓齿，不觉目眩心摇。在祝词中说："只愿将来嫁得一个丈夫，恰似尊神一般，也足称平生之愿。"此话真的惊动了二郎神。他几次下凡和韩夫人相见，进而两情愉悦，恩爱万分。后此事被太尉察觉，先请王法官作法驱邪，被二郎神击伤；又请道士用五雷天心正法与其相斗，在二郎神逃逸时，被打中后腿，掉下一只四缝乌皮皂靴。太尉将此事告知蔡太师，太师复派开封府滕大尹领这靴前去破案。后经侦查，此靴为铺户任一郎所造。据任说，做此靴者为杨知府，是送给二郎神谢神的。后查询杨知府，确有此事。至此，破案又遇难题。经过商量，怀疑可能是庙旁什么妖人作怪。于是派人前去寻找，从一妇人拿一皂鞋卖给杂货担儿这事打开缺口，查清庙里一庙官与这妇人有私。庙官叫孙神通，并有法力。原来是他那日头听了韩夫人神像前祝词，就假扮二郎神，淫污天眷，骗得玉带一条。后捉得孙庙官，经刑讯供认不讳。最后由开封府判了个剐字，推出市心，行刑示众。

明冯梦龙《醒世恒言》第十三卷

胭　脂

写东昌卞氏，业牛医，生一女名叫胭脂，才姿惠丽，在家待字，与对门王氏结为闺友。一日，见一少年白服裙帽，自前面过，女意动。王氏告诉此为南巷郡秀才秋隼，因丧妻故衣素，并答应为其做媒。过数日，女因相思染病，王氏直言曰："果为此。令其夜来一聚，可否？"女未答应。王氏回去与其姘夫宿介说知此事，宿喜有机可乘。次夜，越墙而入，扣女窗。女惊问："谁人？"宿答："鄂生。"女曰："郎果爱妾，当速遣冰人；若言私合，不敢从命。"宿假作答应，苦求一握玉腕为信。女不忍过拒，用力启窗。宿强抱之求欢，女坚拒仆地。宿无奈，改求信物，女不许。宿捉女足，解下绣履而出。宿又越王家投宿，及卧，摸自身上，鞋履已失。后寻觅未见，遂将事情经过告诉王氏。那夜巷中有毛大者，游手好闲，在王氏窗下，拾得女鞋，并窃听宿介所言，才知为胭脂之物。逾数夕，毛怀履入卞家。因误入卞翁住舍，翁怒操刀直出，妪大呼，毛大不得脱，就夺刀杀翁逸去。妪发现墙下有绣履，逼问胭脂，女哭而实告之。她不忍连累王氏，只说鄂生自至而已。天明，讼于邑，官立即拘捉鄂生。鄂年仅十九岁，涩如处子，上堂惟有战栗，被屈打成招。后至济南府复审，府尹吴南岱觉其中有冤，经探问知道当时胭脂旁有一妇人王氏，经提审讯，逼使王氏供出，此事曾与奸夫宿介言过。再传宿介，宿供言得履之事，被定为杀人罪。再审中与王平日里来往中知有毛大等三人，时来她家挑诱。公连拘三人，至城隍庙，命裸身面壁，云："杀人者，神会书其背。"少顷，换出检验，指毛大曰："此真杀人贼也。"因公事先使涂灰于壁，又以烟煤擦其手。毛大恐神来书背，故将背紧靠壁边，出来又以手遮背，故背有灰烟色。经严刑拷问，才尽吐其实，此案才了，公为鄂生、胭脂做媒，结成夫妻。判书中所云："开户迎风，喜得履，张生之迹……夺兵遗绣履，遂教鱼脱网而鸣锣。""莲鉤摘去，难得一瓣之香，限敲来，儿破连城之玉"等等，均表明此为一对绣履引起的命案。

蒲松龄《聊斋志异》第十卷

陆五汉硬留合色鞋

明弘治年间杭州城内，有个叫张荩的少年子弟，生得风流俊俏，平日惯在风月场内鬼混。一日，在钱塘门一处临街楼附近，看见一个女子，生得十分娇艳。后经打听，此女叫寿儿，父亲潘用，是个赖皮。一次张荩和寿儿又得相遇，两心有意，张荩将一个红绫汗巾，结成同心方胜，从下掷给寿儿，寿儿接到方胜，就脱下一只合色鞋儿投下。为了和寿儿私会，张荩托陆媒婆上门通话，陆借卖花为名，和潘家母女见面，并私下和寿儿谈通，寿儿将另一只鞋儿又交给陆婆作为和张见面凭证，并约定咳嗽为号。陆婆的儿子陆五汉发现这双女鞋，问清情况，心中生一诡计，就向陆婆硬留下这双合色鞋。次日，用钱办起几件华丽衣服，到晚上打扮起来，把鞋儿藏在袖里，到了寿儿楼下，咳嗽一声，寿儿用长布把陆曳上楼去，两情火热，解衣就寝，寿儿误会了。后此事引起潘用夫妻怀疑，就采取与女儿换房睡觉，以便探明真实情况。那陆五汉几次去，寿儿均无反响，都扫兴而回。第三次竟自己背了梯子，爬上楼去，怕潘用来捉奸，又身带杀猪刀。当他发现睡着两人，认为是寿儿又有了新姘头，因妒生恨，用刀杀死了潘用夫妇。此事报案后，杭州府太守在审讯中，智审寿儿，使寿儿说出约会者是张荩之事，知府进一步提审张荩，经过刑讯，逼打成招，张荩收入死牢，等候处理。在牢房中，张荩买通狱卒，去和寿儿见面。问明原情，寿儿才发现自己被骗，后供出与其私通者左腰间有个疤痕高起，大似铜钱。次日，狱卒禀告了太守，太守立即传讯陆五汉，并当堂验明身上疤痕，问成斩罪。寿儿因悔自己被陆奸骗，带愧自尽而死，张荩则闭门吃长斋，直至七十而终。

明冯梦龙所著《醒世恒言》第十六卷

毛大福（又名“一只鞋”）

太行毛大福，原为一个疡医。一日，道遇一狼，口叼一布，吐在路中，毛拾起一看，布裹金饰数件。狼上前拽毛袍服欲回去。毛察其意不恶，就随从前去。到了一处旧穴，见一狼病卧，其头顶有一暗疮，已溃腐生蛆。毛悟其意，拨剔净尽，再敷上药才回归。这时，有一银商宁泰，被盗杀于途。后毛所得金饰，被宁的随从认出，把毛拉至公堂。经过审问，毛述其来由，官不杀，派两役押毛入山，直抵狼穴。至暮不见狼踪，在返回路上，恰遇二狼，其头上疤痕犹在。毛向揖而祝，叙述其事。狼以喙拄地大嗥，山中百狼齐集，并竞前啮絷索。隶悟其意，遂解毛缚，狼乃俱去。后数日，官出行，一狼衔一草履放在路上，官不睬前行，狼复衔履奔前置于道，官命役收履，狼乃去。于是，官命人秘访履主。后得知某村有樵夫，曾被二狼追逐，衔其一履而去。经拘查，果其履也。经过刑审，樵夫招认是他害死宁泰，取其巨金，藏于衣内，后被狼衔去。至此，案情才大白。

蒲松龄《聊斋志异》

第二节 鞋履与诗词

（一）《诗经》中的鞋履描写

赤芾金舄

《诗经·小雅·车攻》：“……之子于苗，选徒嚣嚣。建旐设旄，搏狩于敖。驾彼四牡，四牡奕奕。赤芾金舄，会同有绎。”这首诗共八段，记的是周宣王大规模举行射猎和会合诸侯的情景。这是最后两段，写大猎后猎物甚多和等待回去；同时歌颂周宣王会合诸侯，选地射猎，十分成功。诗中“赤芾”是指诸侯穿的朝服前都有块用红色熟牛皮制成的蔽膝；“金舄”是指朱黄色的复底鞋，这最后两句，今译为：“金色的鞋子，红皮的蔽膝，诸侯们纷纷前来会盟。”

纠纠葛屦

《诗经·魏风·葛屦》：“纠纠葛屦，可以履霜。”这里的葛屦，是指古时用葛麻制成的鞋。“纠纠”是形容鞋带纠结缠绕之状。诗中写一位处于奴婢或妾媵地位的缝裳女子，一面对心胸狭窄的女主人发出不满与怨恨，一面又夸自己的穿着和巧手。这两句诗，今译为："葛鞋带儿纠结状，穿它能够踩寒霜。"

赤舄几几

《诗经·豳风·狼跋》："狼跋其胡，载疐其尾。公孙硕肤，赤舄几几。狼疐其尾，载跋其胡。公孙硕肤，德音不瑕。"这里的赤舄，是古代一种复底的黄朱色的鞋。按西周礼制规定，此鞋只准许国王和诸侯在穿冕服时才能穿。几几，亦叫"己己"，形容弯曲。这里指舄的前端有絇，即弯曲的"鼻"，它是舄上最明显的部分，这里是形容鞋头饰物之盛。这是一首讽刺诗。诗中把一位统治者（公孙）比做老狼，步态举动艰难。"硕肤"是指大肚子，"德音"指声名，"不瑕"即不好。全诗今译为："老狼踩着脖子底下耷拉皮，又把它的尾巴踩。这位公孙大肚皮呀，穿着大红勾勾鞋。老狼踩着它的长尾巴，又踩着脖子底下皮耷拉，这位公孙大肚皮呀，他的名声可不佳。"

葛屦五緉

《诗经·齐风·南山》："葛屦五緉，冠緌双止。"原诗是揭露齐襄王与其同父异母妹妹文姜发生暧昧行为的讽刺诗。葛屦，是指葛麻制成的鞋；"五緉"，"緉"通"两"，是葛屦相配必两的意思。"冠緌"是指古代帽子上的丝带，从两耳旁结在下巴垂下来，也是成双。这两句诗，今译为："葛鞋两只成一对，帽上丝带垂双穗。"意为夫妻共体相爱，不应再与他人淫乱。

（二）南北朝时期诗人对鞋履的吟咏

王乔飞凫舄

梁沈约在《酬谢宣城朓》诗中，有"王乔飞凫舄，东方金马门"之句。这是一首酬答诗，前半首（十句）抒写了自己的宦况和胸怀，后半首（十句）则对文友朓加以赞颂和勉励。这开头两句写了王乔和东方朔的典故。"王乔飞凫舄"中的王乔，为东汉时人，曾经当过邺县令。每月初一自县治至朝中晋见。每入朝时总有两只凫（野鸭）从东南方飞来。皇帝奇之，派人暗中等飞凫来时，张网捉之，抓到一只，原来却是一只舄（鞋子）。这则神仙传说，成了县令的典故。沈约也当过襄阳县令，以此自喻而已。"东方金马门"中的东方朔，待诏金马门，因他善"俳词"诙谐，成为汉武帝近臣。沈约以东方自拟，意在说明他是以文词见重于朝廷，是指他入朝为尚书。这两句诗虽没有太深的寓意，但恰当地反映了他为官的经历。

全由履迹少

梁庾肩吾《咏长信宫中草》诗：“委翠似知节，含芳如有情。全由履迹少，并欲上阶生。”这是一首咏物诗，也是一首宫怨诗。主要是歌咏汉成帝妃子班婕妤不幸的命运。班初时颇得皇帝宠幸，后成帝移情于另一妃子赵飞燕，班被迫离开皇帝，迁移长信宫，与太后同住，在那里度过寂寞凄凉的一生。诗的大意如下：“长信宫的草儿在秋风渐紧、严霜频降之时，收敛了它的翠色，但当阵风吹过，枯草也会发出芳香，希望有情人前来亲近自己的芳泽。班婕妤虽不忘旧情，每日俯视殿前的台阶，希望看到成帝的履迹，但履迹日日稀少，以致庭中草儿也蔓延到石阶边了。”此诗写长信宫的草，但前后寓意所指不同，前两句以草比喻女子气质之高贵和命运之不幸，后两句则隐以草比女子无尽之愁思。寓意深刻，耐人寻味。

足下金鑮履

晋张华《轻薄篇》诗：“末世多轻薄，骄代好浮华……横簪刻玳瑁，长鞭错象牙。足下金鑮履，手中双莫邪。”这首长诗，以铺叙的笔法酣畅淋漓地描写了魏晋时代王公、末世贵族的淫逸生活。诗中所写的玳瑁簪，象牙鞭，金鑮履，莫邪剑以及童仆食不厌精、婢妾衣必锦绣，一片珠光宝气，一派纸醉金迷。这里的“金鑮履”是指当时一种贴金箔的鞋子，十分高贵。作者敢于揭露现实，以各方面的描写来表现当时贵族子弟那种荒唐、浮华、放纵的生活，深刻揭示了贵族追求奢华、享乐的颓废空虚心理，不失为一首好诗。

黄昏履綦绝

晋陆机《班婕妤》诗：“婕妤去辞宠，淹留终不见。寄情在玉阶，托意惟团扇。春苔暗阶除，种草芜高殿。黄昏履綦绝，愁来空雨面。”这是一首拟乐府诗，又题作《班婕怨》。婕妤，女官名。班婕妤是西汉成帝刘骜的妃嫔。本名不可知。班婕妤因失宠，自请退居长信宫，服侍太后。此诗描写了她在退居后的忧伤悲痛的心情。诗中运用“玉阶”“团扇”“春苔”“新草”“履綦”“空雨”等词，把写景抒情与用典寓意结合起来，既扩大了诗歌的情感内涵，又给人以亲切之感。“履綦”，本来是指履上的缚带或纹饰，此诗则指履迹。“黄昏履綦绝，愁来空雨面”是说班婕妤从清晨盼到黄昏，仍然是空寂的大殿，冷清的门廊，看不见皇帝会来一顾的足迹。这样日复一日，年复一年，带来的只是无边无尽的忧愁和泪水。

步步香飞金箔履

南朝陈代诗人江总《宛转歌》中有“步步香飞金箔履，盈盈扇掩珊瑚唇”之句。此歌共分两部分，前一部分主要抒写凄风惨露中的故妇之悲；后一部分自“步步香飞金箔履”开始，节奏跳跃快捷，色彩明亮照眼，集中描述新人得宠景象进一步反衬其凄凉之情。她那用“金箔”装饰的鞋，步履款款；一把盈人“团扇”，遮掩着艳若珊瑚的红唇，显得那样美妍。她妙解情意，在桑中、“陌上”见面，就含情“解佩”，接着是“竟人华堂要花枕，争开羽帐奉华茵（锦褥）”，她以迷人的“巧笑”“绕梁”的妙韵，获得了故夫的欢心……诗中对景象的描述，采用了迅速转换的画面展示方式，表现了汩汩流泻的声情，使人感受极深。这一切，都是从被遗弃的可怜故妇想象中写来，和前一段的凄凉欲绝的悲哀，作了反差极大的多层对比。这首悲婉妙转的《宛转歌》，在南朝七言古诗中闪烁出夺人的光彩。

落花承步履

梁诗人徐陵《春日》诗中，有“落花承步履，流涧写行衣，何殊九枝盖，薄暮洞庭归”之句。这是诗人在傍晚田野中一幅极美的暮景：苍茫的暮色，被晚霞辉映的江水，疏影横斜的小径，呢喃低飞的春燕。这后四句写诗人亲临其境的感受。“落花承步履”，诗人以悠闲的步履，行走在落花缤纷的路上；“流涧写行衣”，在流水中，照见自己飘拂的衣衫，“何殊九枝盖”，“九枝”本指一干九枝的花灯，此处与“盖”连称，是指诗人在神奇的联想中，自己就像湘水神灵打着九枝车盖，在苍茫的洞庭湖畔归去，就这样消陷在春日薄暮的最后一片霞彩中。徐陵的《春日》诗，在艺术上是一首颇有特色的好诗。

足下蹑丝履

《孔雀东南飞》中曾有“足下蹑丝履”“蹑履相逢迎”“揽裙脱丝履”等句。首句在焦仲卿见刘兰芝被逼作新娘出嫁时出现。“足下蹑丝履，头上玳瑁光，腰若留纨素，耳著明月珰。”丝履，在古时为富贵人家的女子所穿。这里作为新娘打扮着装，这是刘兰芝严妆辞婆，是她对焦母的抗议与示威。第二次是在重逢焦仲卿时出现：“新娘识马声，著履相逢迎，怅然遥相望，知是故人来。”这是用蹑履相迎，表示了刘兰芝急于与焦仲卿相会的心情。第三次是在刘兰芝死时出现，她义无反顾：“我命绝今日，魂去尸长留。揽裙脱丝履，举身赴清池。”全诗塑造了不少鲜明的人物形象，其中刘兰芝这个勤劳、善良、备受压迫而又富于反抗精神的外柔内刚个性的女性形象，最为突出，作者对丝履的细腻描写，对塑造人物形象，起了一定的烘托作用。

足下绣履五文章

梁武帝萧衍所作《河中之水歌》中有："……卢家兰室桂为梁，中有郁金苏和香。头上金钗十二行，足下绣履五文章。珊瑚挂镜烂生光，平头奴子提履箱。人生富贵何所望，恨不嫁与东家王。"这诗的开头一段，是说一个叫莫愁的姑娘，原为农家女，她能采桑、养蚕、织丝、织绸，后来凭着她的美貌，嫁给一户姓卢的富有人家。第三段是写她在卢家的华贵生活，先写居室是用贵重的桂木作屋梁，室中飘荡落着郁金、苏和的香气。次写服饰，就写到鞋履了。头戴十二行金钗，脚穿有五色花纹（即五文章）的绣履。还有镜子是用珊瑚枝悬挂，璀璨明亮；佩戴着"平头巾"的奴仆替她提着"履箱"……可是，最后两句，却急转直下，提出"人生富贵何所望，恨不嫁与东家王"。也就是说，她不希望生活如此富贵安逸，而是希望嫁给东邻的平常之家王家的男子，夫妻相敬相爱，产生一种"出人意料"的艺术效果。

黄桑柘屐蒲子履

北朝乐府民歌《捉搦歌》中唱道："……黄桑柘屐蒲子履，中央有系两头系。小时怜母大怜婿，何不早嫁论家计。""捉搦"引申义为捉弄、戏弄，犹今言打闹，这是谓男女间谐谑相戏，谐叙儿女情事的民歌。原为两首，前一首写男方慕女，这后一首写女方想男，抒发了诚挚、热烈的爱情愿望。这第一句所说的桑柘叶可饲蚕，木可制器，古代田家经常种植。屐专指木鞋，"黄桑柘屐"用以对照"蒲子履"（即草鞋）。此歌借日常的足下屐履起兴，因屐履总是组合成双，自然引发人匹配成对的联想，"中央有系两头系"，是以屐履上的绳联系两头的功能，用以比喻联系母家和婿家的作用。最后两句则反映了女儿出嫁前后亲情、爱情不同的变化，直接大胆提出正当、充足的出嫁理由。内蕴甚丰，情深难喻。作者运用屐履与母婿二者之间的关系比喻得那么新颖，那么妥帖，使传统的比喻手法焕发出异彩。

（三）唐诗中的鞋履描写

丛头鞋子红编细

唐和凝《采桑子》："……丛头鞋子红编细，裙窣金丝。无事嚬眉，春思翻教阿母疑。"此词写少女生活和思春心理。上半段，写上身服饰和闺中嬉戏，下半段，写下身服饰（包括鞋履）和少女烦闷之情。今译如下："穿着用锦帛编成花丛的云头鞋，行时用金丝编成的裙子飒飒作响，无事蹙眉只因春情起，那阿母察觉已知儿的心。"

罗袜绣鞋随步没

唐白居易《新乐府·红线毯》诗："……披香殿广十丈余，红线织成可殿铺；采丝茸茸香拂拂，线软花虚不胜物。美人踏上歌舞来，罗袜绣鞋随步没……"此诗写于唐德宗年间。这是诗人为丝织品被大量浪费而担忧所写的诗。诗分三段，第一段说红线毯的制作讲究，质量精美；第二段说红线毯如何好，宣州地方官又怎么讨好皇帝；第三段质问宣州太守知不知民间疾苦。以上几句今译如下："披香殿有十丈多宽，红线制成的毯子刚刚铺满。毛茸茸的五色线，发散出香气，毯上的花纹又松又软。美人踏在毯子上唱歌跳舞，绫罗做的袜子和绣花鞋子，都陷在长长的绒毛里。"白居易痛恨封建统治者奢侈浪费，不顾人民生活。在诗中最后责问："地不知寒人要暖，要夺人衣作地衣！"这是多么严厉的警告。

小头鞋履（缠足鞋）窄衣裳

唐白居易《上阳白发人》："小头鞋履窄衣裳，青黛点眉眉细长，外人不见见应笑，天宝末年时世妆"。这首诗是一首著名的讽喻诗。全诗选择一个终生被幽禁在上阳宫内的宫女作为典型，描写她的垂暮之年和绝望之情。她十六岁进宫，那时是个妙龄少女。经过四十四年宫内的幽禁生活，使她青春消亡，生命在无声中泯灭，变成白发苍苍的老人。这首诗通过对自己装束的嘲讽：外面已是"时世宽装束"了，而她仍是天宝末年的"小头鞋履窄衣裳"，外边描眉已是短而阔了，但她仍是当年用青黛画的细长的眉，这些情况怎不叫"外人不见见应笑"呢？这里白居易将主人公无以复加的沉痛的感情，刻画尽致，叫人声泪俱下。

一双金齿屐

唐朝诗人李白《浣纱石上女》五言诗："玉面耶溪女，青蛾红粉妆。一双金齿屐，两足白如霜。"当年西施就生活在江南水乡之中，并且常去水溪边浣纱。诗中前两句描写的就是我国古代四大美女之一西施的天然艳丽姿色，后两句则反映了我国古代南方汉族女子赤足着木屐的风俗习尚。诗中的金齿屐是我国南方汉族儿女自古爱穿的木屐。特别是生活在水乡、渔乡的人家，劳动以后，洗好双足，穿上木屐，十分简便。

欲向何门趿珠履

唐杜甫《短歌行赠王郎司直》诗：“……西得诸侯棹锦水，欲向何门趿珠履？仲宣楼头春色深，青眼高歌望吾子。眼中之人吾老矣！”《短歌行》是乐府旧题，称短歌，是指歌声短促。王郎是年轻人，称郎，名不详。司直是纠劾的官。当时王郎在江陵不得志，正要西行入蜀，去投奔地方长官，杜甫表示可以替他推荐。这是此诗的下半首，主要抒写送行之情，今译如下：“……此去西川定会得到蜀中大官的赏识，不知哪位地方官收留重用，让你穿上装饰着明珠的鞋。江陵的仲宣楼春色已深，我用钦佩的眼光高歌对您的希望，但我已是衰老无用的人了。”此诗突兀横绝，跌宕悲凉，前后对比，抒发了作者对人才不得施展的悲叹，寄托了对年轻一代的愿望。

依稀履迹斜

唐李商隐《喜雪》诗：“寂寞门扉掩，依稀履迹斜。”意为清静无声，门扇虚掩，雪地上面脚印歪斜，隐约可见。

与郎作鞋履

唐姚月华《制履赠杨达》：“金刀剪紫绒，与郎作鞋履。愿作双仙凫，飞来入闺里。”作者年少失母，随父寓扬子江，见邻舟书生杨达诗，命侍儿乞其稿。达立缀艳诗致情，自后屡相酬和。此诗通过制履，寄托了诗人对杨达的一片痴心真情。今译如下：“用金制的剪刀将紫绒剪开，给情郎做了一双轻又软的鞋履，我愿她们化成两只仙凫，相偕你飞到我的闺阁里相会。”双凫，典故出自《后汉书·王乔传》。

脚著谢公屐

唐李白《梦游天姥吟留别》一诗中有“脚著谢公屐，身登青云梯”之句。诗写于天宝三年，李白被唐玄宗赐金放还。在这政治上遭受挫败的日子里，他离别东鲁家园，又一次踏上漫游的旅途。这是一首写梦诗。他在诗中描述自己梦游天姥山，仿佛在月夜清光的照射下，他正渡过明镜一样的镜湖。明月把他的影子映照在镜湖之上，又送他降落在谢灵运当年曾经歇宿过的地方。他穿上谢灵运当年特制的木屐，登上谢公当年曾攀登过的石径青云梯……全诗意境雄伟，变化莫测，通过梦游，发挥了他的想象和夸张才能，它格调昂扬振奋，潇洒出尘，为李白的代表作之一。

手提金缕鞋

五代南唐李煜《菩萨蛮》：“花明月暗笼轻雾，今宵好向郎边去。刬袜步香阶，手提金缕鞋……”此词写的是与恋人幽会之事。词意清新，情景真切。上面所引是词的开头几句，今译如下：“今晚月光黯淡，还笼罩着一层轻雾，多情女和郎去约会。怕惊动别人，她穿着袜子轻轻走，手中还提着那双用金丝织成的镂空鞋。”接下去描述了在画堂南畔见面，两人又惊又喜，尽情欢乐的情形。

（四）宋代诗人对鞋履的吟咏

平头鞋子小双鸾

宋词人王观在《庆清庆慢·踏青》这首词中，有“结伴踏青去好，平头鞋子小双鸾”之句，这是一首写春景的词，写得很巧妙。全诗从“调雨为酥，催冰做水”的自然变化，点明春天已经来到，这正是“结伴踏青”的好时节，于是词人别具匠心，不写姑娘们的服饰，却在鞋子上做文章。她们穿着“平头鞋子小双鸾”，小双鸾是指古代妇女鞋上绣成的鸾凤，也有绣鸳鸯的。虽然是写物，作者是先把它提出来作为伏笔来写，如在下阕中的“须教镂花拨柳，争要先看”，“不道吴绫绣袜，香浓斜沁几行斑”，不提防，一脚踏进泥潭里，浊浆溅满了她们的罗袜，不用说，“小双鸾”更是沾满了泥，姑娘们无限痛惜的心情，使她们笑容顿敛，双眉紧锁，“东风巧，尽收翠绿，吹在眉山。”这正是词人独到的手笔。踏青与鞋本身就有密切的关系，加上词中前面对鞋对比的写法，就把姑娘们在踏青中的喜悦、烦恼情绪生动地再现在读者面前。

百钱做木屐

宋陆游《买屐》诗：“一雨三日泥，泥干雨还作。出门每有碍，使我惨不乐。百钱做木屐，日日绕村行。”宋元时木屐多被用作雨鞋。这首诗词短文朴实，充满田园气氛。前四句写下雨带来的烦恼，一天下雨，三天到处是泥潭，等泥干了，天又下起雨来，使他处于“出门每有碍，使我惨不乐”的境地。后两句突然开朗，原来他花了百文钱买了一双木屐当雨鞋，于是他“日日绕村行”，多么快活自在。从字里行间，我们仿佛可以感受他的无限欢欣。

文鸳绣履

宋词人张先《减字木兰花》：“垂螺近额，走上红裀初趁拍。只恐轻飞，拟倩游丝惹住伊。文鸳绣履，去似杨花尘不起。舞彻《伊州》，头上宫花颤未休。”这首词通过写舞蹈动作，去塑造一个舞女的优美形象。起首两句，写舞女以轻快的脚步上场，即按着音乐的节拍，在地毯上翩翩起舞；后两句写舞女身轻如燕，急速飞旋，像是要飞到天上去。接着四句，现意译如下：“她穿着绣有文采鸳鸯的舞鞋，在地毯上轻快地旋转、跳跃，有时随着节奏放缓，就像杨花一样飘去，连一丝儿灰尘也未沾起。一曲《伊州》大曲奏毕，舞蹈停止，而舞女头上的宫花还在颤巍巍地摇晃不止。”整首词描写十分细致，从起舞到急舞、缓舞以及舞罢，都写得层次分明，姿态各别。读这首词，仿佛在欣赏一场精彩的舞蹈。

先生杖屦无事

宋辛弃疾《水调歌头·盟鸥》：“带湖吾甚爱，千丈翠奁开。先生杖屦无事，一日走千回。凡我同盟鸥鹭，今日既盟之后，来往莫相猜。白鹤在何处，尝试与偕来……”这首词以拟人的笔法，充满喜悦的心情表达对大自然的热爱，他要和鸥鹭、白鹤结盟为友，在湖光山色中徜徉。杖屦，指出门时用的杖和屦（鞋子）。前四句今译如下：“这美丽的带湖我异常喜爱，清澈的湖水像画中的明镜刚刚打开。拄着竹杖拖着麻鞋，一日里我千百次在湖畔徘徊。”

竹杖芒鞋轻胜马

宋苏轼《定风波》词：“莫听穿林打叶声，何妨吟啸且徐行。竹杖芒鞋轻胜马，谁怕？一蓑烟雨任平生……”时为宋神宗元丰五年（1082），作者正谪居黄州（今湖北省黄冈县）。那年“三月七日，沙湖道中遇雨。雨具先去，同行皆狼狈，余独不觉，故作此。”此词表现作者虽然在政治斗争中暂遭失败，但精神状态仍是乐观、昂扬的。这段词意，今译如下：“不要管那滴滴答答的落雨声，为什么不吟着诗句缓缓而行，拄着竹杖，穿着一双芒鞋，比骑着快马还要轻松。怕个啥，披一件蓑衣，我就能在烟雨中自在一生。”

聊复偿君草鞋费

宋范成大《催租行》：“……床头悭囊大如拳，扑破正有三百钱，不堪与君成一醉，聊复偿君草鞋费。”全诗揭露当时催租官吏的敲诈勒索行为和一个地保的穷形恶相。这四句诗，表达了善良的农民无奈把节省下来的一点钱给地保。今译如下：“打破床头用来储蓄的扑满，里边正有三百文钱。虽然不够你（指里正）买酒喝，也姑且算是我孝敬你的草鞋钱。”“草鞋钱”指从前公差敲诈勒索时巧立的一种名目。

廊坏空留响屧名

宋朝诗人王禹偁一首七律诗的前四句："廊坏空留响屧名，为因西子绕廊行。可怜伍相终尸谏，谁记当时曳履声。"相传春秋时，吴越相争，越王勾践被吴王夫差打败，成为阶下囚，在灵岩山中忍辱负重拘禁了三年。勾践回到越国，卧薪尝胆，不忘国耻，励精图治。他知道吴王夫差沉湎酒色，由范蠡在若耶溪畔访得美女西施，献给吴王夫差。西施从小爱穿木屐在溪畔石上浣纱，到了吴国，夫差为讨得西施欢心，在灵岩山上造了一座富丽堂皇的馆娃宫，天天与西施逍遥作乐。他为取悦西施，用名贵的梗梓木，在馆娃宫中造了一条"响屧廊"，让西施和宫女们穿了木屐在上面来回走动，听取那木琴般的美妙音响。最后，终于被越国报了仇，夫差自刎而死。诗的大意如下：随着时间飞逝，响屧廊已经倒塌了，空留下一个当年西子响着木屐声的传说。当伍相（伍子胥）对夫差进行忠谏不纳，反被沉尸钱江的时候，有谁还去回忆述说当年西施曳履发出的声音呢？

应怜屐齿印苍苔

宋叶绍翁《游园不值》："应怜屐齿印苍苔，小叩柴扉久不开；春色满园关不住，一枝红杏出墙来。"这首诗，写诗人多次踏着苍苔，叩响柴扉，因主人不在而空返。他感高园虽美而春色难关，一枝红杏正露出围墙之外。后两句诗成为佳句流传于世。其诗今译如下："我想管园的人该同情我常穿木屐来把齿痕印在青苔上，当我轻轻地无数次敲这柴门，仍久久不开。但春色满园仍是关不住的，看那一枝鲜红的杏花早已伸出围墙来了。"

（五）元明清诗人对鞋履的吟咏

芒鞋破钵无人识

近代诗人苏曼殊《本事诗·春雨》诗："春雨楼头尺八萧，何时归看浙江潮？芒鞋破钵无人识，踏过樱花第几桥。"1909年，在日本江户，一位26岁的青年僧人，正独立楼头，面对霏霏春雨，吹奏着一管"尺八"之箫。"春雨楼头尺八箫"正以疏淡的春雨声，相伴着呜呜箫音，活现了这位孤僧身影。"何时归看浙江潮"，诗人想起当年与好友周游西湖，共听潮声的情景，勾起他浓浓的乡思，那可爱的故土在哪里？何时方可归去？没有人回答他的深长问叹。"芒鞋破钵无人识，踏过樱花第几桥"，诗人脚履草鞋，手持破钵，在樱花如云的岛国上踽踽独行。在短短的一首绝句中，诗人展开他"落叶哀蝉"般的身世，抒写茫茫春雨中他对故国的怀念和对世界的迷惘，而且意境如画，使自己落魄异邦的神情音容，呼之欲出。

麻鞋独入林

明方以智《独往》诗中有“同伴都分手，麻鞋独入林。一年五变好，十字九椎心”之句。方出身名门，博学多能，曾与侯方域等共同主持“复社”。明亡后变姓易服，出家为僧。诗以《独往》为题，着重抒发出家后孤寂无伴的心情，实际上是在为国家、民族的不幸发出沉痛的呼号。“同伴”指当年同游诸名士，包括“复社”中的一些人物。过去他们曾在一起，或议论朝政，或臧否人物，并以文章、气节相标榜。清兵入关后，他们星流云散，故说“都分手”。“麻鞋都入林”指作者出家为僧事。麻鞋又称“麻履”，这里用麻编织而成的鞋子，多为僧及走卒所穿，故又有“僧鞋”“禅鞋”之称。穿着麻履，独入空门，反映了心情的分外沉痛。后两句是写为了躲避清政府的注意，他不断变换姓名，而由于满腹愤懑所写的文字，十之八九充满血泪，令人心碎。后四句是“听惯干戈信，愁因风雨深。死生容易事，所痛为知音。”进一步写明自己心情痛苦的原因，强调失去挚友以后的悲痛。全诗层次分明，结构完整，语言朴实无华，堪称五律佳作。

此日麻鞋拜故京

明魏禧《登雨花台》一诗中有“生平四十老柴荆，此日麻鞋拜故京”之句。魏禧生于明末，明亡后，他深怀亡国之痛，写了许多故国之思和国破己悲的散文。这首诗深沉浓重，写明清易代的伤感哀痛，“谁使山河全破碎，可堪翦伐到园陵！牛羊践履多新草，冠盖雍容半旧卿。”当时战火遍地，四处疮痍，甚至明朝开国皇帝的陵墓也难逃厄运。诗中充满义愤之情，其中对断送国家者的鞭挞，也有对异族入侵者的控诉。这开头两句，不仅表明了诗人的布衣之身，而且也表达了他对国家的深刻感情。“老柴荆”，意指老于茅屋，表示甘守贫贱。“麻鞋”乃乡间野老所穿，杜甫曾以“麻鞋见天子，衣袖露两肘”的诗句，表示了他对李唐王朝的耿耿忠心。在山河破碎，江山易主的时刻，魏禧当时年过四十，他来到明朝故都，登上雨花台，举目四望，不禁感叹万分。他以“此日麻鞋拜故京”，表达了更为深沉浓重的情感。

绣鞋儿踹着那青苔溜

元关汉卿《钱大尹智勘绯衣梦》中第二折《四块玉》：“那风筝儿为记号，

他可便依然有咱两个相约在梧桐树边头（险些绊倒了我那），则我这绣鞋儿莫不蹦着那青苔溜。这泥污了我这鞋底尖。红染了我这罗袴口，可怎生血浸湿我这白那个袜头！”这段是写剧中主人公王瑞香约其指腹为亲的未婚夫李庆安，到后花园相会时的一段唱词。黑暗之中闺香到了梧桐树下，只注意仰望树上当记号的风筝，并没注意脚下，只是觉得被绊了一下，她开始怀疑是绣鞋儿踩着青苔险些跌倒，于是再举足俯身察看，又见到足尖鞋底沾有湿沾沾的脏物，犹以为是污泥脏了鞋底尖。循鞋向上，又见到有红色染了罗袴口，再仔细看连白袜子也被浸湿。至此她才认出那是鲜血，进而发现梅香被杀。关汉卿这段词，从写鞋入手，不仅生动细腻，层次分明，十分贴合人物的身份、经历和心理状态，而且给演员留下了施展才能的广阔天地。

怜伊几緉平生屐

清蒋士铨《响屧廊》诗：“不重雄封重艳情，遗踪犹自慕倾城。怜伊几緉平生屐，踏碎江山是此声。”这是一首登临怀古之作。诗以西施亡吴故事为题材，而吟咏的重点落在亡国的君王身上。响屧廊，在苏州灵岩山。相传，吴王建廊而虚其下，令西施与宫人步屧绕之则响，故名。屧,古代的木底鞋。此诗首句写治国之君因沉湎女色而招致国破身亡，并指出对“响屧廊”，人们只羡西施“倾城”之貌而轻家国。后两句的大意是西施轻盈清脆的屐声，不知穿坏了多少緉（双）木屐，但追随响屧而来的竟是听赏者的覆亡。诗人笔下的绕廊屧鸣，便幻化为“踏碎山河”的金马铁戈之声。两种极不和谐的声响，亦实亦虚地再现了这一历史悲剧，并以此警策世人。

惟君步屦频

汪婉二十岁时，正值清兵入关。后参加清廷的科试，当上了官。顺治十二年（1655）为进士，十八年因受“奏销案”牵连被罢官。后又复职，至康熙十九年（1670）去官归隐洞庭山之尧峰寓庐。其挚友计甫草同遭其祸。计少有经世志，被黜之后曾纵游四方，以诗抒吐胸中悲愤。与汪婉往来较多。此诗首句为“门巷何萧索，惟君步屦频”。这里的君，即指计甫草。汪婉当时隐居草野，门巷萧条，惟甫草穿着草履（即“屦”）频频来访，句中着一“惟”字，表明两人关系的密切，不因处境之坎坷而改变交往的态度，说明汪婉喜友人之来。下面六句：“青云儿故旧，白首尚风尘。身受才名误，文从患难真。耦耕知未遂，相顾倍伤情。”反映了悲叹彼此已近晚年，朋辈之中青云得路者并不多见。汪婉感念甫草本为才人，不幸被才名所误；明知拓落风尘，虽有耦耕之志，但世路崎岖，壮怀难展。此诗为友人抒吐悲情，感情真挚。

寻春步屧可怜生

清顺治十四年（1657）秋，二十四岁的山东名士王士禛参加乡试（省一级的科举试）得中，十七年农历三月，赴扬州任推官。扬州不在江南，但风光旖旎，王士禛当时写的组诗《冶春绝句》，吟咏的就是扬州春景。其中第四首为“三月韶光画不成，寻春布屧可怜生。青芜不见隋宫殿，一种垂杨万古情。”此诗反映了诗人曾与友人们在扬子津一带踏春而行的美好意兴。他们似乎还有古人那种脚踩木板屐“寻春”的雅致？但即使脚穿的是布履，也在“三月韶光画不成”的春风得意之中。那中悠悠然举步于充满生机的绿草丛中，那种走出寒斋的欣喜，是无法形诸于笔墨的。“寻春步屧可怜生”，这“可怜生”说的是可爱的模样（“生”是助词）。全诗借一双“寻春”木屧，展示扬州郊外葱翠可爱的一派春景，把你引向飘渺的历史意境，确有一种“今古相映”“兴会超妙”的韶致。

金莲蹴损牡丹芽

元王实甫《西厢记·第三本·张君瑞害相思杂剧》：“……（红娘唱）（驻马听）不近喧哗，嫩绿池塘藏睡鸭；自然幽雅，淡黄杨柳带栖鸦。金莲蹴损牡丹芽，玉簪抓住荼蘼架。夜凉苔径滑，露珠儿湿透了凌波袜。”

第三节　鞋履与戏曲

在我国民族戏曲中，有不少以鞋履为题材而展开的故事，或以爱情的信物出现，或以脱鞋、借鞋、哭鞋、做鞋为情节，推动着剧情的发展。据笔者寻找资料，已有不同剧种的《易鞋记》、《留鞋记》、《分鞋记》、《生死恨》《一只鞋》（又名《狼中义》）、《脱鞋辨奸》、《女背靴》、《寇准背靴》、《张良拾鞋》、《张三借靴》、《李节卖鞋》等50余个剧目，都与鞋履有密切关联。而在我国历史悠久的戏曲中，还远不止这些。在我国民间曲艺中，如弹词、鼓词中也有类似曲目。以上这些剧目，曲目的出现，充分体现了我国劳动人民的智慧。

鞋履进入戏曲，不仅丰富了内容，而且推动了表演艺术的改革，进而创造了用鞋的各种表演技能，如越剧《何文秀》巧踢鞋，京剧《史文恭》中“高靴底”，京剧《寇准背靴》中的背靴走圆场。特别是在《张三借靴》中，伴随着借靴祭靴着靴枕靴剥靴，演员创造了一连串富有喜剧效果的表演动作，具有强烈的调侃、讽刺的意味。特别是旦角对模仿古代妇女穿三寸金莲的踩“蹻”功，更是特殊绝活，难度极高。

（一）剧　目

（1）元明传奇

从明传奇《易鞋记》到京剧《生死恨》

明代有传奇剧本《易鞋记》，为明董应翰所作。有明文林阁刊本，见《古本戏曲丛刊》。以后又有明陆采、沈鲸等人所作的《分鞋记》。这两个剧本的故事，多取材于元陶宗仪《辍耕录》中的《贤妻致贵》。其故事概括介绍如下：

宋代程鹏举、白玉娘因遭兵乱，都被掳劫到兴元张万户部下。张将他们配为夫妻，留家为奴。两人不甘受迫，程潜逃出走，白也被赶出，寄居尼庵，带发修行。两人告别时，各易一履，说“日后倘能再逢，当以此为证。”戏中在他们分别时有一段对话，十分感人：

玉娘：（白）夫，我和你俱是异乡门地，今日分离，不知你身在何处？求取功名，又非一朝一夕。（唱）怕聚首无凭，没处相求。

鹏举：（白）恁的有何凭证？

玉娘：（白）夫，我与你月下分离，既无鸾笺可书，又无菱花可剖，铁石之心甚难真吐，冰霜之节不易留题。程郎，不免你取凤履一支，我取鸾鞋一支，各自收藏，以为日后相逢遗证。（唱）这凤鸾鞋，好做个意券心符踌躇。

玉娘：（白）鞋呀，当初做你的时候，本自成双一对。（唱）到今朝分形破影，知何日共偶同俦。（作悲痛哭状）（白）他是个男子汉，别奴此去，知他人心意何如（唱）又怕他重婚懒（赖）记。（白）程郎若是个好人，没有此鞋，千里之远也来顾盼；若是个无情无义之人呵，（唱）虽有此也休休（把鞋丢下）。

鹏举：（白）妻，你多疑了，我程鹏举乃读书之辈，岂是忘恩负义之流。（唱）我本是读书儒，岂肯亏心短行，负了白头。但愿成名，即便归访林丘。凝眸细看来青丝红，怎能去浪迹闲游。（把鞋重还玉娘）（唱）从今去，把此鞋作一个山盟海誓，两地思悠悠。（白）玉娘，今已夜深了，恐怕张家有人知觉。回去吧，我便就此起程了。

三十年后，程鹏举作了省参政，未忘其妻，派人携履寻访，最后夫妻团圆。

这个剧目，以易鞋为中心，展开引人入胜的故事。其情节曲折，感人至深。它反映了封建社会中一对夫妻因战乱带来的悲欢离合的遭遇，也歌颂了这对情侣至死不渝的坚贞情操。

我国京剧中有一《环履重圆》剧目。写的是金人侵宋，程万里与薛研贞均为张万户掳去为奴。万户知程为世家子，恐不为己用，乃一意羁縻，以薛妻之。研贞亦名门闺秀，深明大义，不甘受外人驱策。婚后屡劝程潜逃回国，力图上进。万里疑其受主人唆使，故为试探，乃诉之万户。于是研贞竟遭鞭挞，继被断卖。万里至此，始幡然悔悟，决计南归。夫妇临别之际，互为环履，以为日后相见凭证。万里逃归后，以军功得官，遣人四处寻访研贞，研贞与万里别后，辗转流离，备受艰苦，终于破镜重圆。该剧亦取材于明杂剧《易鞋记》，但主人翁的姓名有变化，夫程鹏举改为程万里，妻白玉娘改为薛研贞，在情节上也略有改动。

为了使读者更加了解这个剧目的思想性和艺术性，特将明刊本《辍耕录》中的《贤妻致贵》原文，附录于后：

贤妻致贵（小说） 元陶宗仪作

程公鹏举，在宋季被掳于兴元板桥张万户家为奴隶，张以虏到宦家女某氏妻之。既婚之三日，即窃谓其夫曰："观君之才貌非久在人后者，何不为去计而甘心于此乎？"夫疑其试己，也诉于张。张命捶之，越三日复告曰："君若去必可成大器，否则终为人奴耳。"夫愈疑之，又诉于张。张命出之，遂鬻于市人家。妻临行以所穿绣鞋一，易程一履，泣而曰："期执此相见矣。"程感悟，奔归宋，时年十七八，以荫补入官。迨国朝统一海宇，程为陕西行省参知政事。自与妻别已三十余年，义其为人，未当再娶，至是遣人携向之鞋履往兴元访求之。市家云："此媳至吾家执作甚勤，遇夜未尝解衣以寝。每纺织达旦，毅然莫可犯。吾妻异之，视如己女将半载，以所成布匹偿元鬻镪物，乞身为尼。吾妻施赀以成其志。见居城南某庵中。"所遣人即往寻见，以曝衣为由，故遗鞋履在地。尼见之，询其所从来。曰："吾主翁程参政使寻其偶耳。"尼出鞋履示之，合。亟拜曰："主母也。"尼曰："鞋履复合。吾之愿毕矣。归见程相公与夫人，为道致意。"竟不再出，告以参政未尝娶，终不出。旋报程移文本省，遣使檄与元路路官，为具礼，委幕属李克复防护其车舆至陕西，重为夫妇焉。

直到近代，我国京剧艺术大师梅兰芳，也钟情上这个缠绵动人并带有爱国主义色彩的故事。他以《易鞋记》为基础，重新改编为京剧，取名《韩玉娘》，就是后来的《生死恨》。梅兰芳改编时，其故事情节基本保留，但它的结局却从夫妻团圆，变为悲剧结束。其中改动之处有三：

一、原来为玉娘主动赠鞋，作为今后见面信物，改为鹏举和玉娘告别时，遗鞋一只为玉娘拾去，留作纪念；

二、鹏举做官，命家丁寻找另一只鞋，遍访玉娘下落；

三、玉娘见鞋，伤感不已。因而得病，最后与鹏举诀别而殁。

在中国婚俗中，各地有不少以鞋履为男女定情信物的民俗。不同者，这个故事以男女主人翁在患难中以各易一鞋为信物，寄托他们坚贞不渝的爱情和追求自由、追求幸福的愿望。在这里鞋履起了联系剧情发展，塑造人物性格的烘托作用。

以上说明，一个好的传说故事，在民间不仅以口头直接传承代代流传，而且和戏曲形式结合，使它更为广泛传播，并在内容上更加丰富，主题更加鲜明。

元杂剧王月英《留鞋记》

《留鞋记》元杂剧。又名《王月英夜留鞋记》。元人作，姓名不详。一说元瑞卿所作《才子佳人误元宵》，即此剧。有明刊本。其中以《元曲本》较为流行。写秀才郭华和卖胭脂女王月英相爱的故事。胭脂铺王婆婆的女儿王月英自幼丧父，又和兄弟、母亲守着一爿小店过活。秀才郭华常借买胭脂与月英相会，只是王安之总在一旁，不得机会亲近。月英相思太苦，按捺不住，写下一首诗遣梅香送去，与郭秀才相约在元宵夜时相国寺观音殿相见。当月英赶到寺中，郭华却因酒醉不能醒来。四更天后，月英不得不回，只好用手帕包了一只绣鞋留在郭华怀里。郭华醒来后悔，吞帕自杀。寺内和尚怕惹是非，想移尸寺外，却被郭华琴童撞见，拉到官府中。包拯命张千叫卖那只绣鞋，寻找鞋的主人。月英上堂，承认自己留鞋，但不以为错。包拯听说还有一手帕，就派张千随月英到寺中尸边寻找，后从郭华口中取出手帕，郭华苏醒，面见包拯，自叙情形，替月英解脱，最后在包拯的主持下，两人团圆。

明传奇《凤头鞋》

《凤头鞋》邓志谟撰，一名《凤头鞋记》。《五局传奇》之一。《曲海总目提要》著录。凡2卷38出。剧写：吴中才子黄鹂鹂，父早亡故，由寡母教养成人。平素喜着黄袍，人称金公子。有挚友三人：秦吉了，字慧卿，极善言辞；孔雀，号南容；寒皋，因排行第八，人称八哥。黄书生童名唤飞奴。同里有毛氏女，嫁与武能言。夫早逝，遗一女，名慧娘，美貌伶俐，乳名鹦哥。爱穿白衣，人称雪衣娘。有婢唤作巧妇。一日黄生约挚友游春，巧遇白莲庵忏经后回家之雪衣娘，两人一见钟情。由秦吉了姑妈勃姑做媒，黄生与雪衣娘终于如愿以偿，结为伉俪。惜新婚未几，文场期逼，黄生与妻子辞别，和秦吉了、寒皋等一起赴京应考。黄鸝鹛中了探花，秦吉了居二甲之首，寒皋命蹇，名落孙山。黄生授柳州刺史，直接赴任。有邻妇老鸧鹧，平时好搬弄是非。曾来黄家贺亲，遭黄生白眼，又不曾留饭，以此怨恨结仇。黄生得官后，老鸧鹧去黄家讨些酱猪油、鞋面布帛，遭到雪衣娘拒绝。老鸧鹧恼羞成怒，偷去一只凤头鞋（此鞋为黄生与雪衣娘各执一只，为日后相会之验）。老鸧鹧为泄私愤，将凤头鞋献给鹞将军。鹞将军正欲兴兵作乱，听老鸧鹧之鼓弄，准备下山抢雪衣娘，做压寨夫人。黄生挚友寒皋闻讯去雪衣娘处报信。雪衣娘惶急无计。巧妇挺身而出，竟冒名顶替雪衣娘，去鹞将军处，而由寒皋送去。巧妇为人识破，竟撞石而死。寒皋同时遇害。鹞将军勒令飞奴回家，立即将雪衣娘送来。观音菩萨闻讯后，命红孩儿率领五百罗汉前来救护，将鹞将军杀死，喽罗们也各逃散。红孩儿取回凤头鞋，交观音。鹞将军死后，他哥哥鹰将军又兴兵复仇。秦吉了、孔雀急友人之难，奋身前往，凭三寸舌，陈述利害，使鹰将军幡然悔悟，收兵回营。雪衣娘幸免于难。黄生在柳州任上，奖励孝悌，惩罚忤逆不法之人，颇得人心。得知家中危急情形后，坚请致仕归家，获圣上恩准，兼程回家。一路上，在观音祠菩萨掌中捡回失落之凤头鞋。路遇义士寒皋、义婢巧妇之墓，洒泪哀悼。终于骨肉团圆，白头偕老。

明传奇《大葱岭只履西归》

杨潮观撰。简名《大葱岭》。为《吟风阁杂剧》之一种。一折。剧情本于旧时佛教传说。写“魏宋云奉使西域，回时，遇师（达摩）于葱岭，见手携只履，翩翩独逝。云问师何往，师曰：‘西天去’……云具其事，帝令启光圹，唯空棺，一只草履存焉。举朝为之惊叹，奉诏取遗履于少林寺供养。”剧演达摩传道东土，一苇渡江，九年面壁，遗一履而回，至葱岭龙潭卓锡。魏使宋云西域取经回，于葱岭遇见达摩，惊其未圆寂，相与问答，随后各自东西。此剧有乾隆甲申原刊本、乾隆甲午重刊本，嘉庆庚辰重刊本、胡士莹校注本等。小序言其主旨云：“《大葱岭》，思返本也。”

（2）京剧

京剧《八件衣》中的《公堂对鞋》

《八件衣》之一折。宋代，书生王俊宝家贫，因借当八件衣，被诬为盗。县令杨廉受班头张良玉愚弄，不察虚实，借断此案，将王俊宝挟死公堂。王母和舅父张琦善及表妹张彩凤到县衙鸣冤，经验衣对鞋，证明确属错案。杨廉受“官不认错”的影响，继续维护错案错判，彩凤愤极，脱下绣鞋，掷打杨廉，自刎堂前。

京剧《寇准背靴》

北宋时期，昏王无道，听信谗言，忠心保国的元帅杨延景被奸臣陷害充军。后杨府虚报延景病死，想自此隐居。八贤王和天官寇准同往杨府吊唁，寇准见延景之妻柴郡主孝衣里着大红衫，疑杨延昭未死。深夜，不能成眠。这时，又发现柴郡主提着篮子急忙向花园走去，寇准决定尾随其后，看个究竟。黑暗中，柴郡主滑了一跤，篮子落在地上。紧随其后的寇准也失惊跌倒，碰到了纱帽和靴，在寻找纱帽时，发现篮子里的饭菜，此时郡主正在找寻篮子，寇准怕被发现，设法躲过郡主，随后又背着靴子踉跄跟踪而去。他终于看到郡主将饭送进花厅，并听到她与延昭讲话，不禁喜出望外，急忙将此事回报了八贤王。八贤王听到延景还在人世，十分惊喜。于是君臣二人来至花厅，见到了延昭。从此，杨家又重为国为民捍卫边疆。

京剧《脱靴辨奸》

王钦若、谢金吾受辽国萧军师之命，定计拆毁天波楼，激佘太君召杨六郎入京，擒之治罪，以便夺取三关。六郎闻母被谢推倒尘埃，遭受凌辱，经思虑后决遵母命，不回京都。适焦赞回营，问知其故，大怒进京，延昭惧焦赞闯祸，乃将印信交付孟良掌管，改装入京。谢金吾醉后使丫环梅芬脱靴，无意中说出在王钦若足曾为辽邦刺字之机密，适焦赞来到，杀死谢金吾后，逃出皇城。梅芬至王宅果见王钦若足心刺字，始知王钦若即贺驴儿，为辽国奸细，急出城阻杨延昭入城。不料杨已回府，王钦若命校尉缚之回衙，治其擅杀谢金吾，私离汛地等罪。梅芬路遇焦赞，共擒番郎奸细，搜得密信，同往见佘太君。时佘太君已将详情诉与八贤王。及王钦若押杨延昭上殿，宋帝欲将杨问斩，八贤王赵恒奏明一切。焦赞、梅芬上殿呈上密书。当殿逼令王钦若脱靴，验出罪证，即将众犯押赴法场处斩，并赦杨延昭无罪。

（3）豫剧

豫剧《女背靴》

《女背靴》又名《李渊跑宫》。言隋炀帝驾幸江南，命李渊留守太原行宫。渊次子李世民与刘文静、马兰保等劝渊即帝位，渊不肯。众人串通太监裴寂、将李渊灌醉，抬进宫去，复使张、尹（原为文帝之妃，后被杨广霸占）二妃伴宿。渊酒醒后，赤足外逃，张、尹二妃背靴相追，世民等亦拦截讨封。渊无奈一一加封后，自立称帝。

豫剧《圯桥进履》

秦始皇横征暴敛，焚书坑儒，严刑峻法，民不聊生。韩国少年张良为君父报仇，散尽千金，访求勇士。一日与苍海公相遇，互相爱慕，结为密友。趁秦始皇巡游，苍海公掷锥，误中副车，被擒身死。秦始皇搜捕主谋，张良逃往友人项伯家中暂避。张良闲游郊外，路过圯桥，遇黄石公，黄石公故意三次将履踢落桥下，命张良拾取。张良拾得，代为穿着。黄石公因约张良于五日之后清晨相会，谓将有所赠。张良届时前往，黄石嗔其来迟，又以五日为期。到时张良五更即起 。黄石公仍先至，又改约。至期，张良二更起身，抢在黄石公之前。黄石公喜其可教，授以兵书三卷，后来，张良协助刘邦，为开创汉朝立下巨大功劳。

豫剧《唐灵杀妻》

清代有一个员外叫唐灵，为儿子请了一位老师。那时侯私塾，教书先生住在家里。一个天寒地冻滴水成冰的日子，教书先生冻病了。好心的女主人（唐灵之妻）就把自己床上的铺盖让儿子抱给了教书先生，误将换鞋夹在被子里。换鞋掉在了先生门口，恰被回家的唐灵捡到，唐灵以为妻子与老师有私，非杀不可。妻子给杀了，酿成一场悲剧。

（4）川剧

川剧《张三借靴》

张三欲赴友宴，到刘二处借靴。刘二悭吝，百般刁难后，始允借给。张三赶到友人家，宴席已散，因饥饿困倦，睡卧在街头，刘二久候张三不至，偕仆人沿途寻找，见状，忙将其靴脱下。张惊醒大怒，夺刘鞋，未遂。刘二欲着靴，又恐磨损靴底，于是爬行回家。

川剧《一只鞋》

《一只鞋》取材于《聊斋志异・毛大福》。写医生毛大富夫妇在出远门行医途中，为一雄虎阻拦，夫妇无奈，随虎入山，见一母虎正欲临产，毛大富夫妇为之接生、治病。虎为报恩，衔来扇子及玉扇坠相赠。后毛大富变卖扇坠而被诬谋财害命，幸得老虎口衔凶手的一只鞋前往公堂作证，始免于祸。

（二）表演艺术

在中国地方戏曲中，鞋子不仅起着美化人物服饰，表现人物个性的作用，而且成了一种演出道具。不少艺人在鞋子上勤学苦练，创造了各种绝活。

一、穿靴

传统戏曲常用的是高帮或长帮的鞋，其帮大多由棉布或缎制成。种类颇多，有朝方、高方、快靴、云头靴、虎头靴和经改革并饰以图案花纹的“改良靴”等。如“红霓关”的东方氏或丫环，都穿鹿皮小靴。朝方，是戏中丑脚所穿的一种靴，棉布或缎制成，方头、薄底。高方，是戏中生脚穿着的一种靴。其制作原料与形状和朝方同，而底特厚，靴面一般为黑色，也有其它色彩的，底为白色。如在秦腔中，有种特制戏靴，叫麻子红厚底靴，为甘肃须生郗德育（艺名“麻子红”）设计并专用。底高13公分，靴掌如葫芦，前后宽7公分；腰仅3公分，靴底扎花，在他所创的弓圆包腿、靴底朝前的范式中，亮出靴底，独树一帜。

二、着蹻

传统戏曲中有一种特制的鞋，叫“蹻”，又叫“尺寸子”“模子”。它是模仿古代妇女三寸金莲，用木质或布质制成的古代女性的假尖足。外饰白袜和彩缎绣花小鞋，表演时缚在脚上，外罩彩缎灯笼裤使其演员脚跟笼在其内，仅露出一双小脚即蹻。据考，踩蹻在清初秦腔舞台上就已出现，李声振《百戏竹枝词踏谣》就有“秦腔恒以此示娟”之说，后经“魏长生改进，遂广用之，”其后男旦多擅用此技，又如秦腔《挂画》中也有此表演。后渐弃而失传。过去武旦、花旦戏中常采用的。

三、草鞋花脸

在戏曲行当中，还有一些与鞋有关的角色，比如川剧净行中一种特殊角色，叫“草鞋花脸”，一般都穿草鞋，演的都是古代草莽英雄和性格耿直、彪悍的人物，如《春秋配》的侯尚官，《池水关》的华雄，《太平仓》的陈英杰，《帝王珠》的牛乃成等。

四、鞋皮丑

京剧中还有一种丑行中的角色，叫“鞋皮丑”，亦叫“邪僻丑”，属于文丑的一种，主要扮演花花公子之类的人物。这种角色行当，在演出时，因穿一种特色鞋（如“福字履”）而得名。

五、踢鞋

在京剧和地方戏中，有种叫“鞋皮生”的小生角色，俗叫“穷生”或“苦生”。演出时，身穿“富贵衣”为其主要标志，大多扮演落魄不第的文人，如：京剧《棒打薄情郎》中的莫稽，昆剧《评雪辨踪》中的吕蒙正等。表演上特别着重于做功，以表演人物酸腐的气息为主。表演时一般都把鞋后帮踩倒在脚下，拖着布鞋演戏，以示其潦倒之状。并且在鞋子上也有一些绝活，如浙江温州的地方戏瓯剧中，有一出戏叫《何文秀算命》。过去瓯剧最有名的小生为马歌班中的碎桃，他演“鞋摊戏”（“摊”字系土音，意同“拖”字）最拿手。他在演《两重恩》中的何文秀，中官后乔扮落第文人，回家访妻，在窗边偷听其妻祭灵，不觉失声喊出“啊呀，妻呀！”因怕人发觉，随将左足鞋子迅速往上一踢，立刻用手接住，充作江湖先生测字用的算盘，摇晃几下喊出“看相算命”，神色自若，恰到好处。

越剧《手提金缕鞋》中，让演员在月色朦胧中上场，脱掉金缕鞋，咚咚的鼓声和金缕鞋上银铃的响动声，与他心跳的起伏声交融在一起。在脱鞋时，只见演员将左脚上的鞋，先朝前踢出，用右手接住；右脚上的鞋如踢毽子般往后踢出，紧接着来一个灵巧的“鹞子翻身”，后侧身用左手接住，再用双手翻转舞动，叉腰“亮相”。这种处理，形象地表现了“花明月暗笼轻雾，今宵好向郎边去。刬袜步香阶，手提金缕鞋。”意境，细致刻画了人物急切、慌张的心情和毫无顾忌的火热感情。

六、提鞋

这是两种专门提炼出来的和鞋有关的戏曲表演程式动作，行话叫“提鞋”。一般为穿鞋的男女角色所专用。男提鞋动作，为蹲骑马裆，提左鞋时，双手从右向左画一圆形，屈身向左脚作提鞋的虚拟动作；提右鞋时反之。女提鞋动作为：提右鞋时，右腿向左腿后伸去，身躯向下蹲，右手插向右手耳边，左手做提鞋的虚拟动作，提左边鞋时反之。一般在剧中人物逃难及仓皇紧张的情况下用之。

七、倒脱靴

在戏曲舞台调度手法上，也有和鞋有关的名称。戏中龙套队伍的一种，叫“倒脱靴”。这种队形有两种走法：（1）以二人为一组，并排出场，至台口，分向左右两边绕一小圈，各排成一行。武将率军出场往往用此程式。（2）有时作行军后分队形式，例如京剧《两将军》中，马超率军至葭萌关时，龙套八人，本以二人为一排，分两行面向下场门站立，当主将吩咐“人马列开”时，外面一行右转向外，至舞台右侧排列，里面一行右转向外，至舞台左侧排列。

八、亮靴底

这是一种戏曲表演程式的动作，俗谓“台步”中的一种。武将出场时，开始的几步一般常用亮靴底，表示英武矫健。抬右腿，绷脚面由里向外伸出，与腰平，勾脚而使台下看到靴底，由里向外看翻，自远而近落地。迈左腿时运作与上同。又可表现人物性格，如京剧《史文恭·拜庄》一场，史文恭与卢俊义决裂前，向前迈三步，右手捋袖，左手撩前襟，左腿绷脚面抬起，勾脚面亮靴底，向前迈步，以表现史的傲慢骄矜。又“袍带丑”的台步中，也用亮靴底。迈左腿绷脚面由里向外，亮靴底。迈左腿，右腿蹲曲，抬左腿绷脚面由里向外，亮靴底，勾脚面向外撇，然后落地。迈右脚时与上同。

第四节　中国戏靴

与中国戏曲服装一样，中国戏靴也是在明代鞋饰的基础上，吸收了宋、元、清代的鞋靴特点而成的。所以，戏靴中还保留了许多古代鞋履的款式。中国戏靴有靴、履、鞋三大类。可以看出，戏靴的穿着是根据扮演人物的身份和服饰来配置的，不同的靴鞋为不同的角色，配合不同的服装服务，如：厚底靴是剧中男性人物普遍穿着的高腰靴，它专为演员表演和舞蹈设计的，可以使角色显得雄伟、魁梧，又与夸张了的蟒、靠等戏曲服装相协调；又如女性角色穿的彩鞋，虽是便鞋样式，也是添加了彩穗、彩绣等装饰来美化角色。

一、靴类

靴大多用于男性角色，款式主要来源于宫廷朝靴，为适应舞台表演，大多色彩鲜艳，其源于生活又高于生活。

厚底靴：亦称“高底靴”“高方靴”“粉底靴”，文武官员作为朝靴使用。黑光缎或平绒制面、方头、长筒。靴筒上口正中缝有线带，系于腿上。底厚二至四寸，四周涂白粉，黑帮白底分外鲜明。女用厚底靴式同男靴。

虎头靴：有厚底、薄底之分。厚底靴多为武将穿着，用红、绿、黄等色缎为面料，靴前脸镶虎头吞口，靴面绣虎毛纹图案，如：绿缎绣盘金大龙厚底靴为关羽专用，称“老爷靴”；黄缎绣盘金龙厚底虎头靴为美猴王孙悟空专用，称“猴厚底靴”等。靴的颜色需与服色相配穿用。另有一种薄底虎头靴，多为戏中身着改良靠的武生所穿。

朝方靴：简称“朝方”。是戏中文、丑官员等穿。仿制清朝官员的“清官靴”（京靴）故名。黑缎或棉布素面的长筒靴，靴形齐头见方，靴底稍薄，寸许刷白，长筒无绣。

官尖靴：为戏中番邦人物穿用。靴脸呈尖角状，尖角部位靴底上翻。黑色缎面、靴帮前脸正中接缝处加镶皮革滚边。靴腰齐脚踝，底厚约半寸。

薄底靴：又名“快靴”。是仿明清朝廷薄底靴，清代称“爬山虎”。轻捷灵便，为短打角色穿用。黑色缎或黑布制作。靴帮前脸，线码勾纹，滚边皮口，靴尖精缝对称小皮包头，靴腰齐踝，皮革薄底，后跟缝有线带，系于脚腕。

二、鞋履类

鞋履一般指短帮便鞋，其品种丰富，颇具特色，适合于各类人物穿着。从出土文物考察也大多来自生活。

福字履：亦称“蝠字履”。一般为戏中老年层平民所穿。用素缎面，圆口薄底。鞋头正中及帮面镶贴福寿字、古钱、万字，或蝙蝠套云纹等图案。穿时鞋色需要同服色配套。山东省博物馆收藏着一双明代孔子后裔穿过的福字履，属国家二级文物。此履以彩缎为面，前头有三层彩色的重叠云朵装饰，每层用丝线拉锁扣缝边，云形曲线流畅自如，自前头延伸至两厢，云头中间绣有黄金“福”字。此鞋用料做工极精，美观古朴大方，是明代流行的鞋履。

登云履：亦称“如意履”“拳头鞋”等，为神仙、道家类角色穿用。蓝缎便鞋式，鞋头镶饰立体状的如意形大云头，鞋帮缀回云勾纹图案，底厚约二寸。

云头履：亦称“云履”。鞋面有白缎或蓝缎，并镶贴云头纹、蝙蝠纹、团寿纹等。在明代多为宫员和士人的穿用。《日知录》引《内丘县志》记述明中期以后风俗云：“非乡先生，首戴忠靖冠，不得穿厢（镶）边云头履，至近日而门快舆皂，无非云履。”可见云头履在当时社会上的流行程度。

洒鞋：便鞋式，为戏中老渔夫类角色穿。鞋脸较长，皮革滚边，矮腰薄底，鞋用线缝成鱼鳞图案，左右镶对称鱼眼。另有为戏中武丑角色穿着，鞋面为蓝白相间或彩缎，鞋口四周缀满排穗。

跳鞋：亦称“黑白道打鞋”“功鞋”。为翻打角色穿着。形似快靴，一般为布制圆口，矮腰薄底。鞋面缝有黑白斜纹，跟部有绸条系于脚腕，此鞋武打时轻便牢固。

彩鞋：是戏中旦角专用。缎面绣花，色彩丰富，有红、蓝、粉红、皎月、湖蓝等。长脸浅帮，后跟稍高，猪皮底。分尖口和圆口两种，鞋前脸缀一绺彩色丝穗。另有内高底彩鞋，其样式相同，只是内置用高丽纸芯外包白布的斜坡底高跟衬垫。

彩旦鞋：为彩旦角色专用。有红、黑等色，五彩绣花，尖头单梁。鞋后跟加提拔，鞋帮沿为异色边，鞋头不缀彩穗。一般于白布绣袜套穿。

武旦绣花薄底：为武旦角色专用。筒至踝，单梁绣花，鞋头装饰彩穗。一般色彩较艳，特殊情况例外，如：杨门女将带孝出征时穿，要用白色缎面绣花薄底。

旗鞋：仿清朝旗人妇女的“高跟履”。为戏中旗装旦使用。缎面五彩绣，小圆口，一道脸，前脸饰彩色丝穗。鞋底脚心部位有块约二寸的厚底，上宽下窄似花盘的称“花盘底”；前方后圆呈马蹄形的称“马蹄底”。

船底鞋：亦为仿清鞋饰，专给旗彩旦配套用。缎面彩绣，头有彩穗，千层高丽纸、麻线纳底，船底鞋上宽下窄，钉有猪皮防滑。

僧鞋：为戏中僧道之人穿着。样式同登云履。帮面双脸，鞋头成一道弯钩上翻，鞋腰缀云纹图案，底厚约二寸。多与服色相配套。

鱼鳞鞋：是戏中水路英雄所穿。鞋面为蓝、黑缎，绣鱼鳞纹，似鱼合在一起，鞋前呈鱼头状，绣有眼珠，后跟部缀有鱼尾，非常形象。

猴跳鞋：式样同跳鞋，为孙悟空或小猴们穿着。黄缎或布为面，绣猴毛纹、火焰花纹图案，另有猴厚底靴，为孙悟空穿蟒袍时配用。

莲花鞋：为哪吒角色专用鞋。圆口矮腰，式同跳鞋，淡粉色缎面上缀缝或绣制粉红色莲花瓣。

皂鞋：亦称“方口皂”。戏中布衣、皂隶、差役所用便鞋。齐头、长脸、圆口，底厚八分。黑色素帮，有缎面、布面两种。

这总共不过三十余种的中国戏靴的样式，要表达的却是几千年的历史故事和人物。经过一代代艺术家的不断总结、改革、创新，使中国戏靴形成了一整套固有的、适应于各个时代人物表演，又能被广大观众接收的规则和定律。它源于生活又高于生活，是经过艺术加工，美化、夸张的舞台表演手段；它高度浓缩了历代社会生活中的鞋履，形成了中国戏靴独特的类型化风格。

中国
鞋履
文化史

Chinese
Shoes
Culture History

民俗篇

第十七章 鞋履与民俗学

第一节 鞋与制度民俗

等级的标志

随着生产力的发展，原始社会被解体了。无阶级社会过渡到了阶级社会，这是人类社会发展过程中一个重要的质的变化。当时在服饰上不但实用，而且有了尊卑贵贱之分，衣冠成了统治阶级“昭名分，辨等级”的工具，制定了种种法规，逐渐形成了严格的服饰制度。在这一重大变化中，鞋子随着服饰，也同样成了等级的标志。《释名·释衣服》云：“履，礼也，饰足所以为礼也。”这说明履原是指人类御寒暑和护足的实际功能。进入文明社会，履逐渐成为一项关系形象、礼仪的社交标志，最后形成一种礼教文化范畴和等级服饰不可缺少的部分。

远在商朝时，贵族可穿色彩华丽的革履和绸鞋，但平民和奴隶只能赤足，至多只能穿袜、布鞋和革履。到了周代，已经有了比较完备的区别阶级等级，分别尊卑贵贱的服饰制度，在穿鞋上，也明显地反映了等级差别，如哪些人可以穿鞋，哪些人不可以穿鞋，哪些人穿哪些鞋？甚至连色彩也都有了明确规定。

在周代，宫内已有专门掌管鞋屦的官吏屦人，对王、后以及内外命妇穿鞋着屦，进行严格管理，也就是在不同场合，各按尊卑等级，穿着应该穿着的鞋履，不允许有丝毫混淆。

在秦代，以军鞋穿着最为严明：靴只有将军和骑士能穿，一般士兵及下手不准穿靴，都一律着方口履。

汉初，赤舄原先限定仅为天子、王后及诸侯所穿，到汉明帝时才有所改革，批准三公、诸侯、九卿以下可穿赤舄、绚履。另外，汉高祖还曾下令，贾人不得服锦绣罗绮等，这中间当然也包括鞋饰，如有犯者，则杀头弃市。同时规定：祭服穿舄，朝服穿履，燕服穿屦，出门行路则穿屐。

晋代，除官民着鞋有规定外，甚至对鞋履的色彩，也有着严格的等级限制。《太平御览》六九七引晋令：士卒百工履色无过绿、青、白；奴婢侍从履色无过红、青。占绘卖者都要着巾贴额，在头巾上写明占绘卖者的姓名，并且一只脚穿黑履，一只脚穿白履。这是一种特异的装束，是表示对商贩的鄙视。明代，朱元璋下诏令中书省制定穿着衣服鞋饰的规定，其中有

“靴不得裁制花样金线装饰，违者罪之”。万历年间，还禁止一般人穿饰绮镶鞋。清代，顺治八年（1651年），曾下令谕“官民人等……线靴底牙缝不许用黄色。”后来，又规定：“凡八品、九品以下杂职及兵民商等……不许穿缎靴及靴上镶绿皮、云头金线，不许镶靴袜口。”还规定妇人“如僭用珍珠缘履照律治罪”。当时，满族贵族多穿靴。皇太极天聪六年（1632年）曾规定：平常人准穿靴。后来文武官员及士庶逐渐都穿，但平民仍不允许。在这里，穿靴和不穿靴，成为一种等级标志。

第二节　鞋履与节日民俗

（一）冬至荐鞋袜

冬至，即仲冬之节。从历史可查，冬至曾是“年”。冬至日在黄帝时，作为岁首，称作“朔旦”；周代也曾以冬至所在之月“建子”为岁首。所以冬至节祭祖祀先，拜尊长等，都是相沿的古俗。

汉代起把冬至列为会节，有贺节之俗，时在阴历12月22日前。据《中华古今注》载：“汉有绣鸳鸯履，昭帝令冬至日上舅姑。”昭帝于公元前86年到前73年在位，这说明在距今2080年左右，我国已有冬至节“荐履于舅姑”之俗。在汉字中，履亦是礼，往往可以互训，构成文化同构的关系。汉魏时流行的“履长之贺”，即妇女于冬至节向长辈敬献鞋袜的习俗，就是“履礼”相通的最好例证。

此习俗起于汉，至魏晋时已明确有献袜履之仪。三国时魏之陈思王曹植在冬至日向他的父王曹操进献鞋袜，并附《冬至献袜履表》，也反映了这一民俗。其文曰：“伏见旧仪，国家冬至，献履贡袜，所以迎福践长，先臣或为之颂。臣既玩其藻，愿述朝庆，千载昌期，一阳嘉节，四方交泰，万汇昭苏。亚岁迎祥，履长纳庆，不胜感节，情系帷幄。拜表奉贺，并献纹履七量（緉，双），袜若干副。茅茨之陋，不足以入金门，登玉台也。”亚岁，即冬至；履长，是比喻冬至日长，亦指冬至。“冬至律当黄钟，其管最长，为万物之始，故至节有履长之贺”（《玉烛宝卷》卷十一）此文说明了冬至“献袜贡履”的用意是为贺“一阳嘉节”“迎福践长”，那是距汉昭帝300余年的事了。而后演变为“妇制履舄，上其舅姑”之俗。

南北朝时，更重于前，且有拜父拜母之仪。宋代此日，还有更易新衣新履袜之俗。据孟元老《东京梦华录》载：“京师最重冬至更易新履袜，美饮食，庆贺，往来一如年节。”《崔浩礼义》曰：“近古至日，妇上履袜于舅姑，践‘长至'之义"。浙江《临安岁时记》也载："冬至俗称'亚岁'……妇女献鞋袜于尊长，盖古人履长之意也。"

明代，每逢冬至，妇女献鞋袜于尊长，亦古人履长之义。（田汝成《西湖游览志余》）冬至献鞋袜，形成了我国儿媳侍奉老人、孝敬公婆的礼节。在旧时浙江一带，妇女每至小年（冬至节的俗称）献鞋献袜给公婆，以示敬意。因为冬至为仅次于春节的传统佳节。冬至意味着寒冬逼近，此时献鞋袜给老人，一为贺节，二为送温暖敬老。

明清时期，在我国山东曲阜等地的妇女，都要在冬至节前做好布鞋。于冬至日赠送舅姑（公婆），至今仍保留了这一敬老的良俗。

（二）清明踏青履

踏青履是用于踏青的鞋履。民间习俗，每年清明前后，男女择日赴野外践踏青草，以祈消灾祛邪。是日，御新制鞋，谓"踏青履"。明张岱《夜航船·天文部》："三月上已，赐宴曲江，都人于江头禊饮，践踏青草，曰踏青，侍臣于是日进踏青履。"

（三）端午穿虎鞋

虎鞋多以黄布作鞋面，前面绣虎头，中间绣一"王"字，鞋帮两侧绣虎脚，后面缀一条虎尾巴。在山西不少地方，妇女们于端午节，做双虎头鞋给孩子穿，借虎的阳刚之气和威武，驱邪祈福，俗信能起到作用，反映了父母对子女的良好祝福。

第三节　鞋履与社会民俗

（一）脱鞋入室

这是古代一种礼仪习俗。因为在周代，把服履作为礼仪，有严格的规定。史书载："侍于长者，履不上堂。"意思是说，侍奉上辈，不能穿鞋上堂。因古人席地而坐，登堂就是就席，穿履就席不但不干净，而且是不恭的表现。妇女入室也要脱履。据《南淮子》载："古老家老异饭而食，殊器而享，女子跣足上堂，跪而酌羹"。《礼记·曲礼》亦载："户外有屦，言闻则入，言不闻则不入。"这门外的鞋，就是进屋人脱下的屦。有一次，庄生赴会，把鞋子脱在门外，膝行进去。等到列子去的时候，户外的鞋子已经满了。对如何脱履，《曲礼》曰：

“解履，不敢当阶，就履跪而举之，屏于侧。”解履就是解开履头鼻綦绳相连的结带，升堂时即解之，不能当阶解履。着履时，必须足上。如果两股前伸而穿鞋，则叫箕踞，这样最不礼貌，古人最忌。

因此在周代的社会活动中，人们严格遵守解履脱鞋入室习俗，平时在室内大都赤足行走。据《左传・宣公十四年》：“楚子闻之，投袂而起，屦及于室里。”意思是说，楚王因事出室，不及穿鞋，屦人追到了室里（即寝门），才进屦由楚王穿上。又，《列子》载：“宾者以告列子，列子提屦跣而走。”这都说明古人在室内是不穿鞋的都是赤足走路的。如果在宫廷内穿鞋上殿见君，那就会遭杀身之祸。春秋时有这样一个故事，说的是有一次晋平公召见师旷，师旷上堂没有脱屦。平公十分生气，说：“那有人臣不脱履而上堂的？”那时，臣子朝见君王，也要脱下鞋子放在殿外。如果不遵行这个礼俗，还会招来大祸。《吕氏春秋》载：一次，齐王疾痏，叫人到宋国迎文挚归来，文挚匆匆到了宫内，忘了脱鞋，就登床问侯齐王的病情。齐王边叱责边起来，就准备生烹文挚。又据《左传・哀公二十五年》：“卫侯与诸大夫饮酒，褚师 而登席，公怒戟其手曰：‘必断其足。’”以上两例，都是因入室不脱履，而险遭断足遭烹之灾。那时，只有官高位尊的亲近大臣，才能有穿鞋上殿见君的特殊待遇。

在秦汉时，也传承周代不能穿鞋入室，必须脱鞋于阶外，赤脚进入户内的习俗。据《新序》载：秦二世胡亥，邀昆弟数人饮宴，并以酒飨群臣。诸子先行赐食。后胡亥下阶，看群臣所脱的鞋子，如发现其中有因年久而穿坏了的，就被立即逐出宴会之外。

到西汉时，仍传承脱履于外的礼俗，《史记・滑稽列传》中有这样一段关于宴饮的描写：“日暮酒阑合樽促坐，男女同席，履舄交错，杯盘狼藉。”这里反映的正是宴会时众人将履、舄等放置在门外的情景，又，《汉书・隽不疑传》载：“胜之直指使居传舍中，一次，闻隽不疑来，因隽负有盛名，胜慌忙之中‘趿履出迎。’师古曰：履不着跟，曰趿。”因为时间匆促，在门外纳履未正，趿之而行。这说明在传舍中仍有户外脱履之俗。

汉时，还规定有罪的人不准着履。《汉书・匡衡传》载：“衡免冠徒跣待罪，天子使谒者诏衡冠履。”又，《董贤传》：“（贤）诣阙免冠徒跣谢。”这可证明凡待罪者都跣足。

魏晋时，入室仍须脱履，赤足。《魏书・曹真传》有“赐剑履上殿”之句，说明当时上殿都要脱履。就是远出在外，仍习惯于室内脱履，《邴原传》注：“太祖北征归，原至通谒，太祖大惊喜，履而起，远出迎原。”《世说》载：“王子猷子敬兄弟，共坐一堂，上忽发火，子猷逐走避，不惶取履。子敬徐扶侍者出。”这里所说的“不惶取履”，反证在室必跣足也。又，“谢遏夏月尝仰卧，谢公清晨卒来，不暇着衣，跣出户外，方蹑履。”这最后一句，也说明了当时仍持入室即脱履的习俗。

在礼节的规范上，如在南北朝时，对着履和穿屐，在礼节上也有所区别。魏晋六朝因循古仪，着履表示尊敬，着屐以图轻便，凡在主要场合，如访友、宴会等，均须穿履，不得穿屐，否则被认为“仪容轻慢。”《齐书·蔡约传》载：蔡约为高祖重用，“任尚书辅政，百官脱屐到席，约蹑屐不改。”说明蔡约身居重职才有此特权。《粤东笔记》载：广州男子轻薄者，多长裙散屐，人皆呼为裙屐少年，以贱之。

直到唐代，入室脱靴之俗方变，但在某些场合仍有脱鞋的习俗。《法苑珠林》二八：“若是白衣，多着靴鞋为荣。初入寺内不劳脱履，若入佛堂，得脱了。”

进门先脱套鞋，这是维吾尔族用鞋习俗。在新疆的维吾尔族人在鞋或靴子外面又套一双鞋，进门都有先脱套鞋的习俗。这种套鞋称“喀拉西”。套鞋是用橡胶做成，里面撑有紫红色的绒面，既可以保暖，又可以保护靴鞋。维吾尔族男女都有穿套鞋的习惯，其中以老年人居多。套鞋分为两种：一种圆头套鞋叫“玉克喀拉西”（靴套鞋），主要套在马靴外面或皮鞋外面的；另一种尖头套鞋叫“买赛喀拉西”（软底皮靴套鞋）。这种套鞋多为老年人和宗教人士所用，特别是宗教人士进清真寺做礼拜时，要脱鞋才能进入大殿。他们穿高腰软底的皮靴，外面再套鞋，进大殿时，只需脱掉外面的套鞋才可以进大殿，显得十分方便，如果穿其他鞋，则要全部脱掉。穿套鞋是一种良好的卫生习惯。进屋前，把套鞋脱在门外再进屋，就不至于把泥土带进屋，这样客人放心进屋，主人也高兴。特别是少数民族家里多铺有地毯和花毡，过去客人来了还有请上炕坐的习惯，如果不脱鞋进屋，会把家里弄脏，脱鞋又麻烦，有了套鞋，这种矛盾就迎刃而解了。现在其他少数民族和汉族也有不少人开始穿起套鞋来。过去套鞋都是平底的，现在女同志穿的高跟鞋多起来，套鞋也出现了带高跟的，所以无论穿什么样的鞋，都有各种型号和式样的套鞋来满足你。

（二）留靴、挂靴与扒靴

在谈古代挂靴民俗以前，先讲一个与它有关的故事：

从前，有个乡下财主到城里去玩。在将要进城时，抬头看见城门外的高杆上悬挂着一个人头，他十分惊慌，问这是怎么回事？有个人对他说：“这是强盗抢了人家的财物，被官府抓住处置，砍了头，悬挂在这里示众的。”等他走到衙门前，又看见衙门口悬吊着一个木匣，外画靴形，于是他连连点头说：“对了，对了，城门外挂的是强盗头，这衙门口匣子里盛的一定是强盗脚了！”

（见清石成全《笑得好》二赛）

这个故事是讥笑有些人惯用主观猜测来看待某些客观事物而闹出的笑话。实际上，在衙门口挂着画着靴形的木盒或者挂着真靴子，是表示此地有官离任，群众以画靴或挂靴，表示挽留和纪念。因此，这也是一个不懂民俗闹出的笑话。那么，这个民俗最早在什么时候形成的？现在尚无结论。但最迟在唐代已有此俗。据《旧高书·崔戍传》，记载了华州刺史崔戍，因为官清廉，为州民所爱戴。当他离任时，州人恋惜他，有脱去他的靴子，解下他的马镫，不让他走，表示挽留。后人以“脱靴”，指挽留清廉的地方官。清袁牧有诗云：“崔帅留靴沿路位，文翁画像满城看。”

直到明清时期，不但传承了此俗，又把脱靴演变成挂鞋。明徐渭有诗云：“只我为官不要钱，但将老白入腰间，脱靴几点黎民泪，没法持归赡老年。”清毛奇龄在《送郡守许公迁宁绍兵巡副使》诗中也写道：“碑横剡上路，靴挂郡东楼。”清末，在山西晋城民间，流传着一个真实的故事：

风台县（现晋城市）有一个姓朱的县官，被人们称为明镜高悬、清正廉明的好官。一天，他坐着八抬大轿从县城隍庙焚香回来，行至城内大十字路口，忽被一位痛哭流涕的年轻寡妇拦住，并声声哭泣着：“我的男人死了，上有八十老婆母，下有不足一岁的小婴儿，家境贫寒，无法度日。”说罢，双膝跪在地上，不起不立也不抬头，一街两行看热闹的人，无不为小寡妇的痛苦而落泪叹息。老朱官把小寡妇的情况访明后，急忙差人拿了五两银子和几身衣裳，给小寡妇家送去，并留下一道铁牌，上写：“婆母有德，儿媳有贤。上感皇恩，下谢邻舍。每月初一，知府拨钱。养母送终，育儿上学。”从此，小寡妇一家三口人，生活有了依靠。没隔几年，老朱官离任风台县时，因老朱官为民办了许多好事，百姓谁也不愿意让朱官走。特别是小寡妇一家，跪在轿前拦着老朱官。老朱官没法子，只得走出轿来劝说。哪料劝说后刚转身上轿抬腿，忽被小寡妇的婆母拽住一只靴，随手脱了下来。待老朱官起兵发马走后，人们跟着她们祖孙三人，把这只靴敬挂在城北的钟鼓楼上，以示人们对他们的缅怀和敬仰。这虽然是一只靴，却非常受尊敬，每逢初一、十五，还有些人去叩头焚香呢？可见古代一些官吏，在任上能为民办好事，老百姓是舍不得他走的，因此产生了这种民俗，是不足为怪的。

民俗是传承的，但又不是一成不变的。有些民俗随着社会的风气，也会发生变化的，如“脱靴”一俗，原是赞扬清官好官而产生的一种良俗；但后来，却变成不论好官坏官，当他人离任时，由当地乡绅出面，都留下一副官靴作“纪念”，完全流于形式，这也完全违反了它的原始含意了。但老百姓心里最明白，哪些是好官孬官，哪些是坏官贪官，因此，也发生了利用脱靴这一民俗，来儆戒和惩治那些贪官污吏的。据调查，在辽宁宁远（今兴城）民间曾留传着一则“扒官靴”的传说。

有一年，有一任宁远知州要离任调往别处。那时侯，地方官离任时都要由地方乡绅出面留下一副官靴或别的东西作纪念。以示地方官清廉，百姓舍不得他走的意思。知州走的那天晚上，就找乡绅做了布置，第二天早晨又派人打探，探子回报说：“从衙门口一直到百里铺都是送老爷的人群。”知州很高兴，一出衙门，就把一双事先准备好的官靴留给乡绅们。哪想到东门又来一伙儿扒官靴的，知州说：“靴已扒了。”那伙人说：“那些人是乡绅，我们是平民百姓，老爷可不能偏向看不起百姓呀。”知州没准备第二双靴子，不给吧，这伙人不让他走，只好把脚上穿的送给这伙人。哪想到一到东门桥又有人来扒官靴的，还是不让扒不给走，只好摘下乌纱帽。就这样，走不远来一伙儿扒官靴，走不远来一伙儿扒官靴的，扒到东八里铺，知州身上只剩下一身衬衣和一双袜子。本想这次不会有人再扒了，可一会刘八斗又带一伙儿人迎上来。知州知道不能留东西，刘八斗不会饶他，只好脱下袜子。刘八斗接过袜子向道旁水沟一扔说：“老爷您放心，宁远州扒你这点东西，你到别处当官儿用不了几天就能捞回来，可是宁远州人被你刮去的财物可就永远回不来了。”知州才知道，除了衙门那伙儿扒靴的，其余都是刘八斗安排的，气得他直翻白眼儿也没办法，只好光着头，赤着脚，穿着一身衬衣去锦州府。

这则故事，说明了一条真理：老百姓是爱憎分明，疾恶如仇的。

（三）留娘鞋与闰月鞋

留娘鞋是古代礼鞋的一种。流行于中原地区。指儿女们为孝敬母亲做的鞋，留娘鞋样式很多，有小脚鞋、天足鞋；有单鞋、棉鞋，但必须是红色绣花鞋。做留娘鞋一般是出嫁的女儿为娘做的；再者是当年有不祥的事件或某些征兆出现，可能对老人造成危害；或母亲年岁大了，将不久于人世，故用带有喜庆之意的大红颜色和牡丹、松柏等长寿吉祥的图案，以期望老人家能返老还童，长命百岁。

闰月鞋，是礼鞋的一种，儿女为孝敬母亲做的鞋，流行于中原地区。闰月鞋是闰五月的留娘鞋。闰五月民间认为是“恶月”，灾难重大。所以此留娘鞋有特殊要求：黄鞋面，红鞋里、红鞋衬，鞋口也须红色。黄是吉色、阳色，富贵色；红象火能征服妖魔，因此既辟邪又祥和。鞋面扎有大朵荷花，或牡丹、双蝶、佛手等图案象征长寿，吉利。闰月鞋不必天天穿，只在月初穿用几天就可以。

（四）送郎鞋和送郎袜

在艰苦的战争年代，千千万万的年轻妻子、未婚妻将自己的丈夫、未婚夫送到炮火纷飞的前线。在物质十分匮乏的年代，沂蒙妇女在临别时赠送给亲人最珍贵的礼物，往往是她们亲手千针万线制作的一双布鞋、两双布袜，人们把它们叫做送郎鞋和送郎袜。一针针一线线都凝聚着她们无比思念之情。这种特意为自己的亲人缝制的鞋袜，作工精致，花纹细密。除了传统的云字图案外，还有寓意着平安胜利的花饰图样，有的则把“抗战必胜”“将革命进行到底”“打倒蒋介石，解放全中国”等口号，纳绣在鞋袜上，用以表达她们对亲人的祝愿和自己的决心。建国以来，沂蒙妇女这个习俗依然保留下来。只是随着鞋袜生产的工业化，多种型号样式的皮鞋、胶鞋、布鞋取代了传统的家做布鞋，美观结实的尼龙袜取代了手工布袜。年轻的妻子和未婚妻在亲人们外出时，馈赠的礼物，都由手制鞋袜改为缝制鞋垫。常见的有两种做法：一种是用配色丝线绣制成牡丹、鸳鸯、蝴蝶、凤凰等表示吉祥、永结同心的花鸟鱼虫；一种是采用平绒的织法，将两只鞋垫坯子对在一起，按设计图样用毛线或腈纶线缝制，做好后用刀割开，成为一双色彩鲜艳而对应割绒鞋垫。这些别出心裁的精制鞋垫，保存着沂蒙民间艺术的传统色彩，展示了沂蒙妇女的高超的艺术才能。

（五）脱草鞋

脱草鞋是民间礼俗。在福建南部，每当海外亲人安全顺利回到家乡探亲时，一些亲戚朋友备上猪肉、红糖、面线、鸡蛋等礼品，在礼品上贴了一小张红纸，表示吉利。在亲人家“脱草鞋”，以表示祝贺他们顺利安全回来，共叙骨肉情谊，籍慰他们思乡之情。因过去亲人们出国谋生是生活穷困所迫，为了走远路，一般人脚上都穿着黄麻织成的草鞋出国。今天回家来了，把草鞋脱下来，也含洗尘之意。

（六）靴鞋树

靴鞋树是十分有趣的民俗，据《清异录》载：路上有一株老榆树，往来行人喜在树下换草鞋。再穿上新草鞋，则习惯将换下的旧破草鞋悬在树上，然后扬长而去。日长月久，树上挂满各种草鞋。俗称此树为靴鞋树。

图94

鞋杯

即将酒杯放在三寸金莲鞋
饮酒作乐。古代，在一些
人骚客中很盛行。是一种
其庸俗的饮酒游戏，这种
俗可能始于宋。

（七）“鞋杯”游戏

鞋杯，即将酒杯放在鞋子中，饮酒作乐（图94）。因为用的是小小的三寸弓鞋，故又称“金莲杯”，俗称“吃鞋杯”。根据文字记载，这种陋俗可能始于宋。宋代女子缠足已经很盛行，卢炳有诗云：“明眸翦出玉为肌，凤鞋弓小金莲衬”。而在元陶宗仪的《南村辍耕录》一书中，也有具体记载：当时有个杨铁崖，最喜欢用小小的弓鞋行酒。每于筵间见歌舞女有纤小缠足者，并脱其鞋载盏以饮酒，使席上的饮酒气氛更加兴浓，并起了个雅号叫做“金莲杯”。唯有一位何元稹看了恶心，中途当场退席而去。

宋时吃鞋杯之风尤其在一些文人骚客中很盛行。隆兴年间，有位何元朗，得到南院名妓王赛玉的小红鞋，如获至宝，每次宴请宾客都用此鞋行酒，满座的人经常喝得酩酊大醉。《金瓶梅》中第六回，也写到西门庆“吃鞋杯”情景。另外，王深甫做了一首《双凫杯诗》，也是写吃鞋杯，故鞋杯又有“双凫杯”之称。实际上，吃鞋杯只是侮辱妇女人格的行径，是一种极其庸俗的饮酒游戏。到清时，也有用陶瓷做成小脚鞋，以此代酒杯饮酒行乐。

第四节　鞋履与礼仪民俗

在人的一生中，如诞生、结婚、祝寿和丧葬等礼仪中，对如何用鞋都有一定的礼仪规定，形成固定的民俗。下面分别述之：

（一）生育与鞋

在山西玉台等地育儿习俗中，要为新生儿周岁时送鞋。名叫送岁鞋，孩子满月后，他们的整套衣饰必须在百日内备齐，准备周岁时送去，并且谁送什么，有了规定分工。民谚所谓的“奶奶的四片瓦（袄子），外婆的两圪叉（裤子），姑姑的鞋，姨妈的袜，妗妗的花脑瓜（虎头帽、莲花帽等）”。就是指此，在韩城则是外婆要向新生儿赠岁鞋。这些岁鞋的花样就更多了，送给孩子的鞋有各种样式。

满月评鞋

苗族婚姻民俗。居住在畲公山脚下穿中裙的苗家姑娘，在未出嫁前，要进行紧张的刺绣活动。他们的刺绣有两种：一种是公开的，如她们平常穿的花衣、围腰、裹腿、花鞋等；一种是秘密的，这是为未来配婚后添小口，准备精绣的花帕、小鞋、背包面、背包等。大都背着父兄一个人在卧室里或者利用晚上在灯下制作。在出嫁后生第一个孩子时，男女两家都忙着准备满月酒。届时，女家从衣柜中取出这些“秘密绣品”连同蛋、鸡等一起送到男家。主人搬来了长方桌，垫上干净的布，然后把这些绣品一件件放到桌上，以便观赏、品评。除花帽、花背包以外，其中最多的是小鞋子，最多的有七八十双，一般有的三四十双，最少的二三十双，那小鞋上的花草虫鱼、飞禽走兽，在青、蓝、深红等各色的映衬下，加上花纹配得适中醒目，甚至栩栩如生，惹人喜爱。整个绣品针法谨严，绣工精致，花纹装饰性强，色彩丰富，具有浓厚的民族特色。

做兽鞋

兽鞋是指一种带有兽形图案的小儿鞋。在中国民间，为新生儿制作并穿着兽鞋，主要是汉族的一种育儿习俗。鞋有棉、夹两种，皆手工绣品。形式新奇，千姿百态，造型夸张，憨态可掬。较常见的为虎、豹、龙、狮、牛、兔、羊、猫、狗等生命力强的兽形，取繁衍旺盛、易养易活之意（图95）。直穿到3-4岁。新生儿一般送鞋不少于3双，多的有5双、7双，均取奇数，忌偶数。俗信穿兽鞋可以使孩子消灾趋吉，健康成长。

穿虎头鞋是旧时汉族民间育儿风俗，流行于全国各地。一种祈求小儿健康幸福的活动。“虎头鞋”，用黄布精心制作而成，鞋头上绣一虎头，中间绣“王”字。俗传虎为“百兽之王”。鞋后作尾巴，便于手提穿用。穿虎头鞋，起源甚古，历史悠久。民间通常于小儿做周岁时或生日时，孩子的父母为其穿上新做的虎头鞋。民间以为，小孩穿上虎头鞋，不仅可以更加活泼可爱，而且为其壮胆、

图95

各种儿童兽头鞋

俗信穿兽头鞋可使孩子浒
趋吉，健康成长。

辟邪，有祝愿小孩长命百岁之意。

这些惹人喜爱的兽形鞋，式样众多，各有创造，略述于下：

虎头鞋，是一种为孩子求吉的绣花小布鞋。在江南江北广大地区流传的，各地风格不同。有的只做虎头鞋脸，有的把左右鞋帮做虎身，有的还在后跟加上一条小尾巴，又好看又能当鞋拔。有的做四只虎脚，平摊在鞋底两侧，加宽鞋底，保护娃娃不易摔跤。有的虎头鞋还在鞋底绣一条毒虫，在加固鞋底的同时，表现出踩死毒虫的观念，这和端午节辟邪有关。

狮子鞋也是童鞋之一。鞋首饰狮头，造型威武雄伟，含驱邪、祈福、延寿之意。鸡头鞋也是儿童鞋。靴头稍上翘，手工绣成一公鸡关，象征公鸡活泼可爱的性格。还有其他熊头鞋等。

兔儿鞋是旧时汉族民间童鞋。流行于全国许多地区。鞋的顶端稍作尖形，绣兔唇、红眼，鞋口作尖形，尖口两侧镶附兔形绣片。有的口沿后端缀一绣带，仿佛兔尾，兼作穿鞋时提拽之用。每年中秋节，1岁以上，5岁以下儿童均穿此鞋。俗信穿之可使小儿腿脚利索，行走敏捷，意趣盎然。

猪嘴鞋是敞口之鞋。明西周生《醒世姻缘传》第二十六回：“十八九岁的孩子，……穿了一鹅黄纱道袍，大红缎猪嘴鞋。”旧时中国农村，把养猪作为副业，因此，对猪嘴鞋十分喜爱。

猫头鞋这种童鞋，是以蚕茧剪成猫的眼睛和鼻子，打成底样，再用彩色丝线刺绣，白线绣猫眼，黑线绣眸子，黄线绣成大鼻子。嘴和胡子用红绿线，再用绸布做猫耳，形象逼真，纤巧精致。从刚学走路穿起，一般至少穿破七双才行。多流行于江南地区。饰有猫头的女鞋，始于明崇祯宫中。清王誉昌辑《崇祯宫词》：“白凤装成鼠见愁，細钩碧繶锦绸缪。”即谓此。《古今宫闱秘史》：“崇祯年间，宫眷每绣兽头于鞋上，以辟不祥。呼为鼠见愁。”

（二）鞋与婚姻民俗

结婚，是人生礼仪中的最隆重的民俗，它关系到男女双方一生的幸福。因此不仅在服饰上有许多约定俗成规定，如头戴凤冠、身穿红衣红裙，颈披霞帔，都表示新娘的雍容华贵，也寄托着对新娘新郎一生荣华富贵的祝愿。尤其在婚鞋上更有许多讲究。婚鞋，又称“喜鞋”，一般指新娘穿的鞋。

古代对婚鞋的色彩，在礼仪上也有所规范。大多数汉族地区在鞋饰方面崇尚红色，如男女结婚，新娘必须全身披红，红头盖，红衣红袄，红裤，红裙，还必须穿红鞋。一般是鞋面用大红色或红色，绣上各种图案。因为人们视红色为喜庆、美满的象征，以此寄托对新人的祝福。

在鞋上必绣和婚姻有关的吉祥图案。如“龙凤呈祥”“鸳鸯戏水”，也有绣“石榴结子”的，一般的有绣双喜或牡丹之类的图案，其内涵都是祝贺新郎新娘吉祥、幸福，一生荣华富贵。如龙凤鞋，鞋面用红、黑绸布，并绣以精美的图案，鞋帮外侧各绣一条黄龙，内侧各一只五彩凤凰，鞋头面绣盛开的牡丹花或双喜，象征龙凤吉祥，花开富贵。也有展示时代特征内容的，如：中国鞋都博物馆收藏的一双鞋帮上绣有“婚姻自主”四字的婚鞋。这双大足鞋，表示了在新民主主义革命时期妇女从封建包办婚姻中被解放出来的喜悦之情，准确传达了妇女的真正心声，这是反映广大妇女获得婚姻自主权利的真实写照。

在制鞋程序上，还有一定的场合和时间的要求。如浙江南部的温州有做上轿鞋的风俗。旧时新娘在上轿前，要做一双软底的红绿布做的上轿鞋。一般在清晨五点，新娘戴朱冠，穿蟒服，坐在一桶谷上，足踏米筛，和另外一位未婚少女，共做上轿鞋，须在天明之前做好，放在米筛内，在上轿前取用。

各地在穿婚鞋上还有许多不同的民俗。最有趣的是换鞋。在安徽芜湖，民间嫁女预备嫁妆时，必制新郎和新娘鞋子各一双，并要将新娘鞋子纳入新郎鞋中。新娘出嫁时，将两双鞋带到夫家。在合肥，则是在结婚正日，新娘步入洞房时，要和新郎交换鞋子，两人各自穿着对方的鞋子，进入洞房。这叫“同鞋”，与“同偕”谐音，此名包含对夫妻同偕到老的祈求。

还有以婚鞋作为性爱传导工具的习俗。在温州中国鞋文化博物馆内收藏了一双清代粉红色的“三寸小金莲”，是进洞房时新娘上床所穿的鞋。鞋内藏有描写男女性生活的春画，由新郎和新娘同看。在洞房花烛夜用睡鞋进行婚前性教育，是中国生育习俗中的一大发明，也是世界上比较独特的性教育方式之一。它象征着性生活的神秘和不可告人，也表达了父母期望新郎新娘“早得贵子”的迫切心情。

定情信物

在中国民间以鞋作为订婚的信物，比较流行。如有心鞋和同年鞋，是侗族和仫佬族婚姻民俗。侗家姑娘以布鞋定情。在平时接触中，目测情郎的鞋码，用布纳底，象征爱情纯洁。纳鞋底时中间留出心形空白，叫“有心”，故称“有心鞋”。

同年鞋是仫佬族民间交际风俗。姑娘赠于后生的定情信物。流行于今广西罗城仫佬族自治县东门、四把、下里等地区。通过走坡活动，男女双方定情后，女方赠男方“同年鞋”。姑娘在“走坡”中暗测情人脚的大小，按尺寸用黑布做鞋面，将十几层白布贴起来，再用长白棉线纳成鞋底，置于蒸笼里蒸十多分钟，再晾干。鞋底必须纳得横竖成行。棉线长表示日后的夫妻恩情长，针口细密表示今后生活美好甜蜜。因赠予的是年龄相仿的后生，故用此名。

合鞋定婚

在京族中，男女互传木屐是定亲时一种俗信做法。男女青年相爱后，分别找媒人将一只描有花卉的彩色木屐传送给对方，媒人接到后，若两只木屐左右各别，巧合一双，便可成婚，反之，则认为八字相克，无缘相许。这是宿命论在婚姻上的反映。在广西防城地区的瑶族中，也有类似民俗，把婚姻寄托在男女各做一只木拖鞋，事后拿如左右脚能合在一起，就是婚事合适，反之则无缘。当地叫“合脚”。因此俗带有卜卦性质，建国后已逐渐消亡。

偷鞋联姻更有趣，藏胞有一项婚姻民俗，叫偷鞋联姻。藏族姑娘相中一位小伙子后，便趁机把他的鞋子偷藏起来，以此表达爱慕之情。小伙子如中意姑娘，可随机求婚。如不中意，可委婉地要回鞋子。

把鞋作为聘礼，是流行于长江中下游的用鞋民俗。早在汉代，妇女出嫁必穿木屐，屐上还施以彩画，并以五彩丝带系之，以示祈吉辟邪。（见《后汉书·五行志》）到了东晋时更加明确，凡娶妇之家，先下新丝麻�鞋一緉（即一双），取“和谐”之意以表合婚情意。（见马缟《中华古今注》），后由丝麻鞋演化为“妇贽”送鞋之俗，并融入婚礼程序“庙见”之中。“庙见”，是我国传统婚礼中新妇到宗庙祭拜祖宗的仪式，又名“告庙”“告祖”。这项仪式中，有一项内容，叫“妇贽”，指的是“庙见”时，新妇初次拜见公婆并进献见面礼的习俗，俗称“见舅姑”“见翁姑”“见大小”。贽，礼也。即在新娘祭拜祖宗（告祖）后，新夫妻双双跪拜舅姑，再与伯父兄弟等家人依次相见，并赠送礼品。这见面礼中，鞋履必不可少。新媳妇通常要亲自为公婆各做一双鞋子，也有为夫家公婆及族戚尊长各做一双的，甚至还有惠及邻里的。遇到大家族，夫家亲友众多，工程量大，姑娘的确犯难。因为新鞋做得好坏，不仅是女人是否手灵心巧的标志，还体现加入这个大家庭的诚意。故有“姐夫好嫁鞋难做”之说。儿歌里这么唱：“金小鸽。两边排，闺女崽,莫出来,要学针线学做鞋。明日公婆来催嫁,堂前打鼓看花鞋。”鞋礼虽小，寓意深远。一般婆家在过礼时，就寄语新妇家要早作准备。并告知：“寄有翁姑，兄嫂、弱叔、小姑鞋式。女要依式缝就,于归日与其家自办喜蛋、喜饼、茶果同作一盒送至婿家。”当成婚日，饭毕客散，男女送亲者令人移盒中堂，请舅姑等出，将鞋遂一交明，莫要谦言针线做得不好。

在少数民族中也有此俗。土家族是在成亲的次日，新人要把新郎家所有的长辈亲友，都请到堂上依次坐定，敬烟敬茶。新娘随新郎口吻依次称呼，接着就散“喜鞋”。边散边谦言道：“毛脚毛手，做得太丑。老少面前，拿不出手。”老辈子领了“喜鞋”，给新娘递“打发钱”，边递钱边说吉利话：“花鞋做得妙，芙蓉出水水欢笑。 红花并蒂日日红，好鸟双栖时时好。”在鞋礼交换的过程中，新的和谐的家庭关系自然而然地形成。

瑶族是在定亲日这天，举行献鞋仪式。届时姑娘一定要给男方的家庭的每一成员，送一双亲手做的布鞋，这就叫“定亲鞋”。 “定亲鞋”的制作，还有一套规矩。即给男方祖父母的，鞋底要打上一颗北斗星，意思是祝福老人如北斗健康长寿；给男方父母的，要打上一棵松树，寓松柏常青，健壮挺拔；送姑嫂姐姐的，要打上一个玉米包，寓五谷丰登；送给弟弟的，要打上一棵竹子，寓快快长大成才；送给妹妹的，鞋面要绣朵红花，寓越长越漂亮； 鞋履无言，寓意深长。侗家姑娘出嫁时，也要带上许多鞋子，分送婆家的长辈与亲友，作为见面礼，称作“进门孝”。

在北方一些地区，送麻鞋，是旧时汉族婚姻风俗。结亲时必有男家向女家送丝麻鞋的礼仪。鞋必须成双成对，取吉祥和谐，双双对对，永不分离之意。亦有新妇穿丝麻鞋上轿，以丝麻之绵韧，谐“思妈”之音，喻新妇于归，不忘生母。

在陕西商洛一带，分新鞋也是民间一种婚姻习俗。新娘做鞋不一定自己穿，有的地方作为新娘嫁妆中必备之物。在未出嫁前，要亲自动手给男方家中的所有成员每人做一双鞋。成婚时必须当场将自己做的鞋分给男家每一个人，得鞋者当场试穿，并加以评论。做鞋，除显示姑娘的女红手艺外，还在于表明自己过门后能够尊老爱幼，与全家和睦相处。

在登海县民间女子出嫁时，除了备办嫁妆外，还得备办一些礼物送给夫家的人，作为相见礼，此俗沿袭至今。礼物是“绣花鞋”和“同心腰兜”（腰兜），饶有情趣。绣花鞋又叫“本相鞋”。当姑娘找到了好婆家，订了终身之后，便开始在深闺中动手缝制一双双新布鞋，还用“五色”丝线在新纳的鞋面上细心绣上美丽的图案。出嫁时，还要制作许多腰兜，便把这些绣花鞋和腰兜带到夫家，分别赠给夫家的婆婆、妯娌、大姑、小姑，舅妗姨妈等，作为见面礼。这些见面礼物，除了显示新娘心灵手巧、勤于家计外，还以此表示贤惠和团结友爱。现在姑娘出嫁虽然没有自己动手制作这样的绣花鞋，但古例尚存，购买商品鞋取而代之。

穿上轿鞋

在我国，有的地方，把穿着或脱下新鞋，形成一种婚礼的规范。有穿上轿鞋的民俗。嘉兴市郊婚姻民俗中。女出嫁日，女家发完最后一份嫁妆，在新娘上轿前要举行穿（换）“上轿鞋”仪式。在堂屋正中放好一把椅子，地下铺上红毡或红布（也有用红纸），此时，新娘已穿好由男家送来的从里到外的新衣衫，并化好了妆，由伴娘迎到堂屋椅子上就座。这时，便由新娘父母为女儿脱去旧鞋，换穿事先做好的“上轿鞋”。穿鞋时常有爹一只娘一只，或由母亲一人完成的。新娘穿上了“上轿鞋”，就不可在自己家中走动了，上轿时也必须由人抱着或背着出门上轿，俗信新娘双足不能沾着娘家泥土到男家，怕因此带走了娘家的福气。这点各地都有自己的民俗。如把轿子退到房门口，由新娘的父母或背或抱送进花轿，有的民族干脆由娘家舅舅兄弟等男子，用红毯子裹住新娘轮流背到新郎家。有些则采取让新娘在红缎绣鞋的外边再套上父兄的大鞋走着上轿，然后脱掉大鞋。

蹈婿鞋，亦称“踏夫鞋”。旧时汉族婚姻风俗。流行于江南地区。指新娘下轿，首次进夫家门的仪式。即新娘下轿必须换上新郎的鞋子，故名。“鞋”谐“偕”音，取夫妻白头到老之意。

踏轿鞋，则是旧时一种婚姻习俗。如在福建惠安县崇武半岛上的大岞村，住着惠安女。她们穿自制的绣花鞋，其形似拖鞋。鞋面用红布绣花做成。鞋底用旧布裱叠成约一寸厚，也有直接用旧鞋底衬旧布做成。这种鞋因系结婚时上轿必穿而得名，俗称“踏轿鞋”。以后逢喜事，如生子、娶儿媳、孙子满月时才穿。最后一直穿入棺中，就这样，形成“一双红鞋穿到死”的民俗。

脱鞋洗脚，在畲族民间婚礼中，有脱鞋洗脚的民俗，流行于浙江地区。婚嫁日，赤郎（送亲人）代表男方到女家接亲，进入中堂，赤郎送亲人、行郎向女方父母行过礼后，一边唱着“接亲歌”，一边将男方的礼品清点给女方。接着女家主人送上茶点和洗脚水，还唱着山歌来接他们的喝茶、吃点心，脱掉草鞋洗脚。

穿红绣鞋

穿红绣鞋，是民间婚姻的习俗，有的地区结婚时，新娘穿的鞋子上绣着象征吉祥的图案。如在闽南，新娘出嫁时必须穿红绣鞋。旧时女人从小缠小足，新娘两腿须用白布从脚趾裹至小腿，再用一条约半尺长五色绣有花边的裤连在脚臼上。脚上穿一双红色绣鞋，鞋面绣有龟鹿等花纹，表示婚后能福禄寿齐全。但也有穿绿色的，如在中原地区女子结婚时穿的鞋子是绿鞋。女子结婚必须穿一双绿鞋，上面绣上金鱼穿莲，戏水鸳鸯等吉庆图案。在豫南，方言把“绿”读成“路”音，穿上绿色喜鞋，意即到了婆家。不要忘了回娘家的“路”不要成为“路”（六）亲不认的人。鞋样同普通鞋无两样。尖鞋，木头底，带鞋尾巴，鞋带子。富家女子鞋多用绸缎等好料，一般平民用细布。“绿”字与“禄”字同音。禄指福，“双禄”以谐音来表示对结婚女子的最大祝福。所以“绿鞋”鞋面是不准扎花的、忌“扎”字带来厄运。此俗至二十世纪六十年代后期逐渐消亡。有的地方，则穿黄色的，叫“黄道鞋”古时结婚要选黄道吉日，新娘在结婚上轿时穿用的是用黄布制成的婚鞋，故称。到夫家后再换红色婚鞋。新娘着虎头鞋，是旧时一种婚姻习俗。在上海崇明岛上，当女子出嫁时，一定要穿一双虎头鞋，俗信借老虎的威势，过门可制服丈夫。

脱新娘鞋是旧时一种婚姻习俗。在安徽徽州等地区，姑娘出嫁，娘家均特做一双“新娘鞋”，用作新婚夫妇拜天地时穿。闹房人在新娘未拜天地前，总是想方设法把“新娘鞋”搞到手，迫使新郎用喜烟、喜糖等来换鞋，博得大家欢笑。各地方法众多，如黔县民间，“脱”鞋人不惜翻山越岭，甚至通宵在新娘去婆家的必经之路上，以便乘机劫鞋。休宁县民间，在新娘花轿进了婆家门，乘新郎将新娘从轿中背出时，闹房人故意前拥后挤，趁新娘不备，将鞋脱下，因新娘忌讳着地，新郎得一直把她背在身上。

踩堂鞋和换脚鞋

有种婚鞋叫踩堂鞋。有些地方是指女子结婚拜堂时所穿的鞋；也有些地方则指新娘从上头到开脸时所穿的鞋。薄底、红帮绿里，鞋上绣满喜庆花卉。开脸

图96

龙凤双喜婚鞋

龙凤吉祥，双喜临门，中国传统婚俗图案。

图97

鸳鸯戏水绣花婚鞋

鸳鸯戏水，夫妻恩爱，表达了对美满婚姻的期盼。

后，要另换鞋，将踩堂鞋扔到床底最里边，让其烂在床底不见人，以示新娘此生不二次嫁人。另有一说，踩堂鞋早穿烂早生孩子。

换脚鞋，丽江纳西族旧时婚俗。办喜事时，当男家把新娘接进屋后，新娘先送给公婆各一双鞋；在入洞房时，女方送亲的人故意将新娘送给新郎的一双鞋丢到新床底深处，这时新郎得弯腰到床底将鞋取出趿拉着穿起。此鞋称为“换脚鞋”。

喜鞋的样式

旧时姑娘出嫁，俗穿喜鞋，鞋面布都用红色，质料有布有缎，鞋头或绣花或不绣花。如麒麟送子婚鞋，粉红色的缎料鞋面，鞋头用五色丝绣上官人骑着麒麟，鞋帮外侧，绣有四个童孩分别举着小旗，摇着拨浪鼓，打着灯笼，玩着双球在行走，寓意早得贵子 。鞋底为皮制，为结婚多年未生孩子的妇女所穿。又如龙凤双喜婚鞋，鞋面用红或黑绸布，并绣上精美的图案，鞋帮外侧各绣一条黄龙，内侧则各绣一只五彩凤凰鞋，头面绣盛开的牡丹或双喜象征龙凤吉祥，花开富贵（图96）。又如“三多喜鞋”，鞋面用大红绸布，绣以石榴叶子，佛手果，桂花等，寓意为多子、多福，多寿，简称“三多”。鞋帮口饰以彩色花带。鞋底为牛皮。该鞋图案丰富多彩，为贵妇人所穿，系绣中精美。还有以“鸳鸯戏水，夫妻恩爱”鞋花为主题，表达了对美满婚姻的期盼（图97）。建国后，皮鞋日多，新娘亦有时兴穿皮鞋，色有红黑，跟有高低，鞋帮有镂花或不镂花。男子结婚所穿的第一双鞋，必为新娘所手制成或新娘所购买，式样则以当时流行的鞋为准。

筛鞋、揣单单鞋和解怀脱靴

在壮族中，有一种婚姻民俗，叫筛鞋。在壮族，青年结婚，妇方陪送新娘到男家的众姐妹，称为“送亲”。“拜堂”后，由送亲者唱“十说歌”。尔后，主人家在正厅里摆开筵席，举行“敬茶”“敬酒”仪式。以后送亲人起身告辞，这时，一个男后生捧出竹筛，来到席上“筛鞋”，送亲人先要推托谦让，最后才能把随身带的礼鞋献到米筛中来，表示礼轻义重，作为留念。男方收到礼鞋后，把红纸封包放在米筛里，边旋着“筛子”，边送到送亲人面前，嘴里还唱着答谢歌。送亲人收下封包，才行告别。

在甘肃、宁夏、青海等地的回族中，有“揣单单鞋”的婚俗。新娘在进洞房后要送给新郎一个用红布缝成的三角形布块，（鞋子）入洞房后新娘将它贴身藏好，由新郎自己摸出来，因鞋子与孩子谐音，故以此表示新娘将来会生儿育女，亲友们从舔破洞房窗纸的洞中，注视着新人行动，一旦看到新郎摸到了此物，便立即涌进洞房，新郎新娘把核桃、红枣、糖果等撒向众人，任人抢食。新婚未育的少妇若能抢到它，则意味日后能生个胖儿子。

解怀脱靴，亦称“开怀脱靴”。旧时一种婚姻习俗。成婚之夜，送房人退出洞房后，新郎替新娘解开一个衣扣，俗称“解怀”，亦称“开怀”。民间习称妇女开始生孩子为开怀。解怀后，新郎坐在床沿，新娘替新郎脱鞋脱袜，俗称“脱靴”，以示对丈夫的尊敬。

争磕鞋和踩新郎鞋

争磕鞋，是扬州婚俗。旧时在扬州成婚时，新郎新娘在洞房上床前，到底谁脱鞋先上床，如果新娘先脱，新郎就忙脱下自己的鞋磕在女鞋上，这叫“男鞋为天，女鞋为地”。意思是男的在上，把女的压在下面，永远不得翻身。也有新娘使计叫新郎先脱鞋，然后把自己的鞋磕上去，也争个女为大，压一压男的，男的如愿意则罢，反之，则互不相让，会大闹起来。最后经劝解，还得让男鞋磕在女鞋上。

踩新郎鞋，婚姻习俗中的一种禁忌。在我国汉族某些地区，当新郎新娘上床安寝时，那新郎要特别注意把自己的鞋放在新娘踩不到的地方。万一被新娘踩住了，新郎就一辈子在妻子面前抬不起头来。新娘踩了新郎的鞋，就是对新郎的莫大侮辱。

回门鞋

在中原地区新娘结婚后，要“回门”，即回娘家。有种叫“过桥底”鞋的婚礼鞋，是新媳妇回娘家时穿的鞋子。三十年代新媳妇三天“回门”时必穿“过桥底”鞋。此鞋制作较讲究，鞋面须用大红绸缎，鞋口略开，围着鞋口处，绣有盛开的莲花，绕着莲花瓣儿边缘还压有极细的彩色辫子。红色鞋面代表喜庆、吉祥之意，又有辟邪祛灾之用；脚踩两朵莲花，取“步步莲花”，喻指婚姻生活美满。新媳妇脚穿莲花样鞋回门，又含有安全、平安、高洁、吉祥之意。最有特点的是桥一样的鞋底。过桥底鞋的底似高跟鞋极高，鞋跟前的凹处往里掏进去一些，钉小棟枣大的一颗银铃，铃铛上边串两粒琉璃珠儿和一圈儿细小的彩色绡穗。鞋跟处饰戴银铃铛，莲步轻移，银铃叮叮，很能增加吉庆的气氛。也有说，这种鞋底下带银铃的古称叫“攀步鞋”，穿上这种鞋，结婚过门后，要轻而金莲缓步慢行，不能把鞋底小铃发出声响，否则被认为新娘子有失大礼，不尊妇节。这种警铃似的“攀步鞋”深刻揭示了古代社会对妇女的歧视与禁锢。

在南方，回门鞋是民间一种婚姻习俗。在新婚满月后，娘家要把女儿接回家住些日子，俗称“回门子”，又叫“单回门”。若夫妻二人同去，就叫“双回门”；双回门的可在女方家住一个月，所谓“过双月”。单回门的新娘在娘家住的天数，由婆婆决定，一般都含“八”字，八天，十八天，二十八天；也有的地方论九，叫“回九”。无论是“回九”“回八”，都不能超过一个月。新娘“回门”期间，要为丈夫家每人做一双新鞋，俗称“回门鞋”。回门鞋有“满堂”“半堂”之分；丈夫家按人头每人一双的，叫“满堂鞋”；娘家较穷，新娘只能替丈夫和公公各做一双新鞋的，称“半堂鞋”。

（三）寿诞与鞋

生日送鞋，是民间祝贺生日的一种习俗。逢亲友生日，除送各种礼物外，还得亲自做鞋送去，以表贺意。《金瓶梅》第十九回：“八月十五日是月娘生日……狮子街花二娘那里，使了老冯，与大娘送生日礼来……又与大娘做了一双

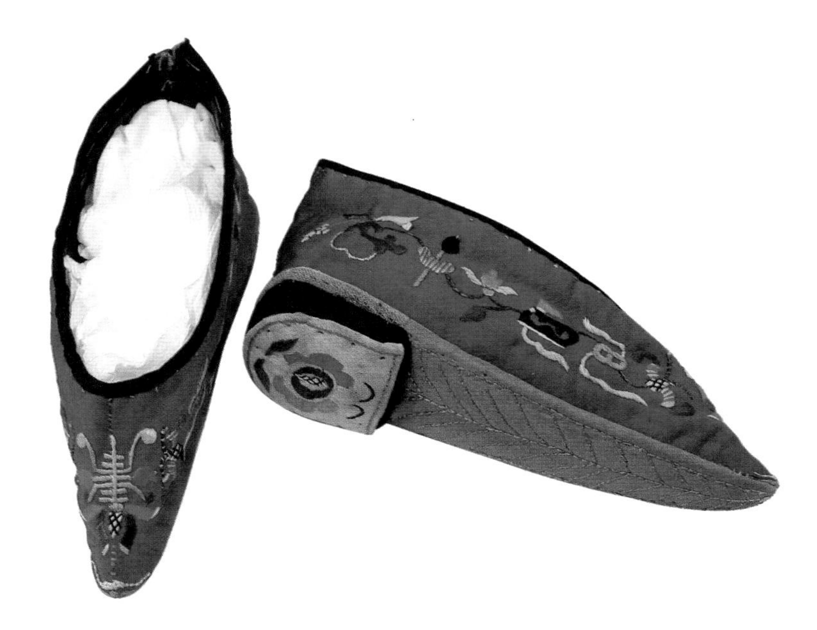

图98

红缎绣花祝寿鞋
在鞋上绣有“寿”字，直接表达了祝长辈健康长寿之意。

鞋子。”

送寿鞋

送寿鞋，是民间庆贺寿诞的一种民俗活动。凡逢为老人举行祝寿仪礼时，子女必须送衣饰鞋帽等物，其中必有一双鞋子，并在鞋上绣一个“福”字或“寿”字给寿翁婆穿着，含祝老人长寿之义。如安徽“寿”字弓鞋，采用红缎帮面，鞋头绣有“寿”字帮两侧绣着“男女同鞋（偕）”及金钱、牡丹等图案，鞋根底部还绣着花卉，全鞋刺绣精美，寓意丰富（图98）。

“福”字立头鞋是布鞋的一种。流行于三十年代的中原地区。此鞋为老头鞋。常为那些家境殷实、儿女孝顺的老人享用。鞋为黑色，鞋头处贴一块深色布，布上绣一金色或本色“福”或“寿”字，所贴布边沿儿压上一道或两道辫子，彩色本色均有。辫子多呈云纹或“富贵不断头”图案。又如：蓝面白鹤绣花寿鞋，采用深蓝色的缎面，绣上飞舞的丹顶鹤及波涛浪花，鞋底革层皮面底，轻便美观。送“福”字鞋，是对老年人最好的祝福。在东莞，双方父母60至80岁，每逢做寿时，双方都要互送寿屐，以示祝寿。

（四）丧葬与鞋

人死后，有成套的仪礼。首先亲人要穿丧鞋，因地而异、各有礼仪。

丧鞋和孝鞋

丧鞋亦称“孝鞋”“孝履”。礼鞋的一种，指儿女行孝之鞋。有的地方老人过世，儿女们须穿孝鞋，即在平常所穿的鞋上糊一块白布。护鞋的叫护孝，穿鞋的叫穿孝。穿孝鞋因死者和应该穿孝者的血缘关系的亲疏远近，还有等级之分。儿女的孝最重，除穿孝衣外，鞋上护的孝布也最大。如父母全去世，儿子要用孝布将鞋糊平；如还有一位健在，则留下鞋后跟部分。出嫁的闺女即使生身父母双亡，但公婆尚在，要留下鞋后跟不糊，儿媳妇也然。若四位老人全逝，闺女，媳妇要全糊。侄儿、侄女和孙子只护一个大鞋头，侄孙子辈护小鞋头。儿女护鞋的孝布是毛边，其他的护鞋布均为光边。孝布自己烂掉可以，但嫌丑撕掉，会被人认为“不孝”。丧事未尽布掉了，那就不能再护，否则就是在咒另一个老人快死，不吉利。女儿服孝要三年，护的孝鞋穿烂了，再做一双纯白鞋，直至三年孝期满才可脱掉。

在江苏地区，妇女丧偶，男子丧父母，第一年穿白鞋，第二年穿蓝鞋，第三年恢复穿黑鞋，丧偶的青年妇女，鞋帮上可以绣蓝、黄绿色的丧花；丧偶的老年妇女，鞋上一般不再绣花，但子孙满堂的，则可以随心所欲地绣各种色彩的花卉。

旧时丧葬民俗，是按中国丧葬仪式五种规范的基本服饰，穿着不同样式的丧鞋。凡斩衰，是“五服”中最重的孝服，其丧鞋为草鞋，鞋前蒙以白布，毛口凸出不缉边。即古人所说的“凶饰”。凡齐衰，是在丧鞋前蒙白布、无毛口，尺寸亦较短。两种鞋子，制作十分粗劣，古称“散履”。凡大功、小功，其丧鞋均为人工制作较粗的鞋子，故称“功履”。凡缌麻，亦称“麻衰”。其鞋用一般草鞋。丧鞋要穿到父母去世后第十一个月，才将草鞋换为练鞋。有的地方遇长辈逝世，须穿白色布鞋，俗称戴孝。如临丧不及制作，则在旧鞋前帮包块白布替代，然后另制新白鞋。戴孝时间，因视亲疏而不同，服父母，为期三年；服祖父母或伯叔丧为时一年；妻服夫丧，多则三年，少亦一年。亦有为长辈及丈夫服丧，穿五色鞋，即须穿破白色、半蓝半白、灰色、蓝色、青色五种不同颜色，谓如此来往能保佑五代同堂。

白鞋，亦称“素履”。丧服的一种。旧时穿孝，近亲孝期长，自然做成白鞋来穿。旁系属戴孝，时间短，即于鞋帮、两侧裱以白布，脱孝时撕去白布，还鞋以本来面目即可。

练鞋是用煮过的布帛制作的鞋。练是一种煮布法，《周礼·天官·染人》：“凡染，春暴练。”郑玄注：“暴练其素而白之。”把丝麻或布帛经过练者，成为洁白柔软的熟绢。古人称之为练。用练布做成的鞋，就叫“练鞋”。指古代的一种祭名，即父母去世第十一个月在宗庙举行祭祀，可穿练过的布帛，故以此为祭名，举行祭祀称“练祭”。《礼记·杂记下》：“丧之期十一月而练……”练鞋是练祭中所穿的鞋。礼屐　在东莞，老人去世后，做“百日”或“对年”时，老人的家属要给参加办丧事的亲人每人送一双礼屐，以示吉利。

送老鞋和陪葬鞋

送老鞋是老人逝世后入棺穿用的鞋，在浙江东部地区，女的用蓝绿色纺绸为面，绣或画上公鸡报晓。鞋底只用白布糊上，不用织，底面画一只犬，男女都一样。

送老鞋，是礼鞋的一种，老人死后穿的鞋，汉族丧葬民俗（图99）。流行于中原地区。送老鞋一般是蓝色鞋面，帮口暗绱，纳底不纳帮，两只不认脚。也有男用黑色，女用红色，以示区别。送老鞋上绣有各种吉利图案，如在鞋头两侧各绣一蝉一鹅，或一鸟一鹅；在鞋底上绣花、莲藕、莲叶、仙鹤或“天梯”等，表示祝愿老人死后灵魂上天之意。在河南商城，男女送老鞋底都要粘15或16个1分硬币大小的黑纸片。粘15个的为前7后8；粘16个的为前7后9。俗信“前七后八，穿着防滑；前七后九，穿着好走”。还有一种七星八卦送老鞋，鞋的两边各绣一棵摇钱树，两鞋共四颗，树上挂满金钱银钱。鞋底上绣有七星和八卦，送老鞋有单有棉，穿棉者认为，人死后穿此不怕冷，穿单者认为，人死后穿轻走快。送老鞋是吉祥物，也有称“寿鞋”，老人喜欢生前做好，做送老鞋的人要求是有儿有女且丈夫健在的妇女。

在楚地湘西一带，老人死后入棺，死者穿的是大红寿鞋，这种破例做法，意为以红色震慑怕火怕光的妖魔，驱散生者心头的阴影，让死者在地府活动自由，免受邪恶之气的侵袭。

有些地方小儿因病或其他原因夭折，也用陪葬鞋。鞋用陶泥仿小儿鞋做成，

99

蓝色蝶恋花女寿鞋
底的天梯和莲花是送老鞋特殊标志。

经过烘烧成型和小儿同埋地下。

第五节　鞋履与工艺民俗

（一）工匠和摊铺

鞋匠，民间亦称“靴匠”，“皮匠”。主要从事制作、修理、售卖各种靴鞋者。鞋铺指固定的制作、修理或售卖各种靴鞋的店铺。鞋摊指临时摆设的以修理多种靴鞋的摊子。

（二）材质

以做布鞋为例：袼褙，是手工做布鞋的主要材料，流行于中原地区。用碎布、碎麻或旧布加衬纹裱成的厚布，多用来制布鞋。有布袼褙、麻袼褙和铺衬底袼褙三种。袼褙不同，对材料的要求、具体的做法、使用的部位都不尽相同。如布袼褙原料为较厚、结实的大块旧布，用白面熟二半强糊将布浸透浆好，再放在木板上一层层铺抹二半浆糊，一般一二层，乾后用于做鞋帮子。又如麻袼褙原料为碎麻、乱麻、旧麻绳等废料，用旧木梳捋其梳捋蓬松，去尘理净备用。搬出木板，一般多用面板和门板，铺一层麻绺儿，抹一层二半浆糊，一层一层地铺，一遍一遍地抹，晾干即可。一般用于纳鞋底。还有一种叫铺垫衬底袼褙　简称“铺衬底”。手工做布鞋材料，流行于中原地区。原料为碎布。用二半浆糊将其浸透，再一层层铺抹，一般铺碎布三四层粘为一块，干后使用。因是布铺浆而成，所以做鞋底较好。

打袼褙，是民间手工做布鞋的一道工序，袼褙为做布鞋材料。打袼褙时，先将小麦面、榆皮面或谷面、高粱、玉米面选一种，打成熟二半浆糊，俗称“半强浆子”。再找一块较大的木板做袼褙底板，以便粘贴，粘贴时为防止袼褙在底板上难揭或起毛儿，得先铺一层树叶子，或纸张，再铺上浸透浆糊的布或麻绳头，铺一层抹一层二半浆糊，根据所需铺抹几层后，将其晾干，用于做鞋帮子。

（三）工艺

鞋帮

有两种解释，一是“鞋面”。省称“帮”。鞋帮本作“封系　”“封帛　”“革封　”。宋蒋捷《柳梢青·游女》词：“柳雨花风，翠松裙褶，红腻鞋帮。”清顾张思《土风录》卷三：“鞋面曰鞋帮。”二是鞋部件名称。鞋中覆盖足部的部件，由前帮、后帮和鞋舌合成。前帮与脚的前端和跖趾关节活动部位相对应，在脚的作用下受到曲挠、拉伸、挤压和摩擦；后帮的后跟部位加工成与脚跟相似的固定形状，在行走和穿脱皮鞋时，后帮也受曲挠和后伸；前帮与后帮一般在脚弓两侧的腰窝部位缝合。该部位鞋帮起着包拢脚并托住脚弓里侧的作用。一般皮鞋帮均装衬里，以补强鞋帮和免受磨损，并能吸收一部分脚汗。

鞋帮子亦称鞋脸，指做布鞋的材料。鞋帮由布袼褙、鞋面布、鞋里布“三合一”做成的。按鞋样剪好料子。鞋面布要略大些。做时，先把鞋面布和袼褙缝在一起，再在鞋口处包一层布，最后缝上鞋里布。男孩子穿鞋易损坏，鞋头处还常在鞋面布和袼褙之间加缝一个半圆形衬布。

有脸儿鞋与没脸儿鞋

过去，布鞋的鞋脸，有两种。一种叫“没脸儿鞋”；一种叫有脸儿鞋。没脸儿鞋，亦称“短脸儿鞋”，五十年代以前，因此鞋鞋面是尖口，故又称“尖口鞋”；五十年代后，鞋面的口变成圆的，又成了“圆口鞋”。流行于中原地区。没脸儿鞋面料用一块布绞下来，鞋脸较短，无接缝。鞋面绱暗线。左右两只鞋一样不认脚。此鞋主要是男人穿，女人较少穿，女鞋一般在鞋面上绣一朵小花。其鞋底要求厚实。穿时轻便、舒服、朴素、经济。据传，兴起此鞋的社会原因是要记住耻辱。日本鬼子侵略中国之时，老百姓给八路军做的军鞋，大多是没脸儿鞋。主要是要男人记住耻辱，杀敌救国。

有脸儿鞋，又分两种：一种叫单脸儿鞋，一种叫双脸儿鞋。单脸儿鞋，布鞋的一种。流行于中原地区。做鞋时用结实好布将两块鞋帮包缝在一起。脸儿处缝一道梗儿。单脸儿鞋用料做工都不讲究，一般为男人的大众鞋。双脸儿鞋，也是布鞋的一种，流行于三十年代中原地区。双脸儿鞋是在鞋头正中的鞋梗子并排缝上两道梗儿。其鞋底子要求较厚，纳时必用锥子、钳子和鞋夹板子。鞋帮有半纳，也有全纳的。鞋前头的两道“脸儿”须用熟皮子缝，先用窄窄一溜儿结实好布从两边把两片帮子连在一起，再用皮子一块或两块，用连续密实的针脚将其缝成两道黑皮梗子，竖在鞋前面。此鞋为男人所穿。

双梁鞋和单梁鞋

双梁鞋，是北方一种布鞋。其特点是为了坚固耐穿，在鞋头上有两道棱子分向两边，俗称“双梁”。如果是一道棱放在鞋头中间，则称“单梁鞋”。此鞋为建于清代的北京内联升所制，且一直流传至今。建国前为卖苦力者及练武者所穿。

汽眼儿、带盖儿和松紧口

气眼儿鞋也是布鞋的一种，流行于中原地区。此鞋男女皆穿，是一种最富装饰效果的深脸鞋。鞋帮用三块料组成，对布料要求较高，多用条绒、直贡呢、金丝呢等结实布做。前面一块的中间有一个圆弧状的“舌头”，舌头两边由两块打拐的帮子相连。帮子上各钉一排三四颗气眼儿，用于穿鞋帮。气眼儿鞋早年鞋帮线暗绱，不认脚；后来逐渐变成明绱，就成了认脚鞋。此鞋虽做费工时，但穿着舒适、保暖，四季皆宜。

带盖儿鞋，是布鞋的一种，流行于三四十年代的中原一带。此鞋鞋口头上有一块伸向脚上方的“盖儿”，穿上后，半圆弧形的“盖儿”紧附脚背，美观又充满朝气，鞋底较薄，走路轻快方便，多为年轻男性喜欢。若是少年儿童穿用，缘鞋口的布常是红色镶缝，鞋口绱暗线，左右不认脚。

松紧口鞋，亦称“懒汉鞋”“一脚蹬”，是布鞋的一种，此鞋深脸，两边有松紧带，穿时容易，舒服。一般男人尚黑色，女人喜花色。有手工和机制两种。手工鞋多纳底，机制鞋为胶底或塑料底。

鞋底

鞋底，根据不同的特点，有三种解释 ①指鞋履的底部。根据穿着的不同需要，有皮底、草底、麻底、布底之别。形制有薄、厚、高、平、软、硬等多种，清梁绍壬《两般秋雨庵随笔》卷八：“宣和间，妇人鞋底，以二色帛合成之。”近人徐珂《清稗类钞・服饰》：“高底，削木为之……缠足之妇女以为鞋底。”又：“山西太谷县富室多妾，妾必缠足，其鞋底为他省所无。夏日所著，以翡翠为之……冬日所著，以檀香为之。”②鞋底也称“外鞋底”。一般指鞋与地面接触的部分。其主要成分为橡胶。它的颜色和形状是鞋设计的发展方向。由外底、内底、半内底、勾心、衬垫和填心等构成，可以隔离脚与地面，缓冲地面对脚的作用力。外底与地面直接接触，受到弯曲、挤压、摩擦和外界环境的各种作用；内底直接承受人体重量，并将所受重力传递到外底和鞋跟，内底除受弯曲、挤压、摩擦的作用外，还受脚汗、鞋内湿度、温度等影响；勾心固定于皮鞋腰窝部的内底与外底之间，以加固皮鞋后部和支撑脚弓，使皮鞋腰窝有一定的弹性，保持鞋底、鞋跟的位置和形状；衬垫和填心用以填平鞋帮脚与内底结合处，提高鞋度的缓冲性和绝热性。③有时，所谓鞋底是外底、中底、内底的总称。

纳鞋底

纳鞋底，手工做布鞋的一道工序。将若干层浆好的袼褙放在一起剪成鞋底样。用夹板夹紧鞋底子。纳鞋底时，放夹板于两腿之间，然后用针、顶针儿、锥子、钳子等工具，一左一右穿针引线。纳鞋底用的是多股单线合成的“绳子”，或细麻绳。鞋底针脚图案要求横竖成行，斜看成趟。有的姑娘还在送给情人的鞋底上纳出美丽的图案，她们每纳一针便在底上缩一个疙瘩儿，用无数个缩结的绳子疙瘩儿组成牡丹、莲花等。纳鞋底，最有名的是千层底　亦称“油饼底”。用结实的、大小相同的三层白布打成袼褙，然后用裁成斜条的白布包边，再把这些包好的底子一层层叠好，层与层之间还加上用细白布条儿包鞋沿，再用麻绳纳好，即成“千层底”。千层底最难做，不仅布料讲究，还要技术精湛。厚层多、密实好看，整齐洁净，不少姑娘在纳底子时，为使鞋底的包布洁净，多用毛巾垫住自己的手。民间在男女订婚时，姑娘必送一双亲手做的新鞋给自己未来的丈夫，这种鞋底都用于姑娘做定情鞋的底子。

正脚屐

古时，木屐不分左右脚，称为“正脚屐”，用棕绳编织网状“屐耳”。这种屐又高又宽，非常笨重。辛亥革命后，舶来品“树乳”（橡胶）输入我国，雷州人便用它作屐耳，逐渐代替了棕绳制品。此后，凡是用“树乳”作屐耳的木屐，皆由大变小，由高变矮，由重变轻。不久，为了穿着舒服，木屐才分左右脚。

顶针儿和夹板子

顶针儿 ，是纳鞋底的工具之一。其形如戒指，戴在中指上，一般用铁做成。纳鞋底时，针很难穿过厚厚的底子，就用顶针儿顶住针屁股用力推出，方能抽出针儿，继续一针一针纳鞋底。

夹板子，是纳鞋底的工具之一。厚的鞋底得用夹板夹住，才能扎针纳底。夹板由三块木板、两根绳子和一个小小的木棍儿组成。三块木板恰构成一个“H”字母，横板上面绕一个绳圈儿，圈儿正中再下垂一个绳圈儿，下垂的绳圈儿穿过横板正中的小孔，由下边的木棍儿绊住。夹鞋底要松要紧，全由这小木棍调节。欲其紧，绞动木棍儿，绳圈儿一拧便紧；欲其松，反过来绞动即可。还有种简单的夹板，两块木板三角而立，中间用两根活动横掌子。上面一根榫是活的，需夹鞋底时，下移；需去鞋底儿时，往上一磕，即松。

绱鞋、缘鞋口和靴掖

绱鞋，是手工制鞋的一道工序。绱鞋帮时，缝线在外，叫明绱。缝线在内的，叫暗绱。

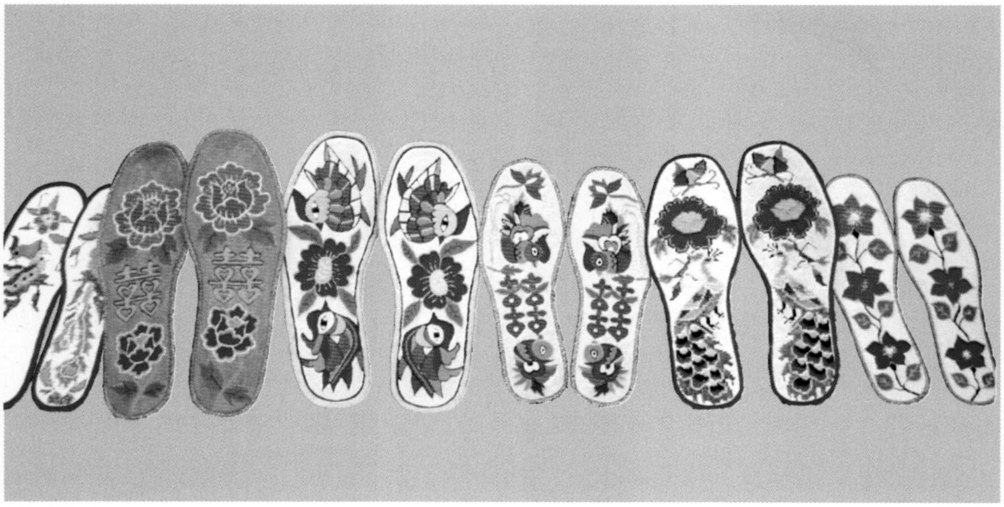

图100
鞋垫

缘鞋口是做布鞋的一道工序。为了使鞋结实即在鞋口处包一溜本色或异色布。

靴掖靴筒中的小夹层。多以皮或绸缎制成，内放钱币、名帖等物。《红楼梦》第十七回："贾琏见问，忙向靴筒内取出靴掖裹装的一个纸折略节来，看了一看。"清李光庭《乡言解颐》卷四："世有轻如袖纳，重异腰缠，比带胯而不方，视荷囊而甚扁者，靴掖是也。零星字纸，以靴掖盛之，便于取携也。"

替鞋样子

替鞋样子，也是做布鞋的一道工序。妇女做鞋后都存有鞋样子，鞋样子一般是大块纸或布剪成。做新鞋时，按合意的鞋样子描出，剪下即可用。这一过程就叫"替鞋样子"。

鞋垫

鞋垫是鞋的一种配件，是安放在鞋内底上与脚底接触的部件。它放在鞋中柔软又温暖，能使鞋内底部完美清洁，排除脚汗和吸湿，使鞋内底平整光滑，穿着舒适。鞋垫，古称"鞴""鞴鞥""屧"。《广熚》曰："鞴鞥，屧也。屧，履中荐也。"鞋垫的历史很悠久。新疆唐墓出土的彩织宝相花云头锦鞋，就放置一双由黄色纹绫做成的鞋垫。可见至迟在唐代已有了鞋垫。鞋垫的样式很多，而绣花鞋垫则是其中最有特色的。相传唐宋时期，土家族地区的手工布鞋和绣花鞋垫，因其制作精美细腻，纹样宝贵吉祥，曾一直为朝廷纳贡之用。

绣花是中国民间古老技艺，在鞋垫上加进了刺绣，便成了一件美好的艺术品。妇女们为了表达对亲人的爱和祝福，不惜千针万线，纳制出许多漂亮的绣花鞋垫，伴随着亲人们走四方（图100）。手工绣花鞋垫根据工艺可分为刺绣鞋垫，割绒鞋垫，十字绣鞋垫，圈绒绣鞋垫等。主要绣法有：

挑花绣，亦称“十字绣”，是很古老的一种刺绣针法。用料多取平纹棉麻布，这种布的经纬线排列出井然有序的沙眼。刺绣者事先在鞋底画上或利用画布经纬线抽成经纬方格，然后依格下针。多用十字针法或斜行排列法相组合，绣出“米”字纹、方形、菱形，组织成几何图案，也可绣花鸟，嵌绣文字。

贴布绣，也是一种传统的民间绣法，又称作“补花”“贴补花”。把机织花布上的花纹图案剪下来，贴在鞋垫布上，用与图形相协调的线沿边缝好，图面上也略作刺绣。最后，为求鞋垫平整，要密密麻麻地纳绣一遍。要规整包边。

剪纸贴花绣法。是将要绣的图案先剪成一幅剪纸，而后贴于鞋垫上，再用平针绣线覆盖完成。此法由于应用了剪纸的样式、显得古朴浑然、看上去略带立体感。

割绒绣，俗称“割花”。将两只剪好的鞋垫面料的正面对合起来中间夹上两三层硬纸板，摞成后稍作钉缝，贴上或画上绣花纹样，用细毛线纳绣花纹，纳绣毕，将表面的线头用糨粘贴结实，待糨干透以后，用锋利的刀子从两个鞋垫之间割开，便做成了一双图案对称的绣花鞋垫。

平针绣法。是种较为普遍的刺绣方法。将选好的图案草稿勾画于鞋垫上，然后用平针直接绣制。除了妇女们收集、保存的传统鞋花图样外，还可自己创造构思。平针绣法要求针脚排列须整齐均匀、不露底布为上品。

鞋花

鞋花属于鞋饰，是供人绣制鞋花的底样，也是民间剪花的一种，指做鞋帮、鞋面绣样的剪纸，是广大劳动妇女及走村串乡卖花样剪纸的艺人所创，是研究传统鞋饰和鞋俗的重要资料。早在清末至民国初年，沔阳（湖北仙桃市）一带就有以卖花样谋生的剪纸艺人，他们收徒传艺，并自发成立了剪纸同业公会，交流传习剪纸技艺。当年所卖花样以鞋花居多，有上百种不重样。可见绣鞋民风之盛。相传，嫘祖在树下歇凉。正午的阳光透过树林把花和叶影映在她的鞋尖上，她感到这样很美，就照着花叶的投影剪出花样，绣在鞋头上，果然满鞋生辉。经她这么一开头，宫女们纷纷模仿，绣鞋习俗就这么流传开了。

旧时沔阳大姑娘出嫁，都得亲手做成十双男鞋和十双女绣花鞋。迎亲时，花轿后面就是娘家陪嫁的嫁妆抬盒。抬盒少则五、六抬，多则十多抬。里面盛放姑娘的衣物细软、化妆品、日用品。其中一抬满是鞋子，均为女鞋套在男鞋，成双成对，同偕（筒鞋）到老。新娘鞋面上也要绣“同偕到老”鞋花。鞋花上绣有牡丹、桂花、小猫，寓“富贵根苗”；在鞋帮的左右侧，分别绣有男女双方各一半鞋样，两边合拢，就成了完整的男女鞋样。两双鞋样的排列方式，为女鞋在上，男鞋在下，呈“筒鞋”状。在湖北方言中，将某物套在某物中，称“筒”。两双鞋套在一起，自然是“筒鞋”了，它正合婚礼上的一句口彩话“同偕到老”，故被当作夫妻恩爱、白头偕老的象征物。这双鞋，新娘只穿三天，以后就收藏起来，作为纪念。

图101
鞋花

如有些女鞋的满鞋花，面积较大，从鞋头延至左右鞋帮，呈大抵对称的构图方式。鞋花由寓意丰富而又约定俗成的民间吉祥纹样构成。有莲花（盛开的莲花和并蒂莲花）、莲蓬、莲藕、荷叶、桂花、万字符、毛笔与双钱纹等。这些纹样用民间谐音寓意法读出，就是：因何（荷）得偶（藕）、连（莲）生贵（桂）子、必（笔）定双全（泉）、万代同心、同偕（鞋）到老，集中了传统婚仪中美好的贺词吉语（图101）。

在三晋之地，新娘娘家陪送的嫁妆中，必带有一面铜镜和一双绣花鞋，谐音取意为“同（铜）偕（鞋）到老”。河南南阳乡间婚俗，在嫁妆中必备有铜镜和鞋子，以之祝颂新婚夫妇白头到老。安徽合肥清末民初婚俗：新娘花轿到男家门前，男家请两位儿女双全的妇人，持灯绕轿一周，并将新娘的鞋和新郎的鞋对换，以显示“同偕到老”的征兆。湖南嘉禾县婚俗歌中唱道：“新郎生得窈窕，陪到我家；姊好绣鞋，拿一双同偕到老”。江苏扬州的鞋花为民间鞋花中的上品。艺人蔡千音、熊崇英绘剪的鞋花，具有构思新颖、布局完美、光洁干净、秀丽洒脱的风格。所剪梅花，以一朵梅为中心，左右两朵相对，围绕蓓蕾，整齐对称，以匀称取胜；所剪石榴，形态不同，大小各异，位置参差，枝叶不一，异美出奇；所剪喜庆鞋花“龙凤呈祥”，有龙雄凤秀之类；所剪童鞋鞋花“王老虎”，则突出老虎的刚须威目和“王”字庄严，含有汉族民间风俗的寓意。

“同偕到老”鞋俗的形成，是民间做鞋、用鞋习俗，语言崇拜和祥物崇拜与民间婚姻吉祥观念共同作用的产物。“鞋”“偕”相谐之俗进入婚姻领域，反映民间对美满婚姻生活的期待。旧中国封建制度下的包办婚姻，酿就无数婚姻悲剧。为了防范于未然，人们不得不采取鞋俗巫术的手段，将“夫妻和谐”“白头偕老”的理想寄寓于鞋花或鞋俗之中。“和谐”的愿望，成为人心相结的纽带，传统鞋俗文化的生命力在现代生活中得到发展和延伸。

山西民间的绣花鞋垫有割花、扎花、挑花、绣花等多种形式，如割花是把一对鞋垫缝在一起，绣上花色图案，再从中间用利刀割开，便是一对图案对称、色彩艳丽的花鞋垫。山西妇女多为其夫纳制精致的绣花鞋垫，花鱼虫蝶，均可精心绣织其上，乡土气息极浓。

鞋楦

古称“楥”，俗称“楦头。”制鞋用具之一。东汉许慎 《说文解字》曰：“楥，履法也。”据南宋吴自牧《梦粱录》卷十三《诸色杂货》载，当时出售杂货中就有“鞋楦”。明方以智《通雅》卷四九《谚原·楥》云：“鞋工木胎为楥头，改作楦，至今呼之。”其制削木为足形，填鞋中以合足式。多由前掌、后跟及中间若干厚薄不等之木块组成一付。鞋缝透后，将楦头填入，从中间撑紧然后喷水令湿，从四围敲击使其丰满、美观。

鞋拔

鞋拔，是汉族地区人们着鞋的一种辅助工具。它因地而异，有许多名称，如山东叫“鞋抽子”，山西叫“鞋斗子”，徽州话叫“鞋溜”，中原官话叫“鞋溜子”，客家话叫“鞋绷子”等。有的地方方言叫“小耳朵”。别看它是小东西，但和鞋履密切有关。鞋拔是随着人们的穿鞋需要而诞生的。人类创造它，经过了漫长的历史时期。

大家都体会到，穿鞋时如果鞋子紧了些，每次要费很大的劲，才能把它穿进去。如果有一样东西，能帮助脚顺利而又舒服地穿到鞋里去，该有多好啊。于是，人们就开始创造性的探索。仔细研究人类发明鞋拔的历史，是件有趣的事。起初是将一条布带或布头，缝在鞋的后帮跟口上，穿鞋时，用手拽住，往上拉，再把脚往里一蹬，就进去了。这条带，民间称之为“提鞋巴”，东北方言叫“一提溜”。这种“鞋提巴”，最早起于哪个朝代，现在尚不得而知。但根据现有的考古实物资料判断，至迟在宋代已经有这种提鞋带了。湖北江陵宋墓出土的宋代小头缎鞋，江西元墓和江苏扬州明墓出土的尖头方鞋，乃至清代皇宫皇后所穿的凤头鞋，直到当代南方纳西族的绣花鞋，这些鞋上的后跟，大都多出一块布，用来提鞋。这种“鞋拽靶儿”就是我们今天看到的鞋拔子的雏形。

后来，人们觉得这鞋后帮拖上一条尾巴，影响鞋的完整和美观。于是有人就创造了一种代替品鞋拔。古代的鞋拔是用兽骨、牛角、铜、象牙等为材料，制成形状像一小牛舌的物具，一般长3寸左右，宽1寸余，中间微凹形（仿鞋根形）向内稍有弯度。上端稍小，柄部有眼，平时可以串线悬挂。下端扁宽，并向内凹，其形正好贴于足跟。当脚伸入鞋中，足跟紧贴鞋拔，顺势蹬入，脚就进去了。然后将鞋拔抽出。对这种鞋拔，清李光庭在《乡言解颐》一书中写道：“男子之鞋只求适足，而若其峭紧者，则用鞋拔……拔之，提之使上也。”他还写了吟咏“鞋拔子”的诗：“但知峭紧便趋奔，不纳浑如决踵跟；适履何人甘削趾，采葵有术莫伤根，只凭一角扶摇力，已没双凫沓踏痕；直上青云休忘却，当年梯步几蹲蹲。”这首诗反映了鞋拔的功能，是利用其“一角扶摇力”，帮助人们使脚轻松顺利入鞋。当时宫廷和民间都大量使用铜鞋拔，对穿各式布鞋最为方便。在江南各地，这种鞋拔还是姑娘出嫁时不可缺少的陪嫁品呢。

随着社会的发展，人们在普通鞋拔的基础上，将其艺术化，产生了带有各种装饰的鞋拔，变成了一种既实用又可鉴赏的工艺品了（图102）。首先，加长了鞋拔的长度，使在拔鞋时不要弯腰。传统的铜、骨质鞋拔，已越来越少，质料以塑料居多；其次，在鞋拔顶和片身上雕刻了文字和图案，如鹿首、孔雀、鸳鸯、佛首等。特别是一些贵重木质鞋拔，会在顶上雕刻鹿头，鹿角高耸，鹿嘴微翘，形象生动逼真，成了令人喜欢的艺术品。许多收藏家对鞋拔非常钟情，都在想方设法去收藏。

（三）样式

制木屐

田屐，为沿海地区一种下田用的木屐。采用直径约40厘米的圆形木架制作而成。屐底平滑，屐面中间用绳子作“屐耳”，专供农民下深垭田穿着，民间有“手抓禾镰脚担枷，上田下田四脚爬”的谚语流传。

嘎哒板，先制柳木底板，后在木板下前后竖立两块板，约2寸高，钉实。沿木底前半截周围钉布或皮，成筒形，可入脚。像现在的拖鞋，板后穿两根麻绳，穿时系脚背处，穿起来发出“嘎哒，嘎哒”声，故名“嘎哒板”，可用于雨天走泥泞路。

宁波木拖鞋，宁波着鞋习俗。宁波俗语，即木屐。以1～3厘米厚硬木板为鞋底，系上绳带或橡胶皮带，用脚趾拖着行走的木鞋。其材质一般市民都用松木或杂木制作，鞋帮用软皮钉在鞋沿即成。个别人家有用“花梨木”“楠木”等名贵木材制作，鞋帮有用五色彩带系成的，有的还在鞋底钉上鞋钉，走时发出金属碰击声。在宁波的三角地一带居民，几乎没隔几户就有人家制木屐出卖，有些鞋贩挑着担子穿街过巷叫卖；“木拖木拖三年好拖！拖了三年还可烧火！”宁波木拖鞋历史悠久。1988年在宁波慈城镇慈湖西北的一处新石器时代遗址，发现两只

图102

鸳鸯鞋拔

随着社会经济的发展，人们在普通鞋拔的基础上，将其艺术化，产生了带有各种装饰的鞋拔，变成了一种既实用又可鉴赏的工艺品了。

5000年前长约21厘米，头部宽约8.4厘米，跟部宽7.4厘米的木拖鞋，一件为五孔，一件为六孔，孔与孔之间有凹槽，用双带式和人字带系鞋。

潮汕木屐，又名“散屐”，制作工艺比较精巧、讲究，其形式有：椭圆形，前略宽，后略窄，为只适应男人穿的“龙船屐”；分左右脚，前趾略低、中呈弓形、后跟略高的“认脚屐”；原色木的“白胚屐”；上红、橙、黑、棕等颜色，供女人穿的还绘上花卉图案的“油彩屐”；晚上在家穿的“高脚屐”；白天出门或劳动穿的“低脚屐”。木屐前部钉上一片屐皮，属棕织的称“棕屐”；属帆布的称“帆布屐”；用红、黑等橡皮的称“橡皮屐”；比较高贵的木屐用坚韧的木材制成并上漆，称为“漆屐”等。《南粤笔记》一书便有“散屐以潮州所制拖皮为雅”之记载。由此可见自清代以来，潮州木屐及其屐皮的制作工艺已享有一定的声誉。

东莞木屐，民间制屐习俗。东莞木屐的制作，一般是屐匠先把木头雕琢成各种不同规格的屐坯，然后漆上油漆，画上花草，钉好屐皮，这样，一对木屐就可穿用了。有时屐皮是按顾客脚板大小而钉上去的，卖屐的剪下顾客中意的屐皮，然后挥起屐锤，用屐钉把屐皮钉在屐边上。大洲有个叫“胡须容”的，有武功，钉屐从不用锤子，用手指把屐钉敲进屐胚里，令人惊讶不止。木屐有素屐和花屐两种，素屐是不上油彩的，花屐则画上花草，色彩绚丽，无疑是一件艺术品。木屐有平跟的，也有高跟的，任君选择，各得其所。桥头的制屐业十分兴旺，在桥头墟就有义兴、广昌、义兴隆、广义聚等屐铺，中和墟也有昌兴屐铺。屐铺的格局一般是前厅作门市，后室是作坊，也有工场同门市在一起的。过去虽然赤脚的人多，但晚上沐浴后还是要穿木屐的，因此，木屐的需要量很大，屐铺常年生意兴隆，有些名屐铺供不应求，要从外地组织屐源才能应市需要。如今穿木屐的人少了，大都改用了人字拖或十字拖鞋。屐铺成了鞋铺，或者改做其它生意，一些专司制屐的师傅也改了行。制屐的能工巧匠，早已改行了。但高兴时他们还会露一手，制作一些精美的花屐给友人作“纪念”。

泥屐儿

泥屐儿，亦叫“泥屐子”。一种雨天穿用的木屐。屐的木底在制作时，由木匠们拼做成的，即用一块比男人脚稍大的结实木板，最好是往上翘的，两头凿出腿儿来，然后再做两块屐齿，形状多下稍宽上稍窄，安实于屐板上。最后用结实麻绳拴于屐齿跟部，引出绳的两端作系脚之用，这叫“系绳式跟屐儿”。也有用整块木头掏做，木料常用粗大的柳树的树根，用斧砍刨刨，弄平屐面后，掏出腹中多余部分，剩下两头又宽又厚的两个屐齿，然后在腿底部横钻一个眼儿，以作穿绳之用，这叫“掏底系绳式泥屐儿”。泥屐儿一般较矮，高可寸余，太高不稳易挫伤脚。为了防滑，有在两腿上钉上铁齿。冬天下雪时穿棉鞋再拴上泥屐儿，是很温暖的。

拖鞋式泥屐儿，其屐底也用拼底或掏做，差别只在于屐面上。一种是在屐面上钉一块橡胶带或帆布带；一种先用革编一个“大鞋头”，再将大鞋头编在或缚在屐板儿上，穿时连脚带鞋拖着走路。

草编鞋

草鞥子，一种用草编成的雨鞋，流行于中原地区。草鞥子形如草船，鞋面用麦秸、稻草编成矮口袜状，有用纯草编的，也有用细麻绳勒的，后种较结实，鞋底为一块木板，底上有腿儿，穿时连脚带鞋一块穿，是男人冬季防水御寒的套鞋。

蒲窝子，以蒲草制成的暖鞋。深帮圆头，里面有鸡毛、芦花等物。明清时民间冬季穿用。《儒林外史》第四回：“那时在这里住，鞋也没有一双，夏天靸着个蒲窝子，歪腿烂脚的。”

毛窝子，以蒲草编制。内有毡绒、芦花或鸡毛的暖鞋，流行于长江下游地区。《负曝闲谈》第二十九回：“回头再看王霸丹，身上一切着实鲜明，就是底下趿着双毛窝子。”有些低腰的厚靴，宽松随脚，深受老年人的喜爱。俗称“毛窝”。

乾鞋和坤鞋

在古代，为了表示男女有别，男的为乾，女的为坤。男鞋叫“乾鞋”。女鞋称“坤鞋”。后者鞋头呈圆形，坤鞋要纳帮，鞋帮从下而上逐圈纳起，有的纳上数圈，有的纳大半截子。坤鞋面饰物是六朵小梅花，或其它花朵，大小若拇指，一边三朵，从头至跟，等距排列；也有在鞋跟两边各绣一朵的。在鞋脸两帮相接处，有彩线环勾的小花小叶。老年妇女较喜爱穿着宽松的坤鞋。古代在举行婚仪中，新娘除凤冠、霞帔外，还须穿着色彩鲜艳的坤鞋，作为婚鞋。一般是鞋面为粉红或大红色。鞋尖处还绣着双喜图案或牡丹之类花卉的象征吉祥的花样，以图吉利。

制棉鞋

鸡窝子，旧时汉族民间传统棉鞋。流行于青海地区。鞋为两片，垫上羊毛或棉絮，密密辑过，两片缝合处用骰子皮（生牛皮制成革后绊下的细条）辑成一条楞状，鞋底由7层褙布叠成，一般厚2寸多。最厚的达3寸，上布下皮，即结实耐穿，又暖和如鸡窝，故名。

壑壑靴，棉靴之一，前后靴帮留壑壑，帮沿用皮线包缝加装饰，故称。

老头乐，又叫“暖鞋”，一种棉布鞋。大多为老人冬季御寒之用。有袢鞋帮放棉絮，暖和柔软，外形古朴。三十年代北京“内联陞”鞋店所生产的棉布鞋，是该店的传统产品。被人称为“老头乐”。

福字立头鞋，是布鞋的一种。流行于三十年代的中原地区。此鞋为老头鞋。常为那些家境殷实、儿女孝顺的老人享用。鞋为黑色，鞋头处贴一块深色布，布上绣一金色或本色“福”或“寿”字，所贴布边沿儿压上一道或两道辫子，彩色本色均有。辫子多呈云纹或“富贵不断头”图案。送“福”字鞋，是对老年人最好的祝福。

毛嘎蹬，一种高腰皮靴。流行于山西北部地区。晋北气候寒冷，御寒靴类多以毛皮制作。高腰的由羊毛碾成，称为“毛嘎蹬”，齐膝盖长，骑马坐车，走泥踏雪，最为适宜。

三块鞋、槽鞋和皮底布面鞋

三块鞋，亦称“三块瓦”。是一种布鞋，流行于二十世纪四十年代的中原地区。其鞋面用三块布缝成，其布料须是黑色洋斜纹布，鞋帮绱暗线，鞋头大。女人的三块鞋，鞋口处饰各种花卉图案，都是横条绣五朵等距离小花，花前再压一条彩色花辫子，同时，在两边鞋口处下方，也缀两道红或绿色窄些的花辫子。男人穿的较少装饰，一般在前鞋口处压上两条本色辫子，压的式样多为交叉盘绕状，两边还缝以极窄的本色辫。

槽鞋，布鞋的一种，流行于中原地区。二十世纪四十年代初年轻女人穿较多。槽鞋形如喂牲口的木牛槽子。其鞋帮宽不到一寸，鞋脸儿较短。鞋面一般用红、绿绸缎。两侧均绣花，一边三朵。鞋脸尖部有一簇大若桃子的水红缨子。走起路来晃动着非常漂亮。穿槽鞋时须与洋花袜子相配。

皮底布面鞋是一种以皮为底，以布为面的鞋子。其底纳线，全靠人工用两把空心锥子引线制作而成。

钉鞋、雨鞋和油胶鞋

钉鞋，亦称“钉靴”“钉鞵”“丁鞋”“钉鞾”“钉履”。一种鞋底有钉的雨鞋。可防滑跌，多用于登山。亦有以此为雨鞋，鞋面上涂以油蜡。流行于全国大多数地区，尤以江南为盛。夏代称“楇”。《太平御览》卷六九八引《晋书》："石勒击刘曜，使人着铁屐钉登城。"《文献通考》卷八十四："卫士皆给钉鞋。"《资治通鉴·唐德宗贞元三年》："着行縢，钉鞋。"元胡三省注："钉鞋，以皮为之，外施油蜡，底着铁钉。"清赵翼《陔余丛考·钉鞵》明代百官入朝，遇雨皆蹑钉鞋，声微殿升。此鞋一般用牛皮制成鞋面，在鞋底上钉上圆头的铁钉或装铁齿，向外突出，很耐磨，再涂以桐油，使之不漏水。有重4～5斤者。旧时在农村，能制置钉靴的，多属小康之家。清赵翼《陔余丛考》卷三十三："古人行雨多用木屐，今俗江浙多用钉鞋。"清李鉴堂《俗语考原》："叶适诗：'火把照夜色，丁鞋明齿痕。'丁鞋，即今之钉鞋也。"

雨鞋，指后帮高在脚踝骨以下，由橡胶、聚氯乙烯、聚氨酯为原料，适于雨天穿用的鞋。

油胶鞋，以布块纳叠五层或三个五层，每叠浸桐油五天，浸后晾干，再以麻素织成鞋底，这种鞋底，一般用棉鞋底，下雨天不怕水浸鞋内。

油壳篓，是中原地区一种小脚女人穿的鞋子。油壳篓分夹、棉两种，皆黑色。夹鞋油壳篓，亦叫"油鞋""壳篓子"。油鞋底子比一般夹鞋厚一倍。鞋帮用多层"布铺衬"密缝密纳。鞋做好后，用桐油反复油上三四次，坚硬若木，难以变形。其穿法有两种：一是套穿，即穿袜穿鞋套进油壳篓；一是"骣穿"，即穿袜穿油壳篓，所以它比普通夹鞋要高大。棉鞋油壳篓，亦叫"油靴"。为冬季御寒穿用。其鞋帮纳棉絮比普通棉鞋厚，鞋腰儿比油鞋高，甚至有超过脚踝的。

屐桃、花屐与花鞋

民国前，潮汕缠足妇女穿用尖头屐，因形如桃，故称屐桃。因其底为木质，故称屐。屐带为黑布缝制，屐头开口或不开口。有绣花者，称为绣花屐或红屐桃。如垫以"胶襞"，就成为绣花鞋。在潮汕一带，人们常说起的所谓"三寸金莲"，就是指的绣花屐桃和绣花鞋。

花屐是一种供妇女穿用的木屐，流行雷州等地。花屐比其它木屐更矮一些，更小巧玲珑，屐面涂上漆油并绘有花虫鱼等图案，屐底钉橡胶片。所以花屐既美观，又耐用，成为一时新颖用品，深受富裕人家，尤其是年轻妇女青睐。

花鞋，流行于浙江丽水地区。男子穿青色面，稍有花纹的蓝色布底鞋；女子穿绣花红短穗布底鞋，均叫"花鞋"。

绣花鞋与小脚鞋

绣花鞋，又称"绣鞋""扎花鞋"。妇女穿的鞋面绣有图画或图案的鞋。绣花鞋原指小脚女人鞋。20世纪20年代以后，提倡放脚，小脚初解放后，成半小脚，少女不缠脚而用白布裹脚后缝之，称穿半袜子。因穿半袜子使脚变小而瘦长，晋南称油葫芦脚。这种绣花鞋，多在圆口鞋上饰绣，有仅绣鞋头的，有鞋头鞋帮都绣花的。在山西，绣花鞋或红或绿，或蓝或紫。绣的吉祥图案有祈求幸福的，有祈求富贵的。妇女们在喜庆佳节、走亲戚时都要穿新制的绣花鞋，以此炫耀自己的手艺。

小脚鞋，缠足妇女所穿之鞋。据史料记载，我国女子缠足始于五代南唐，对四五岁幼女强制实行缠足。由于幼女在未成年之前，骨骼较弱，用较长的布帛包紧缠裹，使折断第二、三、四、五共四个脚趾，留下一个大脚趾作为缠裹后的足尖，四指折于足下，足形呈三角形。布缠裹意为不变形，经数日定形后，再套上素袜和合乎这种短小足形的鞋，即小脚鞋。此鞋大部分为布织绣花，也有用皮制的。小脚鞋一直延续到清代，成为上至宫廷下至民间妇女普遍的生活用鞋。

放脚鞋，又名“半大鞋”。旧时妇女缠小脚。建国后，提倡妇女解放，男女平等，妇女彻底放开了裹着的脚。放开的脚，虽不能恢复天足模样，但毕竟舒展开来，变得大些，俗称“半大脚”。因此才产生了“半大鞋”。这种放脚鞋，仍未摆脱小脚鞋大脚跟、小鞋尖的基本模样，只是稍长些。当时商店有售，大、小、黑、蓝皆有，但它用胶底取代了布底、木底，规格上也变得统一起来。

棕鞋与芦花鞋

棕鞋也称笋鞋。在浙江南部温州，妇女多以笋箨叠为鞋底。这种鞋，穿起来不仅干燥、轻快，而且在暑天会吸脚汗。故有“夏月棕鞋惟温州”之称。

芦花鞋是一种以蒲草、芦花制成的暖鞋。大都以棕麻为底，蒲草为帮，内絮芦花。冬季着此可御寒冷。男女皆可着之。近人徐珂《清稗类钞·服饰》：“芦花鞋，北方男子冬日着以御寒。江苏天足之妇女，亦喜蹑之。”周振鹤《苏州风俗·服饰》：“男女履屦，率于售自市上。……雪雨时，多御皮鞋及橡皮套鞋。贫家则穿屐及芦花蒲鞋。”

第六节　鞋履与商贸民俗

丰富多彩的鞋店幌子

幌子又名“望子”，是我国古时店铺用来招引顾客的布招，也就是用布缀于竿头，悬在店门口，作为商业经营的标志。据史载，早在北宋的汴京（今河南开封）就已经出现。孟元老《东京梦华录》载：“至午未间，家家无酒，拽下望子。”后来随着商业经济的日益繁荣，各种店家都在自己的铺前悬挂或摆设一种

103

店幌子

门出售纳布底，鞋后跟店的实物幌子。清代北京老号鞋店内联升的文字幌子。

表示自己商店出售货物特征的标志。随着多年的使用，逐渐发展成为社会公认的商业标志。其形式及纹饰则随店铺的性质、经营商品的不同而有所差异。

历代鞋履行业，同样创造了许多幌子（图103），兹介绍于下：

实物幌

实物幌，此种幌子颇多。有一种专门雇人纳布鞋底子出售的店铺，商贩将纳得密密匝匝、平整光洁的鞋底子数个，用红绳串在一起，下缀幌绸，悬在作坊门前。在东北，还有一种独特的牛皮鞋，内衬靰鞡草，即称“靰鞡鞋”。其店铺招幌是将几双小靰鞡绑在一起悬挂，绑的绳子经过精心挑选，细软而色白，像靰鞡草，幌下缀红色幌绸。又如专门制售木头底儿的铺子，则别出心裁地悬挂出一串木头鞋底实物，下缀幌绸作为幌子；又如布鞋底铺悬挂一串布鞋底模型，鞋面布店铺则挂一幅红布鞋面作幌子。

在《北京风俗百图》中有许多反映实物幌子的例子。如：卖小鞋者，小商贩们会做数双大小幼童之鞋，在花市或土地庙设一地摊而卖，买者取其方便价廉而已。又：卖鞋垫毡垫，每到冬季，多有四乡人来京做此生意，小商贩们一手举竹竿上挂的鞋垫、毡垫、耳兜帽等货样，肩上挂一褡裢，内储货物，沿街吆呼："鞋垫！""毡垫！""耳兜帽！"。

形象幌

形象幌用所售商品实物陈置或悬挂出来作为招徕标识，所以亦称模型幌，属于实物幌的一种。旧时，北京的南福祥鞋铺，门口放一只特大的高统靴鞋模型作幌子，有些还在鞋上着"大靴为记"等字样。又如清代北京颐和园苏州街登方斋鞋铺在门口挂一画着一只黑面白底官靴，靴下布满祥云的木板，下挂一条布巾。

在今天，北京王府井大街同升和鞋店门口亦摆着一对浇铸大皮鞋，它还能吸引无数游客止步并拍照留念。

象征幌

象征幌即采用商店的象征物，日久天长，约定俗成。是模型招幌的转化或延伸，是一种将经营内容或商品特征形象化隐喻性作为招徕标识的招幌类型，如冥衣铺门偶放一只大的黑色高统靴为模型，有的还在靴上写"发卖寿衣"为幌子。只要人们看见这些象征物，就知道它所习惯代表的商品性质，还有以摹绘形象的图画为招幌象征经营内容和特色。

文字幌

文字幌（含图画）用木板制成长方形、正方形或葫芦形，面涂以黑漆，书写或镌刻文字，并贴金以示壮观，如清代北京老字号鞋店内联升，在清代，就在门口挂过一块木板，除书店名外，还在上面画了两只靴子。在《南都繁会图》中，一家靴鞋铺前首立有一个冲天招牌，上端绘有一只靴子，下面书有"京式靴鞋店"字样，则反映了明代鞋铺招幌字画合一的特征。

第七节　鞋履与信仰民俗

（一）求子的象征

偷小鞋，是旧时民间一种求子习俗，某处云台山有一窦娥庙，民间称之为娘娘庙，在娘娘塑像后边，放着许多小童鞋。不孕妇女以"扣百子"之法，到娘娘庙内拜祭偷一双小童鞋，不让别人知道，放在自己床里边。若真的生了孩子，偷的鞋子给自己的孩子穿，另外再做两双或四双送还庙内。有的说多送几双能多生几个孩子。一般都要多做几双小鞋还庙，让别人再偷。娘娘庙里的小鞋有人偷有人送，永远偷不完。江苏黄渡镇也有此俗。无子者往往到镇东祖师堂送子观音前，烧香祈祷，并暗中将送子观音的绣花鞋，偷去一只，云即成生子。唯生子以后，须寄送给送子观音为干儿子。

乞神鞋，也是一种求子习俗。在浙江南部，每年农历正月初八，俗称“长八日”，妇女有结伴去太阳宫向陈十四娘娘乞子的习俗。俗传，陈十四，原名陈靖姑，自幼到庐山学法，后为民除妖赶魔，并为妇女保产佑子，后被人们奉为女神。凡是新嫁娘和婚后未有子息者均联袂前往陈十四宫庙乞子。平时妇女未有子者也去祈求女神赐嗣，她们在神像前提一只神鞋回去，如事后得子，则加倍制鞋还愿，她们一般回三四双鞋挂在神像前，后来者又择之一而去，因而源源不断。

（二）靴鞋禁忌

忌用缎子做喜鞋。有些地方，喜鞋的用料忌用缎子。这与繁育后代有直接关系。因为“缎子”与“断子”谐音，象征断子绝孙，因此很不吉利。

忌穿人新鞋，是民间一种禁忌。在江苏等地，凡新制、新购买的衣帽鞋袜，主人没有穿着以前，别人不能试穿，即便是亲戚好友，手足兄弟也不行，俗有“试人新，穷断筋”之说，认为试穿别人的新衣，自己会受穷。如想比量一下别人新衣的尺寸，也必须待衣主人穿一下以后，才能再试穿。

忌烧屐。在东莞，木屐因不耐磨，穿一些日子就成了“燕尾屐”或“平底屐”。这时，人们扯掉屐皮，把破屐当柴烧，当然不能让老太婆们知道，迷信的老太婆是不能容忍“烧屐”行为的。

靴山是民间一种风水迷信之说，称靴形山是可以出贵官子孙的葬地。宋俞成《萤雪丛说》：“陈季陆尝挽刘韬仲诸公，同往武夷，访晦翁朱先生，偶张体仁与焉。会宴之次，朱张忘形，交谈风水，曰如是而为笏山，如是而为靴山。”

（三）民间的吉祥物

黄布鞋是在我国临清一带，每年端午节，七岁以下儿童必穿黄布鞋。用黄布做鞋帮，白布做鞋底，在鞋前头和两边鞋帮处，用毛笔画“五毒”，蝎子、蜈蚣、壁虎子、毒蛇、蟾蜍，传说这样可杀死“五毒”，撵走妖邪。

穿红皮屐，广东潮汕人有以穿红皮屐为好兆头的民俗。男女少年十五岁举行“出花园”（成人礼）时，便要沐浴穿红皮屐，以祈成人后行好运。建国前儿童入学也有穿红皮屐的风尚。传说明嘉靖年间，潮州出了一位状元林大钦，他小时因家境贫寒，入学时买不起鞋穿，只好穿着一双红皮木屐上塾堂，后中了状元，乡人以为是穿红皮屐带来的好运。以后“民多循旧例”而相传成俗。

穿屐辟邪，这是东莞人一种求吉民俗。当搬进新居入伙时，全都要穿上木屐在屋里走动，据说可以去秽辟邪。

在我国工艺鞋中，有一种叫“瓷挂鞋”的小陶鞋。艺人用彩陶瓷做成小小的对鞋模样，一般高1.5厘米，长4厘米，两鞋紧贴在一起，中有小孔，便于悬挂。人们把它系在腰间裤带上或者系在扇柄上。因“鞋”字与“邪”字同音，俗谓携带鞋形物，可以以“鞋”辟邪，保佑出门路途平安。在明代民间，这种小瓷挂鞋十分流行。它形成了信仰和欣赏相结合的别具一格的陶瓷鞋，并带上了浓厚的信仰民俗色彩。

在陕西商洛市乡村，至今还存在古老的蛇禁忌，人们见蛇就会产生恐惧，但又相信蛇有灵性。所以，家里发现蛇（又称家蛇）是不能驱逐和打死的。在野外见蛇，如蛇的位置比你高，俗信只要脱下鞋从蛇的身上扔过，才可消解不吉利的预兆。

大红喜屐踩龙眼，这是广东东莞一种俗信。民间相信红色木屐有消灾去邪的功能。当地人喜穿木屐。就在结婚时，人们也不忘木屐。新娘结婚那天坐轿直达男家。一下轿子，送嫁婆就把一双大红喜屐套在新娘脚上，新娘在送嫁婆的搀扶下，用木屐把新房门口前的龙眼干一颗颗踩碎，才能进入新房，表示消灾去邪。婚后第二年，丈夫的生日，女方父母都要送喜屐给女婿，以后每年为女婿做生日时，女方父母都要给女婿一家每人送一对喜屐。

（四）鞋靴行业神信仰

中国民间各行各业，都有自己崇拜的行业神。属民间信仰行为。行业神又称行业守护神或行业保护神，俗信是主宰和保护行业之神，是从业者供奉的用来保护自己和本行业利益的神灵。

旧时，靴鞋业是指制作、修理、售卖靴鞋行业的总称。靴鞋工匠称为鞋匠、靴匠、皮匠等。由于我国区域广阔，各地鞋靴业供奉的行业神不一，为多神崇拜。它所供奉的祖师有孙膑、黄帝、鬼谷子、达摩、白豆儿佛以及靴神等。

每年，对这些祖师有定期的祭祀日。早在明代民间有礼靴神之俗。沈榜《宛署杂记·民风》中载：“十月送寒衣……祀靴，卖靴人以是日为靴生日，预集钱供具祭之，以其阴晴卜一冬寒暖，多验者。”据《基尔特集·靴鞋行会》载：北京靴鞋行每年正月二十八日要在前门外国教堂饭庄举行祭祀孙膑的活动和宴会。也有在三月举行靴师报祖活动，据李家瑞《北平风俗类征·岁时》引《燕台新月令·三月》载：“是月也，栾枝红，丁香白，炕火迁于炉，芦芽入馔，蒲根肥，黄瓜重于珍，榆钱为糕，蟋桃会，靴师报祖。”这里所说的报祖，即酬神报祖。靴鞋业这一活动，成为岁时活动的重要内容。《礼俗调查》说东北鞋匠供奉孙膑：“孙膑真人，鞋匠所供之神也”。“三月初三，为孙膑生日，神名了已真人。皮匠、鞋匠奉此神为祖师，于是日祭之。”

为了祭祀祖师，明清以来各地靴鞋业还分别建立庙宇，作祭祀祷拜之所。如北京曾建有两座祖师殿，一为财神庙孙祖殿，一为精忠庙孙祖殿。民国十二年《靴鞋行业孙祖殿碑》记云：“其宗师们卖靴鞋行，曾在前门外东大市金鱼池西财神庙东跨院，建于祖师圣殿三年。历年春秋，献戏致祭，接办已久。”《基尔特集·精忠庙》载：“精忠庙内建有孙祖宝殿，内供孙膑神像。”清乾隆四十八年（1783年），长沙靴鞋业成立了孙祖会，从那时起，各铺户、客司俱在乾元宫合祀。清同治十二年（1873年），长沙靴鞋业《干湿靴鞋店条规》中云：“我等干湿鞋一行，原系铺户客师公建。孙祖会始于乾隆癸卯年，邀集同人，襄兹盛举。迨至嘉庆十一年，公捐银五十两入乾元宫，供奉香火”。武汉靴鞋业奉孙膑及孙膑娘子为祖师，建孙祖阁、孙祖殿。吕寅东等《夏口县志》卷五说：汉口鞋业建有孙祖阁，“孙祖阁，（在）六度桥阳街，清乾隆年创设。”该庙于民国二年（1913年）改称鞋业公所。在《武汉的传说·孙祖殿》记当地居民严大爹口述：“过去有个孙祖庙，现在叫孙祖巷，这是供孙膑为鞋匠的老祖宗。……靴匠奉孙膑及孙膑娘子为始祖。”

在众多靴鞋业的祖师爷中，信奉孙膑居多数，他被尊称为孙祖、孙膑老师、孙膑祖师、孙膑真人，了已真人等。对此，文献多有记载：“孙膑老师乃靴祖师”（《玉匣记》）；“靴工祖孙膑”（《阅微草堂笔记》卷四）；“靴业祖孙膑”（《二十年目睹之怪现状》第六十四）；“皮匠的师傅是孙兵（膑字之误）”（《鲁班书·九老十八匠》）。另外，《画诀》祖师神马名位中有靴鞋业所用孙膑神马，题“孙膑真人”。

我们知道，各行业神大部分由真人上升为神，孙膑也是如此。孙膑原是战国时期齐国的军事家。

靴鞋业所以奉孙膑为祖师的基本依据，因历史上的孙膑曾受刖刑，有说被解释为砍断手足，有被解释为剜掉膝盖骨，因为这两者都与靴鞋有关。同时，由这一历史事实出发，在民间又派生出种种关于孙膑与靴鞋的传说，其中突出的有：

（一）有关“兽面宝鱼”的传说。据《靴鞋行业祖殿碑》云：“我孙祖乃做武文鞋，以护其膝。燕君曾饰匠工以穿靴为朝见之服。我孙祖复以兽面宝鱼，饰其靴头，藉分文武。”大意是说孙膑受膑刑后制作了护膝的鞋子，又以兽面、宝鱼的形状装饰鞋头，作为区分文鞋和武鞋的标志。

（二）有关“靴头鱼”的传说。相传，庞涓因忌恨鬼谷子将一部天书（兵法）传给了孙膑而用计砍掉了孙膑的双脚。刀斧手把双脚扔到河里后，河里游出了两条靴子样的大鱼，叫靴头鱼，孙膑的好友捞起靴头鱼给孙膑看，鱼一接触孙膑的断腿就粘在上边了。孙膑站起来一走路，觉得比光脚走还舒服、迅速。于是大家纷纷做出鱼头式样的靴子来穿。无独有偶，明吴门啸客《孙宠演义》第十、十一回也写道：“楚国向齐国献了两条怪鱼，无人认得。孙膑说，这鱼叫靴鱼，手拍三下，口叫三声，鱼就会跳上岸来。在水柜试验时，鱼果然跳了出来，但死了一尾，孙膑使将死鱼拿归为己有。原来他被庞涓刖了双足，没有十个足指，双脚行动不便，把这靴鱼做个样子，叫皮匠把软净兽皮配上一只，凑足一双，穿在脚上。”

（三）关于鞋店来历的传说。见《基尔特集·东晓市财神庙》：“靴鞋之所以尊孙膑为师，是因为他没有脚，于是才有鞋店为他发明了鞋，并做出了两种鞋，一种叫文鞋，二种叫武鞋，这就是鞋店的来历。”

（四）关于孙膑娘子做鞋的传说。相传，孙膑被庞涓陷害，挖掉了一条腿的膝盖骨，后来膝头化脓，脚也烂掉了。孙膑娘子用紫檀木做了假脚，又用牛皮做了一双深简皮靴，假脚变成了真脚。远近居民便都来向孙膑娘子学习做鞋的手艺。孙膑因懂兵法而使鞋样不断翻新。

（五）关于孙膑救樵夫的传说。相传，有个樵夫被蛇咬伤了脚，孙膑为救他而砍掉了他染上蛇毒的脚。然后又砍掉自己的脚，安在樵夫腿上。接着又把樵夫的靴变成了自己的假脚，又能走路了。但不久，庞涓把他的假脚又给锯掉了。樵夫为了报恩，便使劲地为孙膑做鞋，大家受到了感动也帮着做，于是鞋业大兴。

总之，靴鞋业之所奉孙膑为祖师，除了孙膑是历史上有名人物外，主要是由于他受的是刖刑，靴鞋像假脚，故奉孙膑为祖师。

北京靴鞋业在奉孙膑为祖师的同时，又奉黄帝为“鞋行鼻祖”，认为黄帝是在孙祖之前的最早鼻祖。其根据是：“盘古治世立民，以至天地黄均赤足而行，举步维艰，动必择路。迨我皇帝，睹人民之困苦，始创造屐履，借作护足之需，相从造履之艺者，颇不乏人。追溯其源，皇帝实为我鞋行之鼻祖。”（见《靴鞋行孙祖殿碑》）另有一说，是黄帝的一个臣子于则，创制扉履。（见唐徐坚《初学记》）

靴鞋业又奉禅宗初祖达摩为祖师。《中华旧礼俗·各业所奉之神》载：“鞋业奉达摩祖师（南北朝天竺高僧）”。这可能和宋·普济《五灯会元，初祖菩提达摩大师》中所说的达摩“只履西归”的传说有关。该书云：“魏宋云奉使西城回，遇（达摩）祖于葱岭，见手携只履，翩翩独逝。云问：‘师何在？’祖曰：‘西天去！’云归，具说其事，及门人启圹，惟空棺，一只革履存焉。举朝为之惊叹。奉诏取遗履，于少林寺供养。”《三宝太监西洋记通俗演义》第二十回有彩画匠画达摩僧鞋的情节，又言经上有歌：“初祖一只履，九年冷落无人识，玉叶花开遍地香”。

明代，民间有祀鞋神之俗。沈榜《宛署杂说·民风》中载：“十月送寒衣……祀靴，靴人以是日为靴生日，预集钱供具，祭之，以其阴晴卜一冬寒暖，多验者。”靴有生日，表明将靴人格化和神化了。其他又有供白豆儿佛、鬼谷子等为靴鞋业祖师的。

在少数民族中，也有崇拜鞋神的风俗，如侗族崇拜草鞋菩萨。在锦屏县境内，有草鞋菩萨的神庙，敬祭无固定时间，人们有求于他才去敬祭。祭品为一双草鞋和香烛纸钱。据传说，草鞋菩萨是个烧炭人，为人正直，多为大家办好事，死后仍然保佑一方，人们为此修庙祭礼，表示崇敬。

（五）向董四娘学做鞋

流行于浙江洞头地区。在洞头岛上，凡是11岁到16岁的姑娘，元宵节前都要亲手做一只绣花鞋，在元宵夜里，把这只鞋同几小碟切成细丝的祭品，如红的萝卜丝、绿的芹菜丝、白的大蒜头丝（象征各色丝线）等，到村口茅坑边祭拜董四娘，传说中的董四娘，是一位为绣花遇难于茅坑中的姑娘。她们一边祭拜，一边念着求巧歌。“菱四娘呀菱先师，教我绣花好花样，教我上鞋好鞋根，教我织布好做衣。菱四娘呀借上头，教我提笔画花画柳画云朵，教我挑，教我绣，精通女艺。”后来，女孩子觉得在田村外茅坑边祭拜，一是抛头露面，二是刮风下雨不方便，就把供的地方改在自己房间床前踏板上了。因为踏板一侧过去是置放马桶的，这马桶就表示茅坑了。参见“向董四娘乞巧歌”。

（六）老鼠嫁女鞋当轿

老鼠，是人类的天敌，它们有惊人的繁殖能力。平时到处成群结队偷食粮米，咬啮家具、衣物，并且转播鼠疫，危害极大。在古代，由于生产力低下，科学技术落后、医药不发达，人类对老鼠束手无策，虽也畜养家猫捕老鼠，但无法根治，鼠害仍非常猖獗。人们十分惧怕老鼠。除设法捕杀老鼠外，民俗心理，有采取媚鼠法，产生了一种祀鼠民俗老鼠嫁女。

这是旧时汉族的一种信仰民俗，也称“鼠纳妇”。其日期因地而异。如苏北在夏历正月十六，苏南在正月初一，湖南在二月初四，四川在除夕等。俗谓该日是“老鼠嫁女日”。江南一带在老鼠嫁女日前夕、家家户户炒芝麻糖，说是老鼠成亲的喜糖。还在当天爆米花。是日晚，孩子们将糖果、糕饼、米花等置暗处或老鼠出入的地方，并将锅盖、簸箕等类，大敲大打，为老鼠催妆，曰：“老鼠嫁女”。次晨将鼠穴塞住，谓自此以后，老鼠可绝迹。俗恶老鼠咬啮衣物，故有该夜“遣嫁出门，以求吉利”之俗。

图104

老鼠嫁女鞋当轿

老鼠新娘坐在鞋子的花轿中，构思新奇，绝妙佳作。

这种民俗流行面很广，故各地民间艺人在创作上，又发展了一种民间年画，泛称“老鼠嫁女”。流行于河北、山东、江苏、四川、山西等地。画面一般都描绘一群老鼠穿红绿衣服、掮旗打伞。敲锣吹喇叭，抬着花轿迎亲。“鼠新娘”坐在花轿中，“鼠新郎”骑在癞蛤蟆背上，头戴清朝的官帽，手摇折扇、双目直注一只大金箱，显出一副贪婪的样子。最后以大黄猫来收拾它们作为结局，构思新奇，富有情趣，为民间年画中脍炙人口的佳作。笔者收藏的一张《老鼠嫁女鞋当轿》年画，更为异想天开，别出心裁。画中以一只大鞋代替花轿，让“鼠新娘”头戴盖头红，似乎羞涩地坐在“轿”中，让鞋当轿，这一构思比实际生活中的花轿更高一筹。因为它贴近老鼠的偷窃习性，使画面更加诙谐风趣（图104）。

（七）鞋卜

在《金瓶梅》第八回里，写潘金莲在等西门庆来幽会：“（金莲）盼不见西门庆来到，嘴谷都的，骂了几句负心贼，无情无绪，闷闷无语，用纤手向脚上脱下两只红绣（鞋）儿来，试打一个相思卦，看西门庆来不来。正是：逢人不敢高声语，暗卜金钱问远人”。这叫“盼情郎，佳人占鬼卦。”

用小鞋占卦是与中国庙宇里用筊杯问卜有相同的道理。打筊杯时，用两块木头，一边是圆的，其余是平的，祈求者手握着它们，抛向地面，根据圆面在上还是平面在上，就能得出神谕，以测定吉凶。有时，那块木块还在地上旋转，最后停下，平面朝上，这就是一个肯定的回答，是吉卦。在北方，这叫“卜”。

这里的“鞋卜”，不是木块，而是裹脚女人的小鞋（大约三英寸），用平的鞋底和圆的鞋尖儿来问卜。

用鞋占卜，明清时代在民间已经流行，是与裹脚有关的，是一种十分独特的占卜形式，女人用它来推算他们的情人（或丈夫）是否回来。有李开先《一笑散》中一首“鞋打卦”的诗，其最后四行可以看出这种扔鞋方式是如何得出预言：

“不来哪跟儿对着跟儿，

来时节头儿抱着头儿，

丁字儿满杯，

八字儿分开。”

尽管很少有人会“打鞋卦”这一民俗，尽管这首诗两句的结尾，是种方言口语，比较费解，但它在明清时代已在民间流行，这是事实。

中国
鞋履
文化史

Chinese
Shoes
Culture History

附　录

插图目录

注：1．图中实物鞋履除有标明出处或收藏者外，均为红蜻蜓中国鞋文化博物馆收藏；
2．个别图片因各种原因而无法标名或出处，敬请作者谅解。

参考书目

[1] 沈从文.中国古代服饰研究[M]. 香港：商务印书馆香港分馆，1981.

[2] 上海市戏曲学校中国服装史研究组. 中国服饰五千年[M]. 香港：商务印书馆香港分馆，上海：学林出版社，1984.

[3] 上海市戏曲学校中国服装史研究组. 中国历代服饰[M]. 香港：学林出版社，1984.

[4] 周锡保. 中国古代服饰史[M].北京：中国戏剧出版社，1984.

[5] 杨荫深. 衣冠服饰[M]. 上海：世界书局，1946.

[6] 常任侠. 中国服装史研究[M]. 合肥：黄山书社，1988.

[7] 周汛，高春明. 中国历代妇女妆饰[M]. 上海：学林出版社，香港：三联书店（香港）有限公司，1991.

[8] 韩非. 韩非集释[M]. 陈奇猷集释. 上海：上海人民出版社，1974.

[9] 骆崇骐. 中国鞋文化史[M]. 上海：上海科学技术出版社，1990.

[10] 黄能馥，陈娟娟. 中国服装史[M]. 北京：中国旅游出版社，1995.

[11] 周汛，高春明. 中国衣冠服饰大辞典[M]. 上海：上海辞书出版社，1996.

[12] 宋兆麟. 中国风俗通史・原始社会卷[M]. 上海：上海文艺出版社，2001.

[13] 曲江月. 中外服饰文化[M]. 哈尔滨：黑龙江美术出版社，1999.

[14] 叶大兵，钱金波. 中国鞋履文化辞典[M]. 上海：三联出版社，2001.

[15] 王炳华. 新疆古尸[M]. 乌鲁木齐：新疆人民出版社，2002.

[16] 宋兆麟等. 中国民族民俗文物辞典[M]. 太原：山西人民出版社，2004.

[17] 楼慧珍. 中国传统服饰文化[M]. 上海：东华大学出版社，2003.

[18] 刘其印摘辑. 鞋履文化资料[G]. 2005.

[19] 周汛. 中国古代的舄[J]. //东方之履. 北京：国际文化出版公司， 2004：1.

[20] 高春明. 木屐考[J]. //东方之履. 北京：国际文化出版社，2004：1.

[21] 袁志广. 裘茹克原始“裹脚皮”的活化石”[J]. //东方之履. 北京：国际文化出版社，2005：2.

[22] 于志勇. 千里之行始于足下[J]. //东方之履. 北京：国际文化出版社，2006：4.

[23] 全岳草鞋春秋[J]. //东方之履. 北京：国际文化出版社，2006：1.

结束语

经过十多年的积累资料，精心编纂的这部《中国鞋履文化史》终于与广大读者见面了。它是红蜻蜓集团又一部系统介绍中国鞋履文化发展史的专著。中国鞋业的发展有着悠久的历史，这不仅反映在制鞋技术上的光辉历程，也深刻表现了鞋履文化的光彩夺目。为了提升我国鞋履文化理论研究的整体水平，从2000年迄今，我们便有计划地编纂出版《中国鞋履文化辞典》《中国历代鞋饰》和《中国鞋履文化史》，这是我们建设中华鞋文化系统工程的重要组成部分。

《中国鞋履文化史》以我国历代鞋履文化发展历史为主线，约31万字，100余张彩图。分别从历史、文化、民俗的角度阐述鞋履的作用和意义及存在价值。并增添了少数民族鞋履一章，介绍我国四大地区的少数民族代表性鞋靴。《中国鞋履文化辞典》是我国第一部反映不同历史时期鞋履文化的大型专科辞书，收词目5000多条，计84.6万字，附彩色、黑白图片400余幅。分总类篇、鞋篇、文化篇、技术篇、标准篇五大类，填补了我国此类工具书的空白。《中国历代鞋饰》则是着重介绍中国历代鞋饰发展、时代特色及相关制度，近500张彩图，10多万文字，图文并茂地展现了我国历代丰富多彩的精美鞋饰，为今天的鞋履设计者、制作者提供丰厚的创作资源。这三大鞋文化专著从不同的角度对博大精深的中华鞋文化进行梳理和诠释，读者可以根据自己的需要来选择阅读、研究及其应用。

红蜻蜓鞋文化研究中心
二〇一二年十一月于温州

图书在版编目（CIP）数据

中国鞋履文化史/钱金波，叶大兵编著. —北京： 知识产权出版社，2014.12

ISBN 978-7-5130-1942-2

Ⅰ.①中… Ⅱ.①钱… ②叶… Ⅲ.①鞋—文化史—中国

Ⅳ.①TS943-092

中国版本图书馆CIP数据核字（2013）第050750号

内容提要

本书是一部全面、系统研究中国鞋履文化的书籍。从中国鞋履的历史、鞋履与少数民族鞋履文化、鞋履与民俗等方面阐述了中国鞋履文化的博大精深。采用图文并茂的版式与彩色印刷，展现出中华民族的勤劳与制鞋技艺的精湛。

责任编辑：赵　军　**责任出版：**刘译文

装帧设计：雷建梣　**封面设计：**张　冀

绘　　图：考　木　**摄　　影：**劲　草

中国鞋履文化史

钱金波 叶大兵　编著

出版发行：知识产权出版社 有限责任公司　**网　　址：**http://www.ipph.cn

社　　址：北京市海淀区马甸南村1号　**邮　　编：**100088

发行电话：82000860转8101/8102　**发行传真：**010-82000893/82005070/82000270

责编电话：010-82000860转8127　**责编邮箱：**zhaojun@cnipr.com

印　　刷：北京科信印刷有限公司　**经　　销：**各大网上书店、新华书店及相关专业书店

开　　本：787mm×1092mm　1/16　**印　　张：**17

版　　次：2014年12月第1版　**印　　次：**2014年12月第1次印刷

字　　数：310千字　**定　　价：**280.00元

ISBN 978-7-5130-1942-2